维果茨基和马克思：迈向马克思主义的心理学

【美】卡尔·拉特纳 *Carl Ratner*
【巴】达妮埃尔·努内斯·恩里克·席尔瓦 *Daniele Nunes Henrique Silva*
编著

周延云 译

Vygotsky and Marx Toward A Marxist Psychology

图书在版编目（CIP）数据

维果茨基和马克思：迈向马克思主义的心理学 /（美）卡尔·拉特纳，（巴）达妮埃尔·努内斯·恩里克·席尔瓦编著；周延云，译. -- 北京 : 中央编译出版社，2024. 11. -- ISBN 978-7-5117-4631-3

Ⅰ. B84-095.12

中国国家版本馆CIP数据核字第20246G4F58号

著作权合同登记号：图字01-2023-5899号

The Routledge Companion to Vygotsky and Marx Toward a Marxist Psychology by Carl Ratner, Daniele Nunes Henrique Silva
ISBN: 978-1-138-24481-8
Copyright © 2017 Taylor & Francis
Authorized translation from English language edition published by Routledge, a member of Taylor & Francis Group; All Rights Reserved.
本书原版由 Taylor & Francis 出版集团旗下 Routledge 出版公司出版，并经其授权翻译出版，版权所有，侵权必究。
Central Compilation & Translation Press is authorized to publish and distribute exclusively the Chinese(Simplified Characters) language edition. This edition is authorized for sale throughout Mainland of China. No part of the publication may be reproduced or distributed by any means, or stored in a database or retrieval system, without the prior written permission of the publisher.
本书中文简体翻译版授权由中央编译出版社独家出版并限在中国大陆地区销售，未经出版者书面许可，不得以任何方式复制或发行本书的任何部分。
Copies of this book sold without a Taylor & Francis sticker on the cover are unauthorized and illegal.
本书贴有 Taylor & Francis 公司防伪标签，无标签者不得销售。

维果茨基和马克思：迈向马克思主义的心理学

责任编辑	李媛媛	
责任印制	李　颖	
出版发行	中央编译出版社	
网　　址	www.cctpcm.com	
地　　址	北京市海淀区北四环西路69号（100080）	
电　　话	（010）55627391（总编室）　（010）55627319（编辑室）	
	（010）55627320（发行部）　（010）55627377（新技术部）	
经　　销	全国新华书店	
印　　刷	北京汇林印务有限公司	
开　　本	880毫米×1230毫米　1/32	
字　　数	250千字	
印　　张	13	
版　　次	2024年11月第1版	
印　　次	2024年11月第1次印刷	
定　　价	98.00元	

新浪微博：@中央编译出版社　　微　信：中央编译出版社（ID: cctphome）
淘宝店铺：中央编译出版社直销店（http://shop108367160.taobao.com）
　　　　　（010）55627331

本社常年法律顾问：北京市吴栾赵阎律师事务所律师　　闫军　梁勤
凡有印装质量问题，本社负责调换。电话：（010）55627320

"感谢父母对我的启发,让我追随卡尔·马克思的思想。"

卡尔·拉特纳

致安必诺(Angel Pino)教授、玛丽亚·塞西莉亚·拉斐尔·第·戈埃斯(Maria Cecilia Rafael de Góes)和安娜·路易莎·什莫尔卡(Ana Luiza Smolka)教授,感谢你们激发了我对马克思主义和维果茨基主义的执着。

达妮埃尔·努内斯·恩里克·席尔瓦

"马克思主义心理学"……是唯一正确的作为科学的心理学。除此之外,其他心理学都不可能成为这样的心理学。反之,所有过去和现在的心理学中真正科学的东西都归属于马克思主义心理学。这个概念比流派甚至学派的概念要更广一些。一般来说,这个概念与科学心理学的概念是一致的,不管在哪里,不管是谁创立的,心理学都得用这一标准来衡量。(Vygotsky, *Crisis*)①

---

① 《维果茨基全集》第1卷,合肥:安徽教育出版社2016年版,第195页。——译者注。本书中文引用来源均为译者注,其他未标出的注释均为原注。

中文版序

马克思主义心理学的形成：一个参与者的经验

在马克思主义心理学发展史上的一个重要时期，我获得了自己的心理学博士学位，并开启了大学教授的职业生涯。那是20世纪60—80年代的加利福尼亚，我称之为"西方文化革命"：这是整个美洲和欧洲对资本主义进行社会政治批判的重要时代，其中涉及马克思主义和马克思主义心理学。当时，马克思主义心理学的两个关键要素是马克思主义法兰克福学派移民的工作和苏联马克思主义心理学家列夫·维果茨基（Lev Vygotsky，1896—1934）及其同事的最新研究成果。我对这些主题十分感兴趣，并体验到学术研究和互动的蓬勃发展。我在《宏观文化心理学》这本书中运用并拓展了这些内容。这本《维果茨基和马克思》的编著也是我作为马克思主义心理学家的成果之一。

这篇序言描述了我对这一时期马克思主义心理学兴起的经历和理解。我感到十分兴奋，因为我亲身经历了这一思想和政治上都极度活跃的时期，见证了与摇滚乐和蓝调音乐同步发展的学术研究。我与研究维果茨基和法兰克福学派的国际学者的个人关系极大丰富了我的知识，这在书本上是找不到的［20世纪70年代末，我在我所在的大学接待了赫伯特·马尔库塞（Herbert Marcuse）几天，他的智慧、同情心和对马克思主义的热情令我惊叹。他在一次关于资本主义专制倾向的演讲中展现了上述这些特质，当时有数百名师生参加这场演讲］。

从马克思到维果茨基，从法兰克福学派到西方文化革命的积极分子，我提到的所有马克思主义心理学的贡献者都体现了马克思主义政治与理论之间的辩证关系：一个人因为是马克思主义者而变得激进，但一个人又因为激进而成为马克思主义者。如果没有革命性社会关系、机构、媒体、艺术和教育，马克思主义——包括马克思主义心理学——就无法发展（和繁荣）。

马克思和恩格斯对心理学的评论

恩格斯在《共产主义原理》（*Principles of Communism*）一文中指出了心理学在马克思主义社会和社会变革概念中的作用："当18世纪的农民和手工工场工人被吸引到大工业中以后，他们改变了自己的整个生活方式而完全成为另一种人，同样，用整个社会的力量来共同经营生产和由此而引起的生产的新发展，也需要一种全新的人，并将创造出这种新人来。""由整个社会共同地和有计划地来经营的工业，就更加需要各方面都有能力的人，即能通晓整个生产系统的人。"① 心理学是人的主观过程，指导人的行为，并根据社会条件改变人的行为。

马克思主义心理学将这种唯物主义心理学概念解释为以生存资料的经济生产为基础。马克思在1857年的《1857—1858年经济学手稿》中概述了马克思主义心理学，他解释了消费商品的主观过程（如获取商品的需求、欲望、愿望、情感、推理、消费）是如何与生产商品的社会性相联系的。

不仅消费的对象，而且消费的方式，不仅在客体方面，而且在主体方面，都是生产所生产的。所以，生产创造消费者。

生产不仅为需要提供材料，而且它也为材料提供需要。一旦消费脱离了它最初的自然粗陋状态和直接状态，——如果消费停留在这种状态，那也是生产停滞在自然粗陋状态的结果，——消费本身作为动力是靠对象作媒介的。消费对于对象所感到的需要，是对于对象的知觉所创造的。艺术对象创造出懂得艺术和具有审美能力的大众，——任何其他产品也都是这样。因此，生产不仅为主体生产对象，而且也为对象生产主体。

---

① 《马克思恩格斯全集》第4卷，北京：人民出版社1958年版，第370页。

维果茨基和马克思：迈向马克思主义的心理学

生产生产着消费：（1）是由于生产为消费创造材料，（2）是由于生产决定消费的方式，（3）是由于生产通过它起初当作对象生产出来的产品在消费者身上引起需要。①

这是以社会生产方式为基础的关于主体性或心理的唯物主义论述。马克思把他的观点称为"唯物史观"（或历史唯物主义），它阐明了意识与社会生活的关系。这在他的《德意志意识形态》（*The German Ideology*）② 一书中有所体现。

这种历史观就在于：从直接生活的物质生产出发来考察现实的生产过程，并把与该生产方式相联系的、它所产生的交往形式，即各个不同阶段上的市民社会，理解为整个历史的基础；然后必须在国家生活的范围内描述市民社会的活动，同时从市民社会出发来阐明各种不同的理论产物和意识形式，如宗教、哲学、道德等等，并在这个基础上追溯它们产生的过程。这样做当然就能够完整地描述全部过程（因而也就能够描述这个过程的各个不同方面之间的相互作用）了。这

---

① 《马克思恩格斯全集》第46卷·上册，北京：人民出版社1979年版，第29—30页。
② 该书为马克思27岁时与恩格斯合著。

种历史观和唯心主义历史观不同，它不是在每个时代中寻找某种范畴，而是始终站在现实历史的基础上，不是从观念出发来解释实践，而是从物质实践出发来解释观念的东西，由此还可得出下述结论：意识的一切形式和产物不是可以用精神的批判来消灭的，也不是可以通过把它们消融在"自我意识"中或化为"幽灵""怪影""怪想"等等来消灭的，而只有实际地推翻这一切唯心主义谬论所由产生的现实的社会关系，才能把它们消灭；历史的动力以及宗教、哲学和任何其他理论的动力是革命，而不是批判。这种观点表明：历史并不是作为"产生于精神的精神"消融在"自我意识"中，历史的每一阶段都遇到有一定的物质结果、一定数量的生产力总和，人和自然以及人与人之间在历史上形成的关系，都遇到有前一代传给后一代的大量生产力、资金和环境，尽管一方面这些生产力、资金和环境为新的一代所改变，但另一方面，它们也预先规定新的一代的生活条件，使它得到一定的发展和具有特殊的性质。由此可见，这种观点表明：人创造环境，同样环境也创造人。每个个人和每一代当作现成的东西承受下来的生产力、资金和社会交往形式的总和，是哲学家们想象为"实体"和"人的本质"的东西的现实基础。①

---

① 《马克思恩格斯全集》第3卷，北京：人民出版社1958年版，第43页。

维果茨基和马克思:迈向马克思主义的心理学

将意识或心理学建立在物质社会的基础上——物质社会是围绕生产供人类使用的物品和物质进步而组织起来的——革命性的,因为它改变了物质和社会条件,以促进意识、心理学或主体性的发展。这就是马克思主义心理学的框架。

维果茨基关于马克思主义心理学的论述

维果茨基是在恩格斯逝世一年后出生的。马克思主义与维果茨基在时间、政治和思想上的联系再紧密不过了。维果茨基很快就表达了这一点,他写道:"马克思主义心理学不是流派中的流派,它是唯一正确的作为科学的心理学。"① "但是主要的还在于,随着对言语思维的历史性承认,我们应当将历史唯物论对人类社会中一切历史现象所确定的方法论原理都扩大运用于这个行为形式。最终,我们应该预期,行为的历史发展类型基本上直接取决于人类社会历史发展的普遍规律。"②

"在某种程度上每个人都是他所属的社会,尤其是他所属的那个阶级的衡量尺度,因为每个人都是各种社会关系的集中反映。……我们要为心理学争取到研究作为社会微

---

① 《维果茨基全集》第 1 卷,合肥:安徽教育出版社 2016 年版,第 195 页。
② 《维果茨基全集》第 4 卷,合肥:安徽教育出版社 2016 年版,第 120 页。

观世界的个体、作为典型、作为社会表现形式和衡量尺度的单个事物的权利。"① "把辩证唯物主义理论直接应用于解决……或心理学的问题是不可能的……像历史学、社会学这类学科,就需要有一种中间的特殊的历史唯物主义理论来解释辩证唯物主义抽象规律,应用于解决该学科领域内各种现象的具体含义。"②

本书的主题是对这些说法做出解释,我在此不做阐述。相反,我将总结维果茨基的文化—历史心理学的意义,它强调心理学是我所说的宏观文化因素的一种功能(Ratner, 2011)。我将此称为"远端发展区"(the zone of distal development),因为正是远端、宏观因素——植根于生产——构成了心理发展的生态。

马克思主义心理学探索的是"心理学的天文层面",可以说是在遥远、动荡的星系中,在令人眼花缭乱、不断爆发的地缘政治力量中。马克思主义心理学家是人类心理学的天体物理学家,他们开发出概念性心理工具,用于探测遥远的地缘政治星系在人类主观纤维中的反射——这些星系以"新星"的形式诞生,并在世界末日般的、抽搐的、超新星的死亡中内爆。

---

① 《维果茨基全集》第 1 卷,合肥:安徽教育出版社 2016 年版,第 151 页。
② 《维果茨基全集》第 1 卷,合肥:安徽教育出版社 2016 年版,第 174 页。

维果茨基和马克思：迈向马克思主义的心理学

维果茨基的马克思主义心理学的形成条件

我将尝试解释维果茨基是如何阐明马克思主义心理学的，这对于为后人追随维果茨基的脚步创造条件来说很有价值。

维果茨基在文化心理学方面的激进工作受到了革命运动实践和理想主义关怀的启发。苏联社会主义最初试图通过全面的教育形式来改善儿童的社会心理发展，这场运动被称为儿童学（pedology），这是一场广泛的社会、知识和政治运动（Ratner，2022）。列宁的妻子克鲁普斯卡娅（Krupskaya）在其促进社会主义文化和社会主义人格教育的工作中推动了教育学的发展。维果茨基参与了儿童学运动，并在其早期教学和对儿童的心理干预中用到了儿童学。

儿童学是对儿童心理学的全面理解，认为个人的社会环境是其心理发展的核心。儿童学于19世纪末在欧洲和美国兴起。1911年，第一届世界儿童学大会在布鲁塞尔举行，300名代表中包括俄罗斯心理学家别赫切列夫（Vladimir Bekhterev）。儿童学在俄罗斯得到调整，用来解决革命后恶劣社会条件下的儿童所面临的心理、社会、医疗和教育问题。儿童学取得了巨大成功。进入20世纪后，俄国成为一个文盲率极高的国家，但到20世纪30年代后半期，大多数公民都识字了。苏联儿童学的具体社会学形式和内容旨在教育一种能够参与（并促进）集体合作社会体系的解放的社会主义意识或心理。

苏联儿童学出版了一份科学杂志《儿童学》(Pedologiya)，该杂志于1928—1932年间发行，维果茨基是其编辑委员会的成员，他是当时公认的杰出教育学家之一。他就学龄前儿童、学龄儿童和青少年的儿童学发表了多场演讲，并出版了多部著作。1931年，维果茨基被任命为莫斯科第二医学院的儿童学教授。1934年，他出版了《儿童学基础》(Fundamentals of Pedology)。维果茨基利用儿童学的文化特征，推动了"新社会主义人发展科学"的发展。另一位著名心理学家布隆斯基（Blonsky）于1925年撰写了《儿童学》(Pedology)一书，并于1923年发表了题为"马克思主义与心理学"的著名演讲。

显然，苏联儿童学是苏联马克思主义心理学的重要源泉。苏联儿童学在维果茨基职业生涯的十年间（1923—1934）蓬勃发展，这印证了"一个人在激进中成为马克思主义者"的座右铭。

西方的文化革命：1964—1979年，为当代马克思主义心理学的形成做准备

在越南、非洲和亚洲发生的反对西方帝国主义的运动，以及殖民中心对有色人种的种族主义，引发了20世纪60—70年代的西方文化革命。这场起义既广泛又深刻，探究了产生帝国主义和种族主义的资本主义深层原因，并引发了

维果茨基和马克思：迈向马克思主义的心理学

对全世界资本主义社会的深刻批判。这些批判延伸到资本主义政治经济产物的文化、社会、审美、心理和性现象中。

尤其令人振奋的是，这场文化革命本质上是大众参与的，是由普通人针对深刻的社会问题而组织起来的……各种以"批判"为标题的杂志应运而生：《社会学批判》（*Critical Sociology*）、《人类学批判》（*Critique of Anthropology*）、《辩证心理学》（*Dialectical Psychology*）、《政治经济学批判》（*Critical Political-Economy*）、《社会批判》（*Social Critique*）、《批判》（*Critique*）、《话语分析批判》（*Critical Discourse Analysis*）。由学生和教授组成的小组会提议出版一份新期刊，并将其提交给出版社，出版社（出于经济原因——吸引读者）会接受这些期刊。所有这些人都将他们的激进阅读发展为自己的研究。而这一切都发生在几年之内！对资本主义的社会批判和对新社会政策的政治组织的热情，激发了人们认真学习马克思主义思想的热情。

所有这些都与流行歌曲和绘画等全国性的批判艺术形式相辅相成。以旧金山默剧团（The San Francisco Mime Troupe）和生活剧场（Living Theater）为代表的批判性戏剧利用讽刺、服装、小丑和音乐表演剧本，谴责资本主义、消费主义、帝国主义、个人主义、资本、利润动机和剥削。他们的演出在中央公园（纽约）和金门公园（旧金山）等城市公园举行。这些表演免费向坐在草地上观看的公众开放。观众自愿掏钱观看，但并不是必需的。这些戏剧是广为人知的大型文化活动，我和朋友们会驱车500公里去观看演出。

多个院系的大学生和教师提出了关于社会批判、马克思主义和社会正义的新课程。我所在的大学在社会学、政治学、人类学、历史学、文学、艺术和戏剧方面都开设了此类课程。我所在的研究生院哲学系有几位黑格尔学者。师生们要求他们用马克思主义解释黑格尔思想，为此，我们开设了新的哲学课程。该系还利用系里的资源创办了一份新的黑格尔—马克思主义期刊《泰勒斯》(*Telos*)，该期刊在整个美国和欧洲都很受欢迎。

西方文化革命提出的社会政治批判超越了政治和经济，扩展到文化和心理主题。对资本主义进行超越政治和经济（当然也包括政治和经济）的全面批判的动力激发了这些批判。这是由种族主义问题引发的，其中包括对少数群体的恶性心理和文化攻击。反文化激进主义者试图理解和消除资本主义压迫的这些因素，就像理解和消除政治经济因素一样 (Ratner, 2022)。这就需要马克思主义心理学。对资本主义文化其他方面的关注，如家庭关系、性别关系、精神疾病和教育成就，进一步激发了对马克思主义心理学的需求。

马克思主义心理学包括通过合作、集体、社会主义社会关系来解决社会问题，强调民主和公有制。一场合作社运动开始了。我在加利福尼亚帮助创办了一家食品合作社（并当选为董事会成员长达长12年），该合作社成为加利福尼亚最大的食品合作社。

维果茨基和马克思：迈向马克思主义的心理学

马尔库塞的马克思主义心理学

马尔库塞信奉马克思主义文化心理学的终极目标。马克思主义文化心理学仔细研究了社会组织如何通过组织需求、情感、感知、推理、自我概念、想象力、动机甚至精神疾病的同构文化心理学来扩展其规范。因此，个人行为反映并强化了社会规范。这种文化心理学的运作既有好的社会目的，也有坏的社会目的。一个由人民管理的社会主义社会是为了满足人民的需要，它发展出一种满足人民需要的文化心理，从而强化了这种社会组织。一个专制社会则会形成一种压迫心理，从而强化这种社会组织。马克思主义心理学运用经典马克思主义原理来评估特定的文化组织及其心理。

马尔库塞在其广为流传的著作《单向度的人》(*One-Dimensional Man*) 中提出了这一观点。该书解释说，资本主义文化和政治形成的心理学倾向于将人们的行动锁定为符合社会规范的、静态的行为。他称之为"单向度思想或行为"。它取代了关于矛盾和替代方案的"二维"辩证思维。他解释了这种思维的政治功能，还解释了如何产生关于质的不同的未来的辩证、批判性思维。

马尔库塞的著作是马克思主义心理学的典范，其实证分析精辟独到、催人奋进并具有解放性，为研究资本主义的结构和心理提供了新的视角。然而，我们必须认识到，这部著作缺乏关于基本文化心理学原理的心理学理论。这些原则包括：为什么心理学从一开始就是文化的，心理学与文化之间的确切关系是什么；为什么心理学是由文化组织的？生物学对心理学的影响如何？为什么文化需要人类来发展心理过程——而动物的行为是在没有复杂心理的情况下发生的？如果人们的行为是由文化形成的，他们如何改变自己的行为？此外，什么是文化以及文化是如何形成的？

维果茨基文化历史心理学的理论分析回答了这些问题。在西方文化革命期间，学术人类学、社会学、历史学和心理学发展出一个广泛的文化心理学领域，对这一丰富的研究成果进行了补充。我已将其中的许多内容纳入我的宏观文化心理学之中（Ratner, 2011）。

现在，我们准备讨论维果茨基的马克思主义心理学，他的当代学者对其进行了阐释。

最后我要说一句，周延云教授和郄佼博士为本书的中文翻译、出版付出了大量心血，在此我深表感谢。

卡尔·拉特纳（Carl Ratner）
2024 年 1 月

译者序

20世纪20—30年代,当西方传统心理学处于危机之际、亦是伟大的十月革命之后苏联建国初期,维果茨基这位"心理学领域的莫扎特"立足于辩证唯物主义和历史唯物主义的世界观和方法论,从社会文化历史视角、借鉴《资本论》的研究方法,聚焦人类高级心理机能问题,创建了马克思主义的文化历史心理学理论。

但国外大多数学者对维果茨基文化历史心理学的研究往往忽略或淡化他对发展马克思主义心理学所作出的贡献,即使大多数追随者论述维果茨基对马克思概念、原理的使用都是肤浅、不完整和不正确的。**卡尔·拉特纳**(Carl Ratner)等的**《维果茨基和马克思:迈向马克思主义的心理学》**(以下简称《维果茨基和马克思》)一书强调自己坚定的马克思主义立场,力图克服上述忽略或淡化问题,为研究维果茨基对马克思主义心理学的发展指明了一个更加正确的方向:维果茨基用心理学来充实马克思主义,也用马克思主义方法论来充实心理学;恢复和发展维果茨基的马克思主义心理学。

维果茨基和马克思:迈向马克思主义的心理学

《维果茨基和马克思》一书填补了心理学研究领域两个相互关联的空白:一是发展了心理学研究的马克思主义取向,二是阐释和发展了维果茨基对此所作出的贡献;同时,该书也是国外维果茨基马克思主义心理学研究的最前沿成果。因此,《维果茨基和马克思》的中译无论对促进国内维果茨基研究、发展马克思主义心理学和历史唯物主义、把《资本论》的科学研究方法拓展至心理学等社会科学研究领域皆具有一定的理论借鉴和实践启示。

宏观而言,《维果茨基和马克思》一书反对西方学界(乃至包括维果茨基学派的一些后继者)主流对维果茨基文化历史理论遵循马克思主义路线的否定态度,强调了自己坚定的马克思主义立场,即马克思对维果茨基产生了重大的影响,并旗帜鲜明地表示恢复和发展维果茨基的马克思主义心理学是本书的使命。微观来说,《维果茨基和马克思》主要聚焦维果茨基如何融入马克思主义心理学,他如何运用马克思的概念、理论、研究方法来理解和推进心理学的发展。马克思主义心理学研究既是人类进步的科学行为,也是人类进步的政治行为,激励和指导以马克思的社会哲学和政治学为理论基础的马克思主义心理学学科的培养是本书的终极目的。

除世界著名马克思主义心理学学家卡尔·拉特纳(Carl Ratner)和丹尼尔·努内斯·恩里克·席尔瓦(Daniele Nunes Henrique Silva)所撰写的导言"恢复和发展维果茨基的马克思主义心理学"之外,《维果茨基和马克思》一书包括三部分：第一部分题为"迈向马克思主义的心理学"，勾勒出了马克思主义心理学一般理论的大致框架；第二部分题为"维果茨基心理学的马克思主义认识论和方法论维度"；第三部分题为"维果茨基马克思主义心理学的应用"。前两部分着重于理论和方法论的研究，第三部分将其运用于心理学领域具体问题的分析。三部分主要内容分别如下。

第一部分 "迈向马克思主义的心理学"主要内容

本部分是美国马克思主义心理学家、世界维果茨基研究著名学者卡尔·拉特纳撰写的本书第一章"马克思主义心理学、维果茨基的文化心理学和精神分析学：科学和政治的双螺旋"。

拉特纳认为，以历史唯物主义为理论基础的文化历史心理学和马克思主义心理学是相辅相成、互为丰富的。马克思主义心理学必须从马克思最接近心理学的地方即社会意识思想中发展出来，并以社会结构的社会条件为基础，建构马克思主义心理学一般框架；同时，运用维果茨基文化历史理论的心理层面来完善和扩展这一架构。第一部分着重于马克思主义心理学一般理论的探讨，为其他章节提供理论背景。而其他章节在此背景下，主要关注维果茨基心理学的马克思主义取向，不再去研究马克思主义的一般心理学。

维果茨基和马克思：迈向马克思主义的心理学

一、拉特纳对马克思社会意识思想的历史唯物主义解读：科学和政治的双螺旋

拉特纳提出，社会意识是对社会条件的反映，并受社会条件的制约。社会条件是指以生产方式为基础的各种宏观文化要素（其他要素包括：教育、宗教、自然科学、社会科学、哲学、家庭、政府、艺术和新闻等）组成的系统，也就是马克思生产方式社会锥体系统。生产方式位于圆锥底部，具有基础性和决定性；各种文化领域从圆锥底部向上延伸至顶部，是生产方式的不同表现形式。生产方式的基础决定性使得马克思的社会椎体系统成为具有科学性和政治性（革命性、解放性）的双螺旋结构；旧的社会椎体系统可以被新的社会锥体系统所取代，资本主义的社会椎体可以转变为一个解放的替代性社会椎体。具体如第一章图1.2所示，图中的心理缺陷根植于压迫性生产方式，这是心理学的文化分析；同时，旨在以民主、合作的生产方式取代压迫性生产方式，这是一种改变文化和心理的政治行为，也是对现存资本主义社会制度的全面、本质、可行性的否定。

二、拉特纳把对马克思社会意识思想的解读拓展至心理学领域：与维果茨基相遇

拉特纳把上述社会意识的唯物史观解读拓展至心理学领域，并主要通过维果茨基这种最好的宏观文化心理学（把心理学与以生产方式为基础的诸多宏观文化因素联系起来的马克思主义思路）来发展马克思主义心理学。马克思主义心理学将心理现象问题化、理论化，发展了关于心理现象的起源、内容和组织的全面理论；马克思主义心理学是科学性和政治性（革命性、解放性）辩证统一的心理学。马克思主义心理学的阐释有"向外"和"向内"两个维度："向外"探索认知现象如何与政治经济学相关联，即认知现象与政治经济条件的密切联系；"向内"观察心理现象，发展一种认知心理学理论，这种理论揭示了认知的所有具体特征（推理、记忆和智力）与其他心理现象（情感、自我概念、发展）的关系，解释了心理是如何以及为什么由"外在的"文化因素、认知的个体发育及系统发育的发展过程组织起来的。马克思主义心理学的主要观点有：高级心理机能是人类历史的发展结果；生产方式是人类心理的最终组织者；在人类历史中寻找意识和自由的源泉；情感是一种政治经济现象；个人意志和文化画等号；社会椎体系统的魅力在于对人类思维的影响并使思维产生作用；理解宗教心理学就要聚焦政治和权力关系；语言是社会结构的文化中介，并将社会结构传递给人的心理等。

三、历史唯物主义、文化历史心理学必须占据精神分析学的研究领域

弗洛伊德的精神分析理论采用了静止、保守、反辩证法和反历史主义的非马克思主义研究方法，把人类最高级的心理过程导向原始、未开化的史前源头，没有给历史留下位置。拉特纳认为，要从非马克思主义的精神分析理论中提取重要的心理问题即无意识，运用唯物史观的社会意识理论、维果茨基的文化历史理论去研究无意识及其与高

级心理活动的关系。其观点例如，"欧洲的集体无意识"是一种历史上的特定心理结构，而并非源自大脑中的非历史性机制；身份的神经质因素都与宏观文化有关等。

第二部分 "维果茨基心理学的马克思主义认识论和方法论维度"主要内容

第二部分讨论了马克思认识论和本体论概念之间的关系，以及它们与维果茨基思想之间的联系方式。作者们表明，不了解马克思就不可能读懂维果茨基。这些章节展示了马克思的工作范畴对于理解维果茨基的主体概念极为重要，以及维果茨基关于高级心理功能的形成和构成人类心理中介过程的工作，是如何反映和发展马克思关于自然和意识之间关系的概念的。本部分包括四章，第二、三、四、五章主要内容分别如下。

第二章 "维果茨基著作中的马克思主义方法论基础"主要内容

本章研究了维果茨基文化历史心理学和马克思主义唯物、辩证的历史观之间的内在联系，也就是马克思政治经济学批判所依据的科学方法，即作为资本主义经济细胞的"商品"分析方法。

作者认为，正如马克思立足于辩证唯物主义和历史唯物主义的世界观、方法论，并运用"商品"分析的抽象方法，对资本主义社会这样一种特殊的质态进行了激烈的政治经济批判并发现了资本主义社会运行的一般规律一样;维果茨基要书写心理学领域的"资本论"、创建辩证唯物主义的心理学:他基于历史唯物主义基本原理,历史、辩证地看待心理现象,并借鉴马克思的"商品"细胞分析方法,提出了"最小单位分析方法",找到了心理学领域的细胞或者说人类精神的最小单位"词义"来解释人类心理的本质,以此来撬动人类心理结构的整体研究,从而为马克思主义心理学勾勒出具体的方法论基础。

第三章 "人类发展中的工作、意识和符号问题"主要内容

维果茨基反对传统心理学身心二元论的研究范式,要创建一种以历史唯物主义和辩证唯物主义为基础的一般心理学,并督促研究人员对意识起源问题从自然主义转向社会—历史维度。

作者认为,维果茨基和俄罗斯马克思主义语言学家巴赫金·沃罗奇诺夫提出了工作、意识和语言符号之间的相互构成关系。工作是维果茨基思想重要的本体论基础,社会性的集体劳动或者说工作是意识的起源,而高级心理的意识活动是由仪器(工具)、心理工具(符号)和人类社会关系来调节的;作为心理工具的符号可以被视为深深纠缠于生产方式之社会关系中的意识形态,符号还是人类社会性实践活动的产物。而这种相互构成关系是解释人类特殊性的关键所在,因此维果茨基坚持认为,人从根本上来说是一种历史—文化的存在。

维果茨基和马克思：迈向马克思主义的心理学

第四章 "维果茨基科学的胚胎细胞"主要内容

维果茨基在 1928 年提出，"心理学需要有自己的资本论"，他观察到"整部资本论就是用这个方法写成的"①。

作者提出，马克思用这种方法确定了资产阶级社会的细胞"商品"，然后分析单个商品中存在着的多重矛盾，从而展开对资产阶级社会整个经济运行过程的研究；维果茨基是第一个以这种分析方法把握《资本论》中人的精神世界的心理学家，他把这种细胞分析方法称之为"单位分析方法"，恢复和运用这种方法是其重要的理论遗产。维果茨基为心理学的所有领域，事实上为所有科学研究的不同领域创造了一种共同的研究范式，他为我们留下了多达五种不同的单位分析范例。维果茨基用"符号中介行为"这一单位来分析一系列不同的心理功能，例如，意志、注意力、记忆等；他用"词义"来研究语言智力和概念的形成；他声称 perezhivaniya（俄语单词，大概意思是生活经历）是人格的分析单位；缺陷—补偿为缺陷学的分析单位；"社会发展状况"是关于儿童发展研究的分析单位。

第五章 "是什么让维果茨基的心理学理论成为马克思主义理论"主要内容

本章的目的在于评价维果茨基关于儿童语言思维发展理论的马克思主义特征。作者表明，他是一名马克思主义者，后来又成为发展心理学家，同时也是一位维果茨基的

---

① 这个方法为细胞分析方法。——译者注

追随者。评价维果茨基心理学的马克思主义性质首先应该对其理论之旅进行描述，然后从三个方面（主题的选择，即分析的焦点和单位；辩证地综合分析方法和既定事实的一致性；理论和方法的一致性）把马克思的政治经济学和维果茨基的语言思维发展理论进行比较分析。

作者将维果茨基语言思维发展理论分为五个主题，分别是：人类心理发展的社会历史分析；思维和语言的对立统一关系；词义是维果茨基研究语言和思维发展的单位分析方法；个人言语是语言思维的个性化过程；个人言语结构化即私人言语转变为内在言语。就主题而言：马克思的政治经济学理论和维果茨基的语言思维发展理论都选择了作为人类发展基础的合作性社会活动，只不过前者是经济活动，后者心理活动；两种理论都假定人工物是被交换的物质，马克思认为是商品，维果茨基认为是词义。就方法论而言：两种理论都采用辩证的综合方法、历史方法来解释各自的研究对象；发展都是从特殊走向普遍，货币和词义在各自的流通领域中成为广义的价值表达。最后是理论和方法的一致性问题：就像马克思恩格斯将辩证唯物主义的原理和方法运用于社会历史领域，创立了辩证、唯物的社会历史观一般，维果茨基将辩证唯物主义的原理和方法运用于人类心理的发展史，创造了"心理唯物主义"理论，其心理学的一般理论和相应的方法皆具有历史性。可见，维果茨基的儿童语言思维发展理论是具有马克思主义性质的心理学理论。

第三部分 "维果茨基马克思主义心理学的应用"主要内容

第三部分研究了维果茨基马克思主义在具体心理学课题中的应用。想象力、语言、双语能力等问题是讨论的核心。本部分包括三章，第六、七、八章主要内容分别如下：

第六章 "想象力和创造性活动：维果茨基贡献的本体论和认识论原则"主要内容

本章旨在研究维果茨基关于想象和创造性活动的讨论体现了马克思著作中本体论、人类学和认识论的基本原则。

作者选择了维果茨基《童年的想象力和创造力》一书作为主要文本，并指出，尽管维果茨基没有直接引用马克思的历史唯物主义基本原理和唯物辩证法，但是，这些基本要素在维果茨基的概念和论证中是根深蒂固的。维果茨基的本体论立场与马克思著作中关于人的本体论立场相一致，那就是维果茨基对人作为一种创造性条件的肯定，即"正是人的创造性活动使人成为面向未来的生物，创造未来，从而改变自己的现在"；这就与本质主义存在概念相对立。人是一种社会性的存在，创造是集体的产物，是全人类的工作，这是维果茨基关于想象力和创造力论述的人类学维度；正如马克思和恩格斯所言，"自觉地把一切自发生产的前提看作是先前世世代代的创造，消除这些前提的自发性，使他们受联合起来的个人的支配。"想象力是创造性活动的前提条件,为了描述创造过程,维果茨基指出现实和想象之间的四个本质联系,这布满了历史唯物主义和唯物辩证法的痕迹,展示了想象力和创造过程的认识论维度。

第七章 "维果茨基方法论框架中的唯物辩证法:对应用语言学研究的启示"主要内容

作者认为维果茨基运用辩证唯物主义的一般理论和作为中间学科的历史唯物主义,去建构了自己的文化历史心理学。作者用辩证法马克思主义的代表人物伯特尔·奥尔曼的思想来解读马克思的唯物辩证法:抽象、反向和正向的历史分析和实践。不仅论证了马克思主义方法论对维果茨基构建一般心理学理论的奠基性意义,而且进一步阐明了心理学研究的方法论应该遵循内部联系性、整体性和历史性的特征。内部联系性,强调事物整体与部分、内部要素之间的辩证统一关系;而整体性则要求对人类心理的研究从可以分析的、能够体现事物整体性特征的分析单位入手;历史性要求对事物的研究和分析从事物的发展过程解释结果。

同时,作者指出,对于人类心理的研究不应该限制于量化研究范畴,而应该更多地从个体与环境的互动实践这一质性发展过程中予以观察和分析。也正是以马克思主义方法论为指导,将维果茨基理论运用于应用语言学研究的一系列相关研究,不仅遵循了对个体发展研究的历史性和过程性追溯(如动态评估研究),而且在教学实践中关注语言个体与外部环境的互动中所获得的质性发展(e.g.

Negueruela，2003；Kurtz，2017 etc)。最后，作者以实验研究的开展标准为议题，提出量化实验对于测量个体实践和质性发展存在的缺陷。

第八章 "维果茨基的建构主义解释：语言概念的理论—方法论研究"主要内容

作者认为，维果茨基是社会建构主义的诸多前辈之一。研究表明，对维果茨基的建构主义解释符合杜阿尔特（Duarte，2001）和图列斯基（Tuleski，2008）等学者已经表现出的倾向，那就是避免对维果茨基和其他文化历史心理学贡献者进行任何马克思主义的辩护；维果茨基的著作在许多西方知识分子手中遭遇了一个"去意识形态化"的过程。作者提出，英国心理学家约翰·肖特牺牲了维果茨基思想的基本方法论基础：把完全异质、冲突的元素折中在一起，以证明先验的公式，例如把语言的诞生独立于生活、历史和社会，从而使得语言抽象化，借用马克思恩格斯的话，"他们只是用词句来反对这些词句；既然他们仅仅反对这个世界的词句，那么他们就绝对不是反对现实的现存世界"①。同时，肖特还忽略了维果茨基关于词的演变与生产关系、社会的阶级划分密切相关的观点。可见，肖特的语言建构主义和维果茨基的文化历史语言观无法整合到一起。

由世界著名的维果茨基学者、马克思主义文化心理学家卡尔·特拉纳等主编的《维果茨基和马克思》一书，其

---

① 《马克思恩格斯文集》第1卷，北京：人民出版社2009年版，第516页。

中每个撰稿人都是博学的维果茨基学者，同时也是坚定的马克思主义学者。可见该书学术水平和实践价值非同一般。

第一，《维果茨基和马克思》作为国外维果茨基文化历史理论马克思主义取向研究的前沿成果，为维果茨基马克思主义心理学研究指明了正确的研究方向。该书展示了国外维果茨基文化历史心理学研究之马克思主义取向的最新、最前沿研究成果；同时，为克服西方学界维果茨基研究主流忽略或淡化其马克思主义取向问题指明了正确的研究方向：不是在内容上碎片化地引用马克思的原著，而是在历史唯物主义的世界观和方法论指导下，考察和研究维果茨基的文化历史心理学。

第二，《维果茨基和马克思》运用维果茨基的概念、理论，建构科学和政治双螺旋的马克思主义心理学。大多数关于维果茨基与马克思主义关系问题的论述都是探讨他们如何运用马克思主义的概念和方法论，但特拉纳撰写的第一章在建构马克思主义心理学一般理论的过程中将其颠倒过来，探讨马克思主义心理学的建构如何运用维果茨基的概念和方法论，提出了马克思主义心理学是科学性和政治性辩证统一（双螺旋结构）的崭新观点。

第三，《维果茨基和马克思》标志着心理学研究领域的原创性贡献，提供了对维果茨基著作与文化、马克思主义心理学关系的新理解。维果茨基和马克思相互丰富，本书将马克思主义拓展到包括心理学在内的诸多领域；还提供了把维果茨基马克思主义遗产延伸到许多新领域的框架。

维果茨基和马克思：迈向马克思主义的心理学

最后，该书研究表明，维果茨基反对传统心理学研究的身心二元论思想，将历史唯物主义的原理和方法论运用于认识论、心理学的研究之中，在认识发生机制和心理发展活动方面提供了独到的见解，不仅在心理学而且在哲学方面具有开创性的意义，且影响深远。维果茨基所创建的"单位分析方法""概念分析方法""工具—符号理论"对于新时代我国马克思主义心理学、马克思主义哲学以及诸多相关学科的研究、发展皆具有一定的实践启示；还有他的儿童发展理论对于如何指导当今儿童的教育、健康成长亦具有重要的指导意义。

周延云

2024 年 1 月

本书贡献者

安迪·布伦登（Andy Blunden）：澳大利亚独立研究员

彼得·费根鲍姆（Peter Feigenbaum）：美国纽约福特汉姆大学教育学教授和机构研究主任

詹姆斯·P. 兰道夫（James P. Lantolf）：美国宾夕法尼亚州立大学语言习得中心语言学教授

伊莲娜·莱莫斯·德·派瓦（Ilana Lemos de Paiva）：巴西北里奥格兰德联邦大学心理学教授

拉维尼亚·洛佩斯·萨洛芒·马乔利诺（Lavínia Lopes Salomão Magiolino）：巴西坎皮纳斯州立大学教育学教授

卡蒂亚·马黑里（Kátia Maheirie）：巴西圣卡塔琳娜联邦大学心理学教授

维果茨基和马克思：迈向马克思主义的心理学

利吉亚·马西娅·马丁斯（Lígia Márcia Martins）：巴西圣保罗州立大学教育心理学教授

爱德华多·莫拉·达科斯塔（Eduardo Moura da Costa）：巴西马林加州立大学

卡尔·拉特纳（Carl Ratner）：美国文化研究和教育研究所所长

达妮埃尔·努内斯·恩里克·席尔瓦（Daniele Nunes Henrique Silva）：巴西巴西利亚大学心理学教授

西尔瓦纳·卡尔沃·图列斯基（Silvana Calvo Tuleski）：巴西马林加州立大学心理学教授

安德烈亚·维埃拉·扎内拉（Andréa Vieira Zanella）：巴西圣卡塔琳娜联邦大学心理学教授

目 录
CONTENTS

导言　恢复和发展维果茨基的马克思主义心理学

.... 卡尔·拉特纳

达妮埃尔·努内斯·恩里克·席尔瓦　　1

第一部分　迈向马克思主义的心理学

第一章　马克思主义心理学、维果茨基文化心理学以及精神分析学：科学和政治的双螺旋

.... 卡尔·拉特纳　　51

第二部分　维果茨基心理学的马克思主义认识论和方法论维度

第二章　维果茨基著作中的马克思主义方法论基础

.... 利吉亚·马西娅·马丁斯　　199

第三章 人类发展中工作、意识和符号问题
.... 达妮埃尔·努内斯·恩里克·席尔瓦
伊莲娜·莱莫斯·德·派瓦
拉维尼亚·洛佩斯·萨洛芒·马乔利诺 215

第四章 维果茨基科学的胚胎细胞
.... 安迪·布伦登 240

第五章 是什么让维果茨基的心理学理论成为马克思主义理论？
.... 彼得·费根鲍姆 266

第三部分 维果茨基马克思主义的心理学应用

第六章 想象力和创造性活动：维果茨基贡献的本体论和认识论原则
.... 卡蒂亚·马黑里
安德烈亚·维埃拉·扎内拉 295

第七章 维果茨基方法论框架中的唯物辩证法：对应用语言学研究的影响
.... 詹姆斯·P. 兰道夫 317

第八章 维果茨基的建构主义阐释：语言概念的理论—方法论研究
.... 爱德华多·莫拉·达科斯塔
西尔瓦纳·卡尔沃·图列斯基 350

译后记 378

导　言
恢复和发展维果茨基的马克思主义心理学

卡尔·拉特纳（Carl Ratner）
达妮埃尔·努内斯·恩里克·席尔瓦
（Daniele Nunes Henrique Silva）

　　本书的最终目的是激励和指导马克思主义心理学即以马克思的社会哲学和政治学为基础的心理学学科的培育。马克思主义心理学是马克思主义科学社会理论和革命政治学的必要组成部分。在科学上，马克思主义心理学对于促进社会分析和社会转型，建立一个充实、公正、民主、合作的社会也至关重要。马克思的思想追求始终被这种革命的社会政治进步所驱动。因此，马克思主义心理学研究既是人类进步的科学行为，也是人类进步的政治行为。

　　列夫·维果茨基（Lev Vygotsky，1896—1934）是马克思主义心理学最重要的先驱，这就是为什么我们努力去探索他对这一领域的独特贡献。维果茨基明确表示，发展马克思主义心理学是他的目标，实际上，也应该是所有科学心理学家的目标。我们把维果茨基对马克思主义心理学的发展作为本书的核心主题。本书并不关注维果茨基这个人，也不关注他是知识分子学者（关于这类见解见 Yasnitzky and van der Veer, 2016），甚至不关注他是一位对诸多心理学课题都做出贡献的心理学家。我们关注的是马克思主义心理学家维果茨基，是维果茨基如何融入马克思主义心理学，以及他如何运用马克思主义概念来理解和推进心理学。我们还关心他没有实现这些目标的原因，以及他的马克思主义心理学需要如何深化。

我们认为维果茨基的马克思主义具有二重特征：向外它丰富了马克思主义心理学，向内它也丰富了维果茨基的心理学思想。他的马克思主义既没有转向，也没有减少他广泛而多样的知识兴趣。就像他自己说的，他的马克思主义告诉大家这一事实。相反，维果茨基丰富的思想将马克思主义扩展到了迄今为止超出马克思主义范围的心理学和文化问题。本书试图启发人们对这些问题进行全面分析。

一、本书对维果茨基马克思主义所持有的坚定立场

对维果茨基的马克思主义有不同的评价。我们持有一种"强烈观点"，即马克思对维果茨基的影响极大，而其他人则认为影响较弱。例如，《剑桥文化—历史心理学手册》

(*The Cambridge Handbook of Cultural-Historical Psychology*)中的一些评论否定了维果茨基的马克思主义:

> 尽管和所有苏联公民一样,维果茨基不得不服从极权主义政府,但他与马克思主义的关系只是礼貌性的:他喜欢卡尔·马克思以及他的朋友即伟大的诗人海因里希·海涅(Heinrich Heine),因为他们对资产阶级社会作了讽刺的判断,但他对其他官方文本的引用主要是出于策略的考虑(Yasnitsky et al, 2014, p.505)。

只用一句话就宣布了这一严重的指控,没有任何文献证实或论证。[①]

我们的书并没有调查关于这个问题的所有观点;相反,我们专注于阐明和推进坚定立场。我们的理由是,虽然一个强有力的观点是有根据的,但它从来没有经过严格的解释或证据验证。

在强烈的观点中,马克思对维果茨基产生了核心影响,尽管这并非说他是唯一的影响。众所周知,维果茨基在某些方面遵循巴鲁赫·德·斯宾诺莎(Baruch de Spinoza)的

[①] 斯大林政权要求名义上认可马克思主义的事实,并不意味着所有支持马克思主义的学者这样做都是出于此原因,也不意味着没有人真正相信马克思主义。整整一代社会科学家、哲学家、艺术家都是马克思主义的忠实信徒。

维果茨基和马克思：迈向马克思主义的心理学

哲学。在专注于维果茨基的马克思主义时——在他的科学工作以及他的政治同情中——我们相信马克思主义启发了维果茨基对其他哲学家和社会科学家的各种兴趣。我们认为维果茨基被他们作品中与马克思主义相容的元素所吸引，而且这些元素使他能够发展马克思主义。例如一些学者，迈克尔·哈特（Michael Hardt）、安东尼奥·奈格里（Antonio Negri）（Hardt and Negri, 2000）和巴德尔·萨瓦亚（Bader Sawaia, 2009）认为一些马克思主义的思想是由斯宾诺莎预设的。

维果茨基是马克思主义心理学最重要的先驱，因为他运用了马克思主义的精髓，将心理学的复杂性作为一种独特的现实秩序来探索。维果茨基用马克思主义理解心理学，而没有将心理学还原为马克思主义的政治或经济学（这是马克思的主要关注点）。他以新的、创造性的方式将马克思主义扩展到心理学领域。因此，维果茨基用心理学来丰富马克思主义，也用马克思主义来充实心理学。

维果茨基详尽研究了认知、情感、想象、感知、记忆、概念形成、发展心理学、经验、主体性、个性、教育心理学以及生物学和心理学之间的关系等问题。他发展了关于其内部运作的理论，还提出了研究这些理论的方法。维果茨基潜心研究心理学，借鉴并批判了诸多心理学理论和方法论，发现并解决了这些理论中的矛盾和难题，以新的方式解释了心理学现象的细节问题。作为马克思主义者在这一学科内工作，他没有站在心理学之外，宣扬会凌驾于实际心理学过程之上的马克思主义术语。他使马克思主义与心理学保持一致,这让马克思主义以新的方式(心理学)充满活力,也让心理学以新的方式(马克思主义)充满朝气。

本书探讨了维果茨基的这些贡献。

我们论证维果茨基马克思主义的强烈观点的方法是在维果茨基的作品中找出马克思主义的概念。我们的章节考察了维果茨基研究的不同主题中的具体马克思主义建构。我们认为,这是评价马克思主义在其著作中深度如何的一种可靠而有效的方法。

我们认为,与讨论围绕维果茨基一生的一般历史文化背景相比,这是一种更可靠、更生动的审视维果茨基马克思主义的方式。我们无法推断社会环境对个人活动的影响,必须在个人活动中理解这种环境,才能看到其影响的结果。我们关注的是维果茨基著作中的马克思主义而不是维果茨基社会中的马克思主义。

维果茨基并没有简单地把马克思主义概念作为理解心理学和文化的有用思想来泛泛提及,而是运用这些概念作为其一般社会文化理论和实证研究的思想基础。在他最初的著作和讲座中真是这样的:"我想从马克思的整个方法中学习如何建立一门科学,如何接近对心灵的科学研究……我们需要的不是一些断章取义地摘取下来的引文,而应该是学习他们的方法;我们需要的不是搬用辩证唯物主义理论,而是创建像历史唯物主义那样的中间学科。"

维果茨基和马克思：迈向马克思主义的心理学

(Vygotsky, 1997a, p. 331)① 在《艺术心理学》(*The Psychology of Art*) 中，维果茨基（Vygotsky, 1925/1971）解释说："我们仅仅限于同所有其他人一起为对文艺的心理学考察在方法论和原则性上的合法性做辩护，指出这种考察的极端重要性，探寻它在马克思主义文艺学科体系中的地位。"②

在远离任何官员视线的私人笔记本中，维果茨基表达了他对俄国革命的热情："革命是我们的最高事业……我代表革命发言。"（van der Veer and Zavershneva, 2011, p. 466）

维果茨基文化心理学中的马克思主义思想被他的几个追随者发现了。

亚历山大·R. 鲁利亚（Aleksandr R. Luria）写道，"维果茨基为我们树立了如何掌握历史方法的伟大榜样；他向我们展示了如何将马克思和列宁的方法论应用于最棘手的知识领域之一（心理学）的具体研究"（Levitin, 1982, p. 173）。他还把维果茨基描述为"我们当中居于首位的马克思主义理论家"（Luria, 1979, Chapter 3）。他说：

> 我们这一代人都充满了革命性变革的能量——当人们作为一个能够在很短时间内取得巨大进步的社会

---

① 《维果茨基全集》第1卷，合肥：安徽教育出版社2016年版，第177页。
② 《维果茨基全集》第8卷，合肥：安徽教育出版社2016年版，第2页。

的组成部分时，他们会感到一种自由的能量。……革命打破了我们受限制的私人世界的限度，新的远景展现在我们面前。我们卷入了一场伟大的历史运动之中。

我们的个人利益被一个新的集体社会的更广泛的社会目标所吞噬。

革命后的这种气氛为许多雄心勃勃的事业提供了能量。整个社会都得到解放，将其创造性力用于为每个人建设一种新的生活。(ibid, Chapter 1)

马克思主义哲学是世界上较复杂的思想体系之一，包括我自己在内的苏联学者在慢慢地吸收。确切地说，我从未真正掌握马克思主义到我想要的程度，我至今仍认为这是自己所接受教育的一大缺陷。(ibid, Chapter 2)

勒内·范德维尔（René Van der Veer）和贾安·瓦尔西纳（Jaan Valsiner）指出："维果茨基真诚地相信共产主义世界观的乌托邦思想，他积极参与了与共产党有关的组织，并试图将共产主义世界观纳入他的研究之中"（van der Veer, R. and Valsiner, J., 1991, p. 374）。事实上，在1919年至1923年期间，维果茨基是布尔什维克（Bolshevik）政府在戈梅利（Gomel）的代表。

迈克尔·科尔（Michael Cole）肯定了维果茨基的马克思主义观点："维果茨基从《资本论》（*Das Kapital*）开始。当恩格斯的《自然辩证法》（*Dialectics of Nature*）于1925年现世时，维果茨基立即将其纳入自己的思想之中。"(from

维果茨基和马克思：迈向马克思主义的心理学

Levitin, 1982, p. 54)

尤韦·吉伦（Uwe Gielen）和萨姆韦尔·耶什马里迪安（Samvel Jeshmaridian）写道：

> 维果茨基认为自己首先且最重要的是一名马克思主义思想家，希望在理论和实践上为建设新发展的社会主义社会做出贡献。他从未怀疑过自己对马克思主义和新社会的承诺，当他短暂的生命即将结束时，他面临着被"逐出教会"的威胁，他变得沮丧，身心都崩溃了。(1999, p. 276)

维果茨基无法理解为什么会这样，但他意识到他现在被认为是马克思主义之外的人了。在这种情况下，维果茨基在一家精神病诊所的助手布尔玛·蔡戈尼克（Bluma Zeigarnik）回忆他在诊所里跑来跑去的样子："我不想再活下去了，他们不想把我当成一个马克思主义者。"对于敏感和高度社会化的维果茨基来说，共产主义提供了一种生活哲学，为他的痛苦提供了希望和意义。当他意识到自己被置于这个家园之外时，他的希望越来越渺茫，他存在的意义蒸发了，他不得不独自面对死亡。(ibid, p. 284)

二、维果茨基主义马克思主义领域的思想突破

尽管从维果茨基自己的陈述和一些维果茨基学派学者

的陈述中，有大量证据表明维果茨基对马克思主义的强烈运用，但这个问题几乎没有得到大多数维果茨基追随者的关注。为了纠正这个问题（这是我们写这本书的**理由和目的**），我们必须理解它。本导论的其余部分用例子说明了这个问题。我们记录了许多维果茨基信徒在对待维果茨基著作时未能处理、理解、运用和推进马克思主义概念的方式。

三、忽视维果茨基的马克思主义

大多数对维果茨基文化心理学或文化—历史心理学的研究都忽略了他的马克思主义。《剑桥文化—历史心理学手册》（Yasnitsky et al., 2014）专门介绍了当代维果茨基的学术研究。在这本533页巨著的索引中，马克思、恩格斯和马克思主义被引用了17次。除了埃琳娜·格里戈连科（Elena Grigorenko）对这个问题的一页讨论外，这些引用仅限于提到马克思或恩格斯的名字、他们的一本书或他们的一句话，或者是其他苏联人物如爱森斯坦（Eisenstein）对马克思的引用，或者只是对维果茨基马克思主义的一句话评论。他们没有讨论或描述维果茨基的马克思主义。

吉伦和耶什马里迪安（Gielen and Jeshmaridian, 1999, pp. 275–276）描述了这种忽视的广度：

> 我们强调维果茨基的马克思主义身份，部分原因是观察到他身份的这一核心方面经常被他的美国追随

维果茨基和马克思:迈向马克思主义的心理学

者所忽视。从20世纪60年代开始,美国心理学家开始重新发现维果茨基,他们常常把他的理论研究的马克思主义基础撇开。例如,我们可以注意到,当他的重要作品《思维与言语》……第一次被翻译成英文时,其中的马克思主义参考文献被删除了。在一个刚刚经历了狂热的反共产主义的麦卡锡时代的国家,这也许并不令人惊讶。西方的其他维果茨基主义者认为,与他丰富的心理学遗产相比,他的马克思主义思想的精神价值有限。今天,许多更加务实的美国心理学家将维果茨基的著作视为一种心理学金矿,供他们挖掘洞察力和智慧的金块,并为新的研究提供启示。与此相反,他们往往对这个金矿最初是如何产生的以及为了什么目的这个问题重视不够。

举个例子就足以说明。最近,许多美国心理学家采用了维果茨基的"最近发展区"概念,以及他的"学习引导发展"的观点。他们用这个概念来解释儿童如何在成人的指导下学习完成他们后来独立完成的行动。对马克思主义教育家维果茨基来说——但不是对现代美国心理学家来说——"最近发展区"概念具有政治含义。

马丁·J. 帕克(Martin J. Packer, 2008, pp. 8-9)同样指出:

当维果茨基的文本第一次被翻译成英文时，美国的一些心理学家注意到他的著作与马克思对资本主义的分析有很强的联系，但从那时起，这些联系往往没有被注意到，并且"对维果茨基的许多解释并没有试图将他置于马克思主义的框架内"（Robbins，1999，p. vi）。对维果茨基作品的翻译往往省略了关于马克思和恩格斯的引文，或者将其视为"对官方意识形态的被迫让步"（Yaroshevsky，1989，p. 20）。因此……

他的作品的政治背景几乎被关心恢复它的现代学者忽略了。维果茨基与其说是一个在紧张的政治环境中谈判的马克思主义理论家，其作品是斯大林清洗的受害者，倒不如说是一个天赋"超越了历史、社会和文化障碍"的思想家。（Bakhurst，2005，178）

……对于这种忽视或淡化维果茨基对马克思贡献的倾向，早期的重要例外包括斯蒂芬·图尔明（Stephen Toulmin，1978）。图尔明在《纽约书评》的一篇文章中称赞维果茨基为"心理学界的莫扎特"，他在这篇文章中写道："'历史唯物主义'哲学提供的总体框架给予他必要的理论基础，使他能够对发展心理学和临床神经学、文化人类学和艺术心理学之间的关系进行综合解释。"第二个例外是科尔和西尔维娅·斯克里布纳（Sylvia Scribner）（Cole and Scribner，1978）对《社会中的心智》的介绍，他们写道，马克思主义理论框架对维果茨基来说是一种"宝贵的科学资源"，他使用了"辩证唯物主义的方法和原则",并打算"创造自己的《资本论》"。最近,科尔等人(Cole, 2006)提出,"维果茨基、鲁利亚和阿列克谢·尼古拉耶维奇·列昂季耶夫(Alexei Nikolaevich Leontiev)沿着马克思主义的路线对心理学进行了大规模的重新定义……"(p.244)。

四、对维果茨基马克思主义的不充分论述

对维果茨基文化心理学的一些论述提到了他对马克思主义的赞同。然而,这些论述并没有提供任何详细、彻底的讨论。这就要求详细解释具体的、独特的马克思主义概念的含义,例如,马克思是如何将辩证法、辩证唯物主义、异化、货币、历史唯物主义、私有财产、雇佣劳动、资本主义、社会主义概念化的?然后,这些马克思主义的概念需要在维果茨基的著作中被识别出来,因为他明确地命名了这些概念,同时也隐含地使用了这些概念而没有命名。

追寻维果茨基的马克思主义还包括找出维果茨基未能运用马克思主义概念的话题,尽管他本可以用丰富自己的解释方式来运用这些概念。此外,对于维果茨基没有讨论的话题,将提出对马克思主义的创造性使用,以便将他的马克思主义文化心理学拓展到这些主题。性就是一个例子。

寻求维果茨基的马克思主义还需要发展马克思主义的

社会理论或关于文化本质的理论。维果茨基借鉴了历史唯物主义作为他的指导性社会理论。这一社会理论是建立文化心理学的马克思主义基础所必需的。

维果茨基（Vygotsky，1998，p.43）在他的发展心理学中采用了历史唯物主义：

> 环境的基本变化在于参与社会生产之前环境正在扩展。由此在思维的内容中最早出现的是与社会生产中某一地位相联系的社会意识。……学生和青年的历史就是阶层心理和意识特别紧密形成和发展的历史。……他常引用模仿本能作为少年思维内容形成和表现的基本机制。但是援引本能的模仿，正如研究者所看到的，毫无疑问，其注意到儿童阶层心理的形成。[1]

只有少数维果茨基的追随者，如尼古拉·韦列索夫（Nikolaj Veresov，2005）、牛顿·杜瓦蒂（Newton Duarte，2000）和安必诺（Angel Pino，2000）等人追求这些学术路径。大多数追随者论述维果茨基对马克思主义概念的使用都是肤浅、不完整、不正确的（Tuleski，2015，Chapter 1）。他们一般将马克思主义概念简化为简单、抽象的概念，剥夺了马克思主义的内容，并重新填充了非马克思主义的内容。这对科学和政治都有不利影响。我们发现维果茨基的

---

[1] 《维果茨基全集》第5卷，合肥：安徽教育出版社2016年版，第383页。

维果茨基和马克思：迈向马克思主义的心理学

追随者在对待他的马克思主义和更普遍的马克思主义的方式上存在问题。我们的目的是建设性的，即为了克服这些问题，为马克思主义心理学的发展指明一个更加正确的方向。维果茨基在他的"心理学危机的历史内涵"一文中对马克思主义心理学家进行了这种批判。在这里，他抱怨说"许多'马克思主义者'都还不善于指出自己的理论与唯心主义心理学认知理论之间的界限，因为这种（界限）至今还没确立。……我们可以断言：我们的'马克思主义者'的观点是心理学中的马赫主义"（Vygotsky, 1997a, pp. 323 – 324）[①]。维果茨基对他的同事们的马克思主义非常挑剔，他通过使用语法形式"马克思主义"来否定它。他认为这种情况非常严重，以至于整个心理学必须进行重组：

> 紧随斯宾诺莎之后，我们把我们的科学工作比作正在为得了绝症的病人寻找救命药。现在看来，我们只能依靠外科医生的手术刀来解救病人了，当前需要的是血淋淋地开膛破肚，是做手术。许多教科书不得不撕成两半，像教堂中的帷幕那样。许多理论不得不截头去尾，另一些理论得拦腰一刀。（ibid, 324）[②]

[①] 《维果茨基全集》第1卷，合肥：安徽教育出版社2016年版，第162、163页。

[②] 《维果茨基全集》第1卷，合肥：安徽教育出版社2016年版，第162页。

下面我们将对维果茨基的马克思主义和马克思主义心理学的一些现有介绍作类似的讨论。

(1) 埃琳娜·格里戈连科（Elena Grigorenko）

俄罗斯维果茨基学派心理学家伊莲娜·格里戈伦科（2014）承认维果茨基是马克思的信徒，但她把维果茨基的马克思主义解释为由"变革的合作实践"组成。她的著作中的一个例子是"发展、学习和教学，三者不管是共同还是单独地进行，都是协作变革实践的贡献者和结果"（ibid，p.205）。另一个马克思主义的概念是："文化不是古代人工制品的集合，而是贯穿人类历史的全球不间断的连续性的实践流，这种实践流已经形成或正在形成。"（ibid）还有一个经常提到的马克思主义概念是维果茨基的概念，即心理学是调解我们与自然互动的工具。

这些只是表面上的马克思主义概念。它们不是指具体的社会制度、结构、集体、机构、人工制品、协作或政治。它们并不是指具体的资本主义——例如，新自由主义——也不是指面向社会主义的变革性政治和合作。它们也没有具体化世界银行、世界贸易组织或全球贸易协定（如北美自由贸易协定）所颁布的新自由主义的全球持续制度实践（这些都没有在《剑桥文化—历史心理学手册》的索引中提到）。

将马克思主义简化为一般的抽象概念，如合作和变革，会使其定义不清，并模糊其最重要的思想。教育中的协作性、变革性实践可以包括任何内容，甚至可以同意取消所有的家庭作业和阅读作业，还可以把进化论排除在学校课程之外。

某种不伦不类形式的抽象合作和变革不是马克思主义所特有的，也没有给文化或心理学添加任何具体的马克思主义特征。

(2) 塞斯·柴克林（Seth Chaiklin）

柴克林（Chaiklin, 2012）对维果茨基和马克思的讨论描述了他们使用的一些常见概念。他有益地告诉我们，"马克思以历史的方式理解自由：自由是人类生活条件的结果，以及与这些条件有关的人类能力的发展"（ibid, p.35）。然而，柴克林并没有具体探讨具体条件是什么。他没有提到马克思的自由存在于社会主义政治经济中，而社会主义政治经济需要消灭私有财产、阶级结构、资本、货币、商品生产和雇佣劳动。

柴可林列举了黑格尔、马克思和维果茨基共有的一些关于辩证法传统和历史理解的观点，包括"致力于科学的方法"、需要"关注整体"、需要"理解形成物体的相互作用"、使用"历史的方法""以自由和人类全面发展的概念为导向"，并认识到"人改变他们的生活条件"（ibid, p.30–32）。

目前还不清楚这些抽象概念的含义，改变条件可以从污染海洋到社会革命。

如果把这种模糊的概念留在这里，就无法丰富文化历史活动理论。这使我们在研究什么方面没有方向，并允许任何人将任何微不足道的或破坏性的变革纳入文化历史活动理论之中。

同样,在社会制度和心理现象的形成过程中,我们必须研究哪些"互动"?这些是人际互动还是地缘政治互动?

我们应该关注"历史"的哪些方面?它是谁的历史?是官方的历史还是"人民的历史"?是声称美国将人民从独裁统治中解放出来的历史,还是压迫人民的美帝国历史?

当我们研究社会或心理学时,什么是"整体"?它是一个统一的、同质的整体,还是充满了矛盾的整体?整体中的某些元素更占主导地位,还是它们都是平等的?整体是一个元素的序列还是一个格式塔?

马克思和维果茨基为这些问题提供了具体的答案,但柴可林却忽略了这一点,因为他仍然停留在一般抽象层面。

马克思小心翼翼地把抽象概念作为一般框架,以便用具体特征来填补。例如,他用具体术语讨论了"社会整体"的性质。"民族本身的整个内部结构也取决于自己的生产的发展程度。"(Marx and Engels, 1932/1968, p. 11)[①]

> 法的关系正像国家的形式一样,既不能从它们本身来理解,也不能从所谓人类精神的一般发展来理解,相反,它们根源于物质的生活关系,这种物质的生活关系的总和,黑格尔按照十八世纪的英国人和法国人

[①] 《马克思恩格斯选集》第 1 卷,北京:人民出版社 1956 年版,第 147 页。

维果茨基和马克思：迈向马克思主义的心理学

的先例，称之为"市民社会"，而对市民社会的解剖应该到政治经济学中去寻求。（Marx, 1859/1999）①

柴克林忽略了社会整体的政治经济核心，这个核心决定了社会的基本特征，包括对心理学和所有社会活动的决定作用。

马克思也同样将历史具体化：

> 由此可见，这种历史观就在于：从直接生活的物质生产出发阐述现实的生产过程，把同这种生产方式相联系的、它所产生的交往形式理解为整个历史的基础。（Marx and Engels, 1932/1968, p.28）②

他说："**工业的历史和工业的已经产生的对象性的存在，是一本打开了的关于人的本质力量的书，是感性地摆在我们面前的人的心理学**"（Marx and Engels, 1975, p.302）③。这种具体性被柴可林忽略了。

维果茨基在其心理学工作中强调了这种特殊性。他在阐述"整体"时重申了马克思的说法。"在某种程度上每个

---

① 《马克思恩格斯全集》第13卷，北京：人民出版社1962年版，第8页。
② 《马克思恩格斯选集》第1卷，北京：人民出版社1956年版，第171页。
③ 《马克思恩格斯全集》第42卷，北京：人民出版社1979年版，第127页。

人都是他所属的社会,尤其是他所属的那个阶级的衡量尺度,因为每个人都是各种社会关系的集中反映。"(1997a, p. 317)①

维果茨基在阐述历史时也采用了马克思的历史唯物主义。他把概念的发展建立在特定的社会条件和相应的社会意识之上:"少年思维……不是少年的本能特征,而是在一定社会意识形态范畴概念形成的不可避免的结果"(1998, p. 44)②。社会意识形态,像社会整体一样,是一种具体的、政治性的建构。

辩证法在马克思和维果茨基的笔下也有具体的维度。马克斯·霍克海默(Max Horkheimer, 1993, p. 116)这样解释辩证法:

> 马克思和恩格斯在唯物主义的意义上接受了辩证法。他们仍然忠实于黑格尔的信念,即在历史发展中存在着超个人的动态结构和趋势,但拒绝相信在历史中运作的独立精神力量。

马克思描述了一种**必然的辩证法**,这种辩证法**必须**利用资本主义的社会化基础设施作为可行的、全面的替代资

---

① 《维果茨基全集》第1卷,合肥:安徽教育出版社2016年版,第151页。
② 《维果茨基全集》第5卷,合肥:安徽教育出版社2016年版,第385页。

维果茨基和马克思：迈向马克思主义的心理学

本主义方案的基础。所有这些都对心理变化有影响。维果茨基在其题为"人的社会主义改变"（1994b）的文章中赞同这一观点。

马克思的辩证法是基于黑格尔关于客观的、必然的、辩证的可能性和运动的概念。"真正可能的东西再也不可能是别的了；在特定的条件和环境下，不可能出现别的东西。因此，真正的可能性和必然性只是**表面上**的不同"；可能性和必然性的同一性"已经被**预设**，并且存在于它们的基础之上"（Hegel，1969，p. 549）。"真正的可能性确实……成为必然性。"（ibid，p. 550）

柴可林和其他文化历史活动理论家并不欣赏马克思和维果茨基使用的这种确定性的、必然的历史和辩证法的意义。

这既是一个科学上的漏洞，也是一个政治上的漏洞，因为它抹杀了马克思主义的实践、政治、革命主旨，即用具体的社会主义社会关系来否定资本主义。一般性的抽象会导致把战争、和平、贫穷、犯罪等当作被清除的具体内容和历史。这会导致人们哀叹"战争的复杂性和悲剧性"，而不是哀叹推动战争的具体政治经济利益（如帝国主义、十字军东征等宗教征服），这些利益一定会被翔实否认。

（3）弗雷德·纽曼（Fred Newman）和伊兹·赫兹曼（Lois Holzman）

纽曼和赫兹曼（Newman and Holzman，2014）认为维果茨基是一个马克思主义者，但他们用人文主义和人际关系的术语来解释这一点，缺乏具体的历史和政治维度。他们说，"我们想展示一个在方法论上与历史唯物主义的马克思紧密结合的维果茨基"（ibid, pp. ix – x）。为了真正展示这一点，他们必须定义马克思的历史唯物主义，然后解释其具体观点如何出现在维果茨基的著作中。其中一些观点包括马克思将社会和意识建立在生产资料和生产关系的基础之上。"这个意识必须从物质生活的矛盾中，从社会生产力和生产关系之间的现存冲突中去解释。"（Marx，1859/1999）①

纽曼和赫兹曼避开了这种表述，取而代之的是一种民粹主义的、不确定的概念，即人们通过相互合作来重塑他们的社会活动。这一过程没有历史背景或历史结果。对我们来说，它没有任何政治性，没有任何系统性。

他们回到了维果茨基的最近发展区的概念上，而这一概念强调人际互动如何帮助个人发展他们的能力。纽曼和赫兹曼似乎将他们对维果茨基的马克思主义的讨论限制在个人通过社会互动发展自己的这个概念上。这是一个微观层面的抽象概念，他们将其解释为存在（当前）发展为成为（未来）。

维果茨基开始在心理学的另一个领域中崭露头角，那就是对年轻人的生活和旨在促进青年发展的校外干

---

① 《马克思恩格斯全集》第13卷，北京：人民出版社1962年版，第9页。

维果茨基和马克思：迈向马克思主义的心理学

> 预措施的研究。作为一个探索和实践的领域……青年发展通过提供创造力和领导力机会的项目及组织，让年轻人参与到生产性和建设性的活动中。维果茨基对这一领域的主要贡献在于他对学习和发展的社会性理解，以及在有效的预设中，与爱心成年人和同龄人关系的关键重要性。对于一些青少年发展工作者来说，维果茨基（列夫·维果茨基：革命科学家）使他们看到并进一步组织他们的工作，以便支持青少年超越自己，既做他们自己，同时又做他们自己之外的人。
> (Newman and Holzman, 2014, p. xiii)

这种说法都是关于自我发展、成长为了什么、关心年轻人和让年轻人参与促进领导力、创造力的生产性及建设性的活动。这些都是空洞的抽象概念，没有提到文化历史的社会制度，没有提到社会制度的问题或矛盾，没有提到政治或权力，也没有提到对现行社会制度的具体否定，使其变成一种新的生产方式。领导力、创造力和发展都是不确定的，或者以工具性方式定义为组织心理学。这使他们可以接受现存的社会关系。

纽曼和赫兹曼似乎忘记了维果茨基的原则性宗旨，鲁利亚将其表述如下：

> 维果茨基把让每一位科学家深刻认识到这些高级心理功能的历史是心理学的首要主题作为他一生的任

务。他声称对人类心理的真正科学分析总是不涉及将人类心理还原为抽象的元素,抽象元素失去了心理的具体特征,而是以实际单位进行分析,以最简单的形式保留整体的所有丰富性和特殊性。(Levitin,1982,p. 171)

维果茨基所说的"整体"是指心理要素的全部历史内容,这些心理要素以物质条件、市民社会和生产方式为基础。纽曼和赫兹曼抛弃了鲁利亚的所有警告,因为他们强调的是缺乏具体文化和历史的抽象概念,更不用说权力和政治了。

纽曼和赫兹曼在一些方面歪曲了马克思和维果茨基。他们说"如果要在后现代时代理解马克思,他必须被**后现代化**"(Newman and Holzman,2014,p. xv)。也就是说,必须使马克思与资本主义相一致,以便在资本主义社会中被理解。这就好像说马克思主义辩证法必须转化为形式逻辑,以便被英美学生理解(并与之相关)一样荒唐。或者说,艺术应该被简化为广告,以便在消费主义社会中被理解,并与之相关。这破坏了马克思主义的全部激进、批判的本质。马克思主义发展了一种反资本主义的哲学和政治经济学,目的是为了比自己的代言人更深刻地理解资本主义,并对其进行批判和改造。按照纽曼和赫兹曼的观点,我们摧毁了所有这种对立的本质,并使马克思主义适应资本主义。如果我们在资本主义的条件下进行思考,那我们就永

维果茨基和马克思：迈向马克思主义的心理学

远无法批判和改造资本主义。这就是赫伯特·马尔库塞（Herbert Marcuse）揭露和批判的单向度思维。自称为马克思主义的维果茨基主义者宣扬资本主义的单向度思维，这是多么奇怪啊。

纽曼和赫兹曼曲解了马克思主义，他们提出了"一切权力都给发展者"的口号（ibid, p. xvi），而不是马克思的"一切权力都给无产阶级"的口号。这使社会变革成为促进"发展"的问题——不确定的、无内容的、无形的、抽象的发展。这种发展的所有历史、政治内容都被摒弃了，从而就把社会主义从历史议程上抹去了。

两位作者在他们的社会治疗实践中举例说明了他们扭曲的马克思主义和维果茨基主义："社会治疗师的工作能力是让一群人改变他们如何感受，以及改变他们如何建构与自己和他人的关系，这是维果茨基（Vygotskyian）'原则'的应用，即'你不能独自发展'"。他们的治疗小组由不同的性别、年龄、种族、性取向和阶级背景的人组成，"以挑战人们对固定身份的观念。此外……成员之间的多样性变化为（团体）创造情感成长提供了丰富的材料"（ibid, p. xvi）。

我们再次看到了不确定的、抽象的、没有历史或政治内容的概念。马克思主义和文化—历史心理学，都是后现代的简单概念，即改变我们对自己和他人如何感受和联系，挑战固定的身份，创造情感成长。所有这一切都没有在社会结构或心理上发生任何政治或经济变化。想必，没有非个体因素的引导，有创造力的、情绪化的、灵活的、自我适应的、发展中的（成为）、有爱心的个体将会毫无疑问地改善社会结构。

(4) 迈克尔·科尔（Michael Cole）和尹尔乔·恩格斯特（Yrjö Engeström）

科尔和恩格斯特在承认维果茨基的马克思主义的同时，指出"对人类心理功能的分析必须立足于人类活动的历史积累形式之中"（Cole and Engeström, 2007, p. 486）。这和柴克林对历史的抽象是一样的。之所以抽象，是因为没有指出心理功能的历史形式的本质。这就使得它们完全取决于研究人员的判断、意见和"感觉"。对于研究者是否应该关注单个家庭中的代际个人叙事，没有指导方针——例如，关于"为什么我们总是在周日早上去骑马"或者，是否应该关注以教科书形式大量传播的官方历史叙事，这些叙事反映了教育、政治和商业领袖的政治—经济利益。任何东西都有资格成为心理过程的历史形式，这使得文化心理学家能够在他们的研究中排除官方的、物化的、政治化的、群众的、历史的活动，如果他们愿意的话。

此外，尚不清楚累积的历史形式与心理学究竟有何关联。是一种"设定"？还是特定地形成和指导心理学？鲁利亚说，历史文化形成了构建我们感知的感知代码。格奥尔格·卢卡奇（György Lukács, 1924/1970）给出了一个心理学的历史塑造的类似例子：

维果茨基和马克思:迈向马克思主义的心理学

> 社会民主党对战争的(务实的、修正主义的)态度不是一时失常或怯懦的结果,而是他们刚刚过去的必然结果……需要在劳工运动的历史背景下来理解。

因此,在劳工运动历史中,社会民主党人的修正主义行为,使他们对战争的意识习惯于采取修正主义的态度。抽象的历史概念并不包括这种历史唯物主义的、形成性的分析。

但维果茨基做到了。他说:"随着对言语思维的历史性承认,我们应当将历史唯物论对人类社会中一切历史现象所确定的方法论原理都扩大运用于这个行为形式。"(Vygotsky,1986,pp. 94 – 95)[①] 在这段表述中,维果茨基立即将"对言语思维的历史性承认"这一一般性描述具体化,解释说言语思维的历史性特征在于它遵循马克思的历史唯物主义前提。历史唯物主义是由具体因素组成的特定历史理论和过程,它不是过去经验的简单积累。

科尔和恩格斯特把注意力(包括他们自己的和读者的注意力)局限在维果茨基论述的第一部分,即社会刺激和人类行为是历史性地编纂的,而忽略了第二部分的信息即历史性特征是具体的阶级特征。因此,对人类活动和维果茨基的活动观,他们展示了一幅不完整的图画。

维果茨基运用历史唯物主义来具体说明历史地积累的

[①] 《维果茨基全集》第4卷,合肥:安徽教育出版社2016年版,第120页。

经验性质、其原因和解释:

> 我们把在历史发展过程中确立起来并以法律规范、道德规则、艺术情趣等方式加以巩固的一切社会刺激物称为思想意识。规范贯穿于其产生的社会阶段结构并为生产的阶级组织服务。**规范制约着人的全部行为,在这个意义上,我们完全可以说是人的阶级行为。**(1926/1997b, pp. 211 – 212)①

维果茨基提到了社会刺激在特定文化历史形式中的历史编纂,这些文化历史形式具有植根于生产方式和阶级结构的阶级特征。如鲁利亚所说,历史性的社会刺激对个人行为负有责任;它们不仅仅是个人利用的手段,因为他们还希望调节自身的互动。

自由漂浮、没有框架的文化抽象,如"历史地积累的人类活动形式"(Cole and Engeström, 2007, p. 486)的不足之处在于,它们超越和无视关于现实社会和心理生活的具体文化事实。抽象使我们看不到这样一个事实:2015 年,世界上最富有的 62 个人的财富超过了最贫穷的 35 亿人。这些具体的事实正是马克思和维果茨基为了实现社会变革所要强调的。通过否定揭示具体事实的具体政治经济社会关

---

① 《维果茨基全集》第 6 卷,合肥:安徽教育出版社 2016 年版,第 229 页。

维果茨基和马克思：迈向马克思主义的心理学

系，社会转型在具体的宏观文化层面上进行。这就是**抽象和具体的政治**（Paolucci，2012）①。

马克思批判了与具体的决定性因素割裂的抽象。他说，

---

① 双语教育也遵循同样的模式，被理解为拓宽了感知和认知能力。事实上，知觉和认知的效果完全取决于所学的两种语言的社会地位。抽象的"双语"没有特别的效果。地位高的语言（如在印度则是英语和印地语）有积极的心理影响；然而，地位低的语言（如奎语和奥里亚语）有消极的影响（Ratner，2012，pp. 228-230）。

性别同样是一个空洞的心理学抽象概念，只有在具体的社会角色具体化时才有意义。对性别本身的重视默认了对具体社会角色的重视，而这些社会角色是未被说明的，往往是压迫性和破坏性的。重视妇女担任政治职务往往被吹捧为一种积极的行为，一种为儿童培养女性角色的榜样。然而，这忽略了政治职位的具体活动，这些活动是压迫性的、剥削性的、帝国主义的和亲公司的。因此，玛格丽特·撒切尔（Margaret Thatcher）、希拉里·克林顿（Hillary Clinton）和康迪·赖斯（Condi Rice）等女性政治领导人实际上是以女性作为帝国主义者、女性作为公司专家、女性作为骗子、女性作为穷人的压迫者为榜样的。这就是这些妇女所宣传的完整的女性政治角色模式，也是儿童所感知和模仿的。称赞女性政治领导力是为了提高妇女的形象，将妇女政治角色的具体文化弊端偷渡到这一概念中。这些恶行没有被提及；然而，它们确实存在，且激励着女孩鼓掌或承担帝国主义者、辩护人、压迫者和骗子的角色——这些都被称赞的"女性领袖"范畴所掩盖。

忽视（和接受）具体事实的抽象想法让其接受现状。通过促进"女性领导力"，帝国主义、压迫、虚伪等都可以默许得以提倡，而"女性领导力"又默许了维持现状的活动。因此，在这种情况下促进妇女成为领导者实际上是一个不好的榜样，因为它包含了令人反感的具体行为。

榜样角色作为促进社会流动和平等的政治战略是一个假象。这是一种个人主义的策略，它假定一个成功的榜样角色会激励处于不利地位的其他人，使他们有动力取得同样的成功。这意味着机会就在眼前，所缺乏的只是利用机会的动力，没有必要进行结构性改变或支持结构性变革。榜样角色是基于一种错误的、心理学的行为理论；它忽视了成功的结构性障碍，这些障碍必须通过结构性政治变革来克服。

如果我抛开构成人口的阶级，人口就是一个抽象。如果我不知道这些阶级所依据的因素，如雇佣劳动、资本等，阶级又是一句空话。而这些因素是以交换、分工、价格等为前提的。比如资本，如果没有雇佣劳动、价值、货币、价格等，它就什么也不是。（Marx, 1939/1973, p. 100）①

同样，在提到"人民"时，马克思接着说，"或者（如果用个更确切的概念来代替这个过于一般的含混的概念）无产阶级"（Marx and Engels, 1976, p. 222）②。贫穷和财富是类似的抽象概念，这种抽象缺乏具体的矛盾，也没有具体的解决办法。在《经济学哲学手稿》中，他说，

无产和有产的对立，只要还没有把它理解为劳动和资本的对立，它还是一种无关紧要的对立，一种没有从它的能动关系上、它的内在关系上来理解的对立，还没有作为矛盾来理解的对立。……但是，作为财产之排除的劳动……和……作为劳动之排除的资本，——这就是发展到矛盾状态的，因而也是有力地促使这种矛盾状态得到解决的私有财产。（Marx and

---

① 《马克思恩格斯全集》第46卷·第一册，北京：人民出版社1979年版，第37页。
② 《马克思恩格斯全集》第4卷，北京：人民出版社1958年版，第210页。

维果茨基和马克思:迈向马克思主义的心理学

Engels,1975,pp. 293 – 294)①

具体特征产生了对其问题的具体解决。

马克思严谨地证明了一般的历史参考资料如何需要用具体的、政治经济的内容来填补。他说,

> 五官感觉的形成是以往全部世界历史的产物。囿于粗陋的实际需要的感觉只具有有限的意义。……忧心忡忡的穷人甚至对最美丽的景色都没有什么感觉。(ibid,p. 302)②

在这里,马克思对感官的历史性形成做了一个一般性的陈述,并立即用否定的语言将其具体化。

维果茨基(Vygotsk,1989)遵循了马克思在写作"具体心理学"时所强调的东西,但他的追随者却很少向马克思主义心理学迈出这一步。

马克思用抽象的东西来界定文化和心理的一般的、观念的、基本的方面;然而,他总是用具体的特征来填补它们。就有效的社会进步而言,无论是从科学的角度还是从政治的角度来看,这对他来说都很重要。

---

① 《马克思恩格斯全集》第42卷,北京:人民出版社1979年版,第117页。
② 《马克思恩格斯全集》第42卷,北京:人民出版社1979年版,第126页。

导言　恢复和发展维果茨基的马克思主义心理学

在他的《经济学哲学手稿》关于人类劳动、意识和社会性的讨论中可以找到一个例子。在这里，马克思以关于人类活动相对于动物活动的一般的、抽象的陈述开始，然后他立即用资本主义社会关系所产生的具体特征来填补这一论述。

> 动物和它的生命活动是直接同一的。动物不把自己同自己的生命活动区别开来。它就是这种生命活动。人则使自己的生命活动本身变成自己的意志和意识的对象。他的生命活动是有意识的。……正因为人是类存在物，他才是有意识的存在物，也就是说，他自己的生活对他是对象。仅仅由于这一点，他的活动才是自由的活动。
>
> ……因此，正是在改造对象世界中，人才真正地证明自己是类存在物。这种生产是人的能动的类生活。通过这种生产，自然界才表现为他的作品和他的现实。……异化劳动把这种关系颠倒过来。……异化劳动从人那里夺去了他的生产的对象，也就从人那里夺去了他的类生活，即他的现实的、类的对象性，把人对动物所具有的优点变成缺点，因为从人那里夺走了他的无机的身体即自然界。
>
> 同样，异化劳动把自我活动、自由活动贬低为手段，也就把人的类生活变成维持人的肉体生存的手段。
>
> ……异化劳动造成……人的类本质变成人的异己

维果茨基和马克思:迈向马克思主义的心理学

的本质,变成维持他的个人生存的手段。异化劳动使人自己的身体,以及在他之外的自然界,他的精神本质,他的人的本质同人相异化。……人同自己的劳动产品、自己的生命活动、自己的类本质相异化这一事实所造成的直接结果就是人同人相异化。(Marx and Engels, 1975, pp. 276 - 277)①

马克思设想了人类活动的理想状态,即有意识地生产自身,作为其意志的对象。这种有意识的、有意志的生产是**自由的活动**,这种自由的活动将个体与他的物种结合起来,是**积极的物种生活**。然而,这种理想的抽象性与资本主义社会中真实的、异化的、具体的劳动相矛盾。具体的、异化的劳动不是由劳动者自由生产的,没有把他与他的物种结合起来,没有表达或实现他自身,不是**他的**工作,而是由他的老板控制和强迫着的。由于物种存在和生命活动没有以其理想、真实、丰富的形式而存在,因此注定变成这样的状况。理想状态不可能通过劝说"感受联系""参与"或"拥有你的行为"来抽象地实现;只能通过改变物质条件来实现,例如像政治经济、人工制品(生产力)和概念(集体代表)这样的宏观文化因素。马克思和恩格斯(Marx and Engels, 1932/1968, p.68)说:

---

① 《马克思恩格斯全集》第42卷,北京:人民出版社1979年版,第96—97页。

> 只有完全失去了整个自主活动的现代无产者，才能够实现自己的充分的、不再受限制的自主活动，这种自主活动就是对生产力总和的占有以及由此而来的才能总和的发挥。①

劳动人民必须在政治经济革命中发展他们的自我活动，在这种革命中，他们将生产力的广泛组织纳入巨大的社会性国际网络之中。

马克思的抽象是否定和改进具体、短暂的现实的理想（Ilyenkov，1960/1982）。劳动和生产等抽象概念被具体的现实所遏制和证伪。抽象必须在未来通过消除异化劳动并以民主、集体的劳动来取代它而实现。当马克思说，"一切国家形式在民主制中都有自己的真理，正因为这样，所以它们有几分不同于民主制，就有几分不是真理"（Marx and Engels，1975，p.31）②，他的意思是，真理必须发展，以使它们达到本真的状态，现有的国家还不是真正的民主国家。民主是一种超然的、目的论的真正本真状态的概念。这就是法兰克福学派所解释的黑格尔和马克思的否定辩证法。

维果茨基采用了这种马克思—黑格尔的辩证思维，即本真的、理想的生活或行为方式必须通过社会变革来发展，

---

① 《马克思恩格斯选集》第1卷，北京：人民出版社1956年版，第209页。
② 《马克思恩格斯全集》第1卷，北京：人民出版社1956年版，第282页。

维果茨基和马克思:迈向马克思主义的心理学

它们在当前社会中并不存在。例如,思考创造力和教育。"生活只有在彻底摆脱使之曲解的社会形式的时候才能成为创造。教育问题则要在解决生活问题之后才能被解决。"(Vygotsky, 1926/1997b, p. 350)[①]

如果马克思没有把抽象劳动具体化,那就意味着任何多重社会互动的群体极易具有普遍适用性,或者现在的劳动是自由的、任性的、有意识的、满足的且具有社会统一性。现在这个不完整、非真实的现实会被曲解为理想的、充实的、自由的现实。现在的这种正当化将会消除使劳动人性化的需要。[②]

这就是维果茨基追随者的抽象做法。詹姆斯·沃茨(James Wertsch)引用了马克思关于劳动的论述,"人通过自己的活动启动、调节和控制自己与自然之间的物质反应过程"(Levitin, 1982, p. 67)。科尔和恩格斯特(Cole and Engeström, 2007, p. 485)同样说到,

---

① 《维果茨基全集》第6卷,合肥:安徽教育出版社2016年版,第373页。

② 同样,抽象的"文化 = 文明"是一种未来的想法,而不是具体的、现存的现实。大量现存的文化使人变得不文明,奴隶制、独裁统治、新自由主义等都是如此,必须通过社会转型使文化变得文明。

同样,抽象的"学校教育 = 教育"是一种观念,必须通过社会重组来创建。这句话与现存的学校教育相矛盾,也是对现有学校教育的改进,因为现有的学校教育不能教育人,不能培养高层次的认知功能。2015年,底特律公立学校八年级学生中只有4%的人精通数学,只有7%的人精通阅读(Higgins, 2015)。

俄罗斯文化历史学派的最初前提是，人类的心理过程需要一种行为方式，在这种行为方式中，人类改造物质对象，作为调节他们与世界和彼此之间互动的手段。……这方面的一个应用是为一个患有帕金森症的成年人提供一些纸片，通过这些纸片，他能够在地板上行走。

这意味着劳动已经是劳动者为自己的目的而利用事物的自由表达和实现。沃茨、科尔和恩格斯特省略了马克思的关键界定，即这是一个必须通过社会转型来创造的理想；现存的劳动是异化的，阻碍了工人对自己活动的控制。

因此，这些学者忽略了马克思为了实现理想的本真状态而进行政治变革的关键呼吁。他们把所有的劳动都归结为自我实现，这就削弱了政治变革的必要性，并且把异化现状视为令人满足的状况。

五、抵制（所谓的）维果茨基的马克思主义心理学

虽然维果茨基派学者如科尔、沃茨、瓦尔西纳、范德维尔、布鲁纳（Bruner）、亚历克斯·科祖林（Alex Kozulin）、图尔维斯特（Tulviste）、哈里·丹尼尔斯（Harry Daniels）、柴克林等，都承认维果茨基的马克思主义，欣赏他的作品，声称要遵循和发展它，但他们并没有遵循和发展其马克思主义。

维果茨基和马克思：迈向马克思主义的心理学

他们很少解释马克思主义概念的含义是什么、维果茨基如何运用这些概念以及如何发展这些概念。他们没有谈到人类心理学的政治方面，也没有谈到心理学学科的政治方面。①

这些维果茨基主义者从来没有像维果茨基那样试图沿

---

① 拓展和推进维果茨基概念的一种方式是步入关于智力、身份、情感、认知推理、儿童发展、性行为或精神疾病的原因和治疗的辩论。维果茨基可能会详尽阐述这些能力的文化基础，并反驳本土主义、生物学和个人—主观的因果关系。20世纪70年代和80年代的马克思主义科学家，如理查德·列万廷（Richard Lewontin）、理查德·莱文斯（Richard Levins）和斯蒂芬·杰·古尔德（Stephen Gould），对有关智力、性别、性取向和精神疾病的本土主义理论和研究（如社会生物学）进行了强有力的马克思主义批判。例如，列万廷、史蒂文·罗丝（Steven Rose）、和列昂·卡明（Leon Kamin）（1984, pp. 152 – 153）写道：有人认为，女同性恋者的雄性激素和/或雌性激素水平应该比异性恋者高。然而，不存在这种关系，我们也不会期望它们存在：这种假设本身就意味着一种物化和生物还原主义，这种还原主义坚持认为所有的性活动和性倾向都可以被二分为异性恋或同性恋，且表现出一种或另一种倾向是个人的全部或全部状态，而不是关于一个人在他或她所处的特定历史时期特定社会背景下的表述。

莱文斯和列万廷（Levins and Lewontin, 1985）对生物主义进行了深刻批判，将其与资本主义社会关系、意识形态和科学的商品化联系起来。在这种情况下，马克思主义的维果茨基主义者应该以早期马克思主义者反驳社会生物学、行为主义、精神病学、精神分析和实证主义的同样原则性方式反驳后现代主义、自由主义、社会建构主义、主观主义和新自由主义。

维果茨基主义者还应该通过加入关于弗洛伊德—马克思主义的辩论来推进维果茨基的概念。维果茨基（1997a, pp. 258 – 269）写了一篇基于文化的马克思主义对弗洛伊德精神分析进行了攻击。维果茨基主义者应该扩大和完善这一批判中的文化—马克思主义因素（See Lichtman, 1982）。本书的第一章推进了这一批判。

着马克思主义的路线重新建构心理学。

在从马克思主义的撤退中,尤其耀眼的是维果茨基的追随者对政治的忽视。他们忽视了心理现象的政治方面、心理学学科的政治方面,也忽视了文化的政治方面。马克思的所有概念都是为了反映、批判和改进文化因素,而维果茨基派的理论、方法论、干预措施或研究问题都没有集中在这个政治方向上。这在他们忽视具体、政治性主题的抽象概念中是显而易见的。他们放弃了马克思关于社会科学的革命角色。关于社会科学,马克思在《哲学的贫困》结束语中指出,"社会科学的结论总是:……不是战斗,就是死亡;不是血战,就是毁灭。"(1847/2008,p.191)[①] 皮埃尔·布尔迪厄(Pierre Bourdieu)在他著名的论断中接受了这一点,即社会学是一种战斗运动。

推进维果茨基的马克思主义心理学,需要直面其思想上的障碍,恢复维果茨基的马克思主义心理学思想,探索马克思主义者的工作,以深化和拓展马克思主义心理学,从而超越维果茨基的开创性工作,这就是本书的使命。

六、马克思主义心理学的科学性和政治性

我们提出这些问题并非纯知识性的,同时也是政治性的。这是社会科学和意识形态的马克思主义批判的一个重

[①]《马克思恩格斯全集》第4卷,北京:人民出版社1958年版,第198页。

维果茨基和马克思：迈向马克思主义的心理学

要内容。

我们认为，对维果茨基马克思主义心理学的抵制、退缩和修正是建立在错误的自由政治基础之上的（See O'Boyle and McDonough, 2016）。要理解和推进马克思主义心理学的知识问题，必须重新概念化这一点。

错误的自由政治是错误的知识问题的基础，包括将自由定义为个人自主性或主体性。这在关于表达个人主体性的频繁陈述和对心理学文化结构机械化、去人性化和静态的抱怨中得到了证明。维果茨基式的教育家哈里·丹尼尔斯抱怨说，"埃米尔·杜尔凯姆（Émile Durkheim）的集体表征概念允许对人类认知进行社会性解释，但另一方面，它未能解决个人如何解释集体表征的问题。"（2012，48）丹尼尔斯所说的"个人解释"指的是对意义的特殊创造，因为"个人解释"表示作为个体的你和我的意思，以及我们如何在它身上烙上自己的印记。"个人解释"不是指社会意义的个人化身，也就是说，由于各种社会压力，你或我采用了哪些社会意义。布尔迪厄关于**惯习**的社会结构组织的批评者使用了同样的术语。一个典型的抱怨是，布尔迪厄的社会行动战略模型仍然过于狭隘，无法认可自主性和解放政治实践的可能性；而这就是个人行为和心理学探索及发明的驱动力。作为心理学基础的社会结构和政治必须被拒之门外，因为它们没有产生自治代理—自由的政治现象。艾弗拉姆·诺姆·乔姆斯基（Avram Noam Chomsky）

为类似的自由政治发展了他的普世语法本土主义理论。他试图反对社会权威对行为的行为主义操纵,而生物程序、个体内部语法就是这样一种解毒剂,它的作用与普遍人权一样,是反对某些压迫性的做法。

修正主义的维果茨基主义者推翻了他的说法:"环境是人格发展领域的一个因素,它的作用是充当这种发展的源泉……而不是它的背景。"(Vygotsky, 1994a, p. 348)

修正主义者将社会环境还原为一种语境,在个人主张其个体自主性时,被个人解释和利用并修改。这是通过将文化还原为不确定的语境和人与人之间的互动和对话来实现的,在这种情况下,人们具有相似的地位和权力,并在欲望的相互协商中坚持其个人自主性。例如,

> 恩格斯特(Engeström, 1996)的活动理论在很大程度上具有维果茨基主义的根源……话语的生产没有在其生产的背景方面进行分析,即规范活动的规则、社区和劳动分工。
>
> ……许多社会科学家对维果茨基的应用仅限于相对较小规模的互动环境中。……重点是参与者对社会秩序的创造和协商。(Daniels, 2012, p. 49)

科尔和恩格斯特(Cole and Engeström, 2007, p. 488)的例子即病人在行走中使用纸片来确定自己的方向,就是

维果茨基和马克思：迈向马克思主义的心理学

这种个人使用社会人工制品维度的考察。①

相比之下，马克思主义心理学是由具体的、社会结构变化的政治驱动的，这需要确定社会结构组织和行为的重组。维果茨基反对他的追随者所推崇的个人主义和主观主义。"在狭窄的个人事业和个人生活的圈子中，他无法成为未来的真正创造者。"（Vygotsky, 1926/1997b, p. 350）②

七、本书的章节及其作者

本书的各章一般侧重于维果茨基及其同事在他们心理学工作中运用具体的马克思主义概念的方式，重点是维果茨基的马克思主义。这些章节解释了这些马克思主义概念

---

① 科尔和恩格斯特把这种个人的、微观层面的活动作为发展理论的核心："通过让具有不同类型的知识和能力的人共同参与各种文化组织的、被认可的活动来促进变化发展。"（2007, p. 488）这是一个抽象的论断：不同个体之间的人际互动，没有任何特定的内容，没有任何特定的变化方向，并且脱离了具体的宏观文化因素，这被认为对发展是有益的。当然这是不正确的。有用的变化发展取决于看管者们（caretakers）所拥有的特定种类的知识和能力，以及围绕和渗透在人际关系中的具体的学校、社区和职业条件。维果茨基解释说："在不同的社会系统中发现的各种内部矛盾，在那个历史时期的人格类型和人类心理结构中都有体现。"（1994b, p. 176）

积极的变化发展也取决于系统地改变有害的社会条件。个人必须准备着寻求社会—政治—经济的转变，以实现他们的心理发展。这就是弗莱雷（Freire）所说的尽责化（conscientization）。科尔对心理充实的（psychological enrichment）干预忽略了这一点，而把重点放在儿童玩电脑游戏以刺激认知技能上。

② 《维果茨基全集》第6卷，合肥：安徽教育出版社2016年版，第373页。

如何使维果茨基获得对心理学问题的某些洞察力,它们体现了马克思主义心理学的价值。有几章将这一主题应用到作者自己的维果茨基传统的原创作品中,这些作者将马克思主义心理学推进到新的领域。

第一部分对维果茨基的马克思主义进行了不同的解读,它以马克思的概念为基础,阐明了马克思主义心理学的一般架构。本部分将维果茨基置于这个马克思主义的架构中,这一架构预示着维果茨基并超越他而发展。维果茨基不是本章的重点,他是其他章节的重点。

本部分(第一章)解释了文化心理学(特别是宏观文化心理学)是如何成为一门强大的学科的,很适合完善和扩展马克思主义心理学。在这门学科中介绍了维果茨基对马克思主义心理学的贡献。

第一部分为其他章节提供了背景,这些其他章节主要关注维果茨基,没有篇幅来讨论一般的马克思主义心理学的广泛问题。

第二部分讨论了马克思的认识论和本体论概念之间的关系,以及它们与维果茨基思想之间的联系方式。作者们表明,不了解马克思就不可能读懂维果茨基这些论文展示了马克思的工作范畴对于理解维果茨基的主体概念是多么重要,以及维果茨基关于高级心理功能的形成和构成人类心理的中介过程的工作概念是如何反映和推进马克思关于自然和意识之间关系的概念的。

第三部分分析了维果茨基马克思主义在具体心理学课

维果茨基和马克思：迈向马克思主义的心理学

题中的应用。想象力、语言、双语能力等问题是讨论的中心。

本书是由一群国际学者撰写的，他们在处理维果茨基的文化历史心理学和马克思主义之间的关系方面具有独特的能力。每个供稿人都是博学的维果茨基学派学者，也是马克思主义学者。我们认为，这种双重专业知识对于明智地讨论维果茨基的马克思主义和明智地讨论马克思主义心理学是必不可少的。

我们还认为，学术研究足以弥补我们没有阅读维果茨基俄语作品的不足。鉴于翻译材料的丰富，指望只有俄罗斯读者对维果茨基进行学术研究是不合理的。维果茨基的俄国读者不一定（或者通常）是马克思主义的专家，他们的语言流畅性并不会转化为对马克思主义概念内涵的社会理论的流畅性。

在巴西的维果茨基研究中，马克思主义和维果茨基专业知识的必要结合是强有力的。这是左翼、解放心理学和解放神学的强大传统的遗产（Proença, 2016; Tuleski, 2015, 2016）。巴西的马克思主义的维果茨基主义者比世界上任何其他国家都要多，我们的书在向英语世界展示巴西人关于维果茨基的重要看法方面是独一无二的。

参考文献

Aleksandr R. Luria, *The Making of Mind: A Personal Account of Soviet*

Psychology, Cambridge, MA: Harvard University Press, 1979.

Angel Pino, "The Social and the Cultural in Vygotsky's Work", *Educ. Soc.*, Vol. 21, No. 71, 2000, pp. 45 – 78.

Anton Yasnitsky and René van der Veer, *Revisionist Revolution in Vygotsky Studies*, Hove: Routledge, 2016.

Anton Yasnitsky, René van der Veer and Michel Ferrari, *The Cambridge Handbook of Cultural Historical Psychology*, New York: Cambridge University Press, 2014.

Bader Sawaia, "Psychology and Social Inequality: A Reflection on Freedom and Social Transformation", *Psicologia & Sociedade*, Vol. 21, No. 3, 2009, pp. 364 – 372.

Brian O'Boyle and Terrence Mcdonough, "Critical Realism and the Althusserian Legacy", *Journal of the Theory of Social Behaviour*, Vol. 46, No. 2, 2016, pp. 143 – 164.

Carl Ratner, "Classic and Revisionist Sociocultural Theory and Their Analyses of Expressive Language: An Empirical Assessment", *Language and Sociocultural Theory*, Vol. 2, No. 1, 2015, pp. 51 – 83.

Carl Ratner, "Culture-centric vs. Person-centered Cultural Psychology and Political Philosophy", *Language and Sociocultural Theory*, Vol. 3, No. 1, 2016, pp. 11 – 26.

Carl Ratner, "Trends in Sociocultural Theory: The Utility of «Cultural Capital» for Sociocultural Theory", in James P. Lantolf, M. Poehenr, and M. Swain (eds.), *Routledge Handbook of Sociocultural Theory and Second Language Learning and Teaching*, New York: Routledge, 2018.

Carl Ratner, *Macro Cultural Psychology: A Political Philosophy of Mind*, New York: Oxford University Press, 2012.

维果茨基和马克思：迈向马克思主义的心理学

Elena Grigorenko, "Tracing the Untraceable: The Nature-nurture Controversy in Cultural-historical Psychology", in A. Yasnitsky, R. van der Veer and M. Ferrari (eds.), *The Cambridge Handbook of Cultural-historical Psychology*, New York: Cambridge University Press, 2014, p. 203 – 216.

Èval'd Vasil'evich Il'enkov, *The Dialectics of the Abstract and the Concrete in Marx's Capital*, Moscow: Progress Publishers, 1982.

Fred Newmanand Lois Holzman, *Lev Vygotsky: Revolutionary Scientist*, London: Psychology Press, 2014.

Georg Wilhelm Friedrich Hegel, *Science of Logic*, New York: Humanities Press, 1969.

György Lukács, *Lenin: A Study on the Unity of His Thought*, N. Jacobs (trans.), London: New Left Books, 1970.

Harry Daniels, *Vygotsky and Sociology*, London: Routledge, 2012.

Higgins, L, *Michigan's Black Students Lag behind the Nation*, Detroit: Detroit Free Press, 2015.

Jie Yang, "The Politics and Regulation of Anger in Urban China", *Culture, Medicine, Psychiatry*, Vol. 40, No. 1, 2016, pp. 100 – 123.

Karl Levitin, *One is not Born A Personality*, Moscow: Progress Publishers, 1982.

Karl Marx and Friedrich Engels, *Karl Marx Frederick Engels Collected Works: Volume 3*, New York: International Publishers, 1975.

Karl Marx and Friedrich Engels, *Karl Marx Frederick Engels Collected Works: Volume 6*, New York: International Publishers, 1976.

Karl Marx and Friedrich Engels, *The German Ideology*, Moscow: Progress Publishers, 1968.

Karl Marx, *A Contribution to the Critique of Political Economy*, S. W.

Ryazanskaya (trans.), Moscow: Progress Publishers, 1999.

Karl Marx, *Grundrisse: Foundations of the Critique of Political Economy*, M. Nicolaus (trans.), London: Penguin Books, 1973.

Karl Marx, *The Poverty of Philosophy*, H. Quelch (trans.), New York: Cosmio, 2008.

Lev Vygotsky, "Concrete Human Psychology", *Soviet Psychology*, Vol. 27, No. 2, 1989, pp. 53 - 77.

Lev Vygotsky, "The Problem of the Environment", in R. van der Veer and J. Valsiner (eds.), *The Vygotsky Reader*, Cambridge: Blackwell, 1994a, pp. 338 - 354.

Lev Vygotsky, "The Socialist Alteration of Man", in R. van der Veer and J. Valsiner (eds.), *The Vygotsky Reader*, Cambridge: Blackwell, 1994b, pp. 175 - 184.

Lev Vygotsky, *Educational Psychology*, R. Silverman (trans.), Boca Raton, FL: St. Lucie Press, 1997b.

Lev Vygotsky, *The Collected Works of L. S. Vygotsky. Volume 3: Problems of the Theory and History of Psychology*, R. W. Rieber and J. Wollock (eds.), René van der Veer (trans.), New York: Plenum, 1997a.

Lev Vygotsky, *The Collected Works of L. S. Vygotsky. Volume 5: Child Psychology*, R. W. Rieber (ed.), M. J. Hall (trans.), New York: Plenum, 1998.

Lev Vygotsky, *The Psychology of Art*, Cambridge, MA: The MIT Press, 1971.

Lev Vygotsky, *Thought and Language*, Cambridge, MA: The MIT Press, 1986.

Marilene Proença Rebello de Souza, "School Psychology From A Critical Historical Perspective: In Search of A Theoretical-methodological Construction", in M. Proença, R. de Souza, G. Toassa, and K. Bautheney (eds.), *Psychology, Society and Education: Critical Perspectives in Brazil*, New York: Nova Publishers, 2016, pp. 3 – 30.

Martin J. Packer, "Is Vygotsky Relevant? Vygotsky's Marxist Psychology", *Mind, Culture, and Activity*, Vol. 15, No. 1, 2008, pp. 8 – 31.

Max Horkheimer, *Between Philosophy and Social Science: Selected Early Writings*, M. S. Kramer, G. F. Hunter, and J. Torpey (trans.), Cambridge, MA: MIT Press, 1993, pp. 111 – 128.

Michael Coleand Yrjö Engeström, "Cultural-historical Approaches to Designing for Development", in J. Valsiner and A. Rosa (eds.), *The Cambridge Handbook of Sociocultural Psychology*, New York: Cambridge University Press, 2007, pp. 484 – 507.

Michael Cole, Karl Levitin, and Aleksandr R. Luria, *The Autobiography of Alexander Luria: A dialogue with The Making of Mind*, Mahwah, NJ: Lawrence Erlbaum Associates, 2006.

Michael Hardt and Antonio Negri, *Empire*, Cambridge, MA: Harvard University Press, 2000.

Nikolaj Veresov, "Marxist and Non-Marxist Aspects of the Cultural-historical Psychology of L. S. Vygotsky", *Outlines: Critical Practice Studies*, Vol. 7, No. 1, 2005, pp. 31 – 50.

Paul B. Paolucci, *Marx and the Politics of Abstraction*, Chicago: Haymarket Books, 2012.

René van der Veerand Ekaterina Zavershneva, "To Moscow with Love: Partial Reconstruction of Vygotsky's Trip to London", *Integrative Psychological and Behavioral Science*, Vol. 45, No. 4, 2011, pp. 458 – 474.

René van der Veerand Jaan Valsiner, *Understanding Vygotsky: A Quest for Synthesis*, New York: Blackwell, 1991.

Richard C. Lewontin, Steven Rose and Leon J. Kamin, *Not In Our Genes: Biology, Ideology, and Human Nature*, New York: Pantheon, 1984.

Richard Levins and Richard C. Lewontin, *The Dialectical Biologist*, Cambridge, MA: Harvard University Press, 1985.

Richard Lichtman, *The Production of Desire: The Integration of Psychoanalysis into Marxist Theory*, New York: Free Press, 1982.

Seth Chaiklin, "Dialectics, Politics, and Contemporary Cultural-historical Research, Exemplified through Marx and Vygotsky", in H. Edwards (ed.), *Vygotsky and Sociology*, London, Routledge, 2012, pp. 24 – 44.

Silvana Calvo Tuleski (ed.), *Liberation Psychology in Brazil*, New York: Nova Publishers, 2016.

Silvana Calvo Tuleski, *Vygotsky and Leontiev: The Construction of a Marxist Psychology*, New York: Nova Publishers, 2015.

Winnie Lemand Anthony Allen Marcus, "The Marxist Tradition as A Dialectical Anthropology", *Dialectical Anthropology*, Vol. 40, No. 2, 2016, pp. 57 – 58.

第一部分

迈向马克思主义的心理学

第一章
马克思主义心理学、维果茨基文化心理学以及精神分析学：科学和政治的双螺旋

卡尔·拉特纳（Carl Ratner）

一、马克思、马克思主义心理学和维果茨基

尽管大多数关于维果茨基与马克思主义关系的论述都是探讨他如何运用马克思的概念和方法论，但在这里，我将其颠倒过来，探讨马克思主义心理学如何能运用维果茨基的概念和方法论。

这一章解释了如何运用马克思关于社会结构、心理学与社会结构和人性关系的社会理论来构建马克思主义心理学。维果茨基为充实这些元素做出了重要贡献。

马克思和维果茨基是相互充实的。一方面，维果茨基

维果茨基和马克思：迈向马克思主义的心理学

通过对心理学学科的精辟理论和对具体心理过程的实证研究，为马克思主义增加了至关重要的心理学维度。另一方面，马克思主义为维果茨基的马克思主义心理学提供了基础，并指明了如何在维果茨基所完成的基础之上发展马克思主义心理学。维果茨基无法将马克思主义政治哲学完全应用于所有心理学课题，甚至无法应用于他所触及的所有课题。正如鲁利亚所说："维果茨基毕生研究的人类心理学体系从未完成。他没有给我们留下一门亲自完成和重建的科学。"（See Levitin, 1982, p. 173）因此，我们有必要对马克思主义政治哲学进行深入的阐述，使其深化维果茨基的工作，并推广到一般的心理现象中去。

例如，维果茨基强调语言是思维的基础。马克思、恩格斯告诫说，语言植根于社会生活，反映社会生活的特点，它不是一个独立的领域。在《德意志意识形态》中，他们说，

> 对哲学家们来说，从思想世界降到现实世界是最困难的任务之一。语言是思想的直接现实。正像哲学家们把思维变成一种独立的力量那样，他们也一定要把语言变成某种独立的特殊的王国。这就是哲学语言的秘密，在哲学语言里，思想通过词的形式具有自己本身的内容。从思想世界降到现实世界的问题，变成了从语言降到生活中的问题。

> 我们已经指出，思想和观念成为独立力量是个人之间的私人关系和联系独立化的结果。我们已经指出，思想家和哲学家对这些思想进行专门的系统的研究，

也就是使这些思想系统化，乃是分工的结果；具体说来，德国哲学是德国小资产阶级关系的结果。哲学家们只要把自己的语言还原为它从中抽象出来的普通语言，就可以认清他们的语言是被歪曲了的现实世界的语言，就可以懂得，无论思想或语言都不能独自组成特殊的王国，它们只是现实生活的表现。(Marx and Engels，1932/1968，Chapter 3)①

维果茨基马克思主义的推进，必须运用马克思、恩格斯对哲学唯心主义的批判，以发展一种作为心理学基础的历史唯物主义语言观。

马克思主义心理学是马克思主义和心理学两个领域的辩证统一，它既忠实于两者，又纠正两者。马克思主义社会理论被拓展到独特的心理学领域，在那里它提出了富有成效的假设、纠正了理论问题并识别了方法上的错误（包括实证主义和后现代主义或个人主义的定性方法论）。马克思主义心理学是心理学的内在发展，填补了心理学的知识空白，纠正了心理学的错误，并且解决了心理学的矛盾和争议。相反，心理学拓展到马克思主义领域，它贡献了关于情绪、记忆、学习、社会化、精神疾病和发展过程等现象的具体理论及研究。这些纠正了某些没有心理学依据的马克思主义概念。当然，心理学的理论、结论和方法会根据马克思主义的

---

① 《马克思恩格斯全集》第3卷，北京：人民出版社1960年版，第525页。

维果茨基和马克思:迈向马克思主义的心理学

原则进行调整,相应地,也会对这些原则进行调整。

马克思主义心理学避免将心理学理论和方法论还原为马克思主义的经济表述或政治行动主义。相反,马克思主义心理学保留了心理学的独特贡献,并利用这些贡献丰富了马克思主义。雅罗斯夫斯基(Yaroshevsky)是这样说的:

> 维果茨基认为马克思主义心理学不是一个学派,而是唯一科学的心理学……维果茨基提出,在马克思主义基础上的心理学改造绝不意味着放弃所有以前的(学术)工作。每一种试图洞察心理的努力……都必然会以一种改良的方式被纳入它(马克思主义心理学)(Levitin, 1982, p.53)。

如图1.1所示。

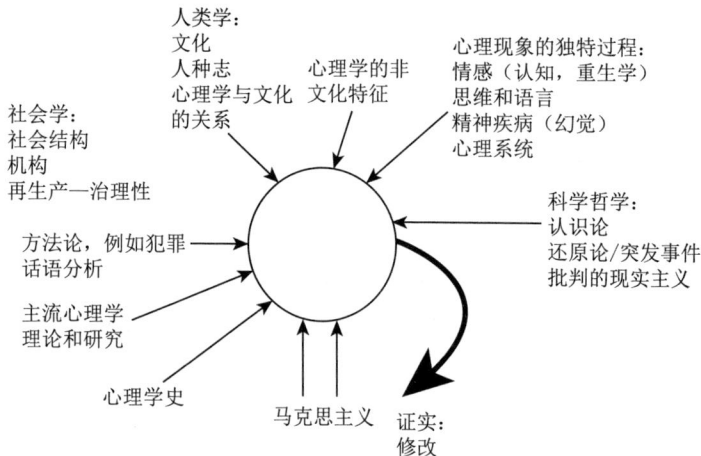

图1.1 马克思主义心理科学

马克思主义心理学必须由立足于心理学学科即自身的理论、方法、研究结果和干预措施的马克思主义者来发展。马克思主义心理学不能在马克思—黑格尔理论、弗洛伊德或拉康理论的纯哲学层面上发展，那是对这些心理学细节的无知。

维果茨基将马克思主义视为一种将哲学学说应用于具体科学的模式。直接把辩证唯物主义的普遍范畴和规律引入具体的科学是不能解决这个问题的。同样无果而终的还有一种方法，即认为马克思主义著作中的孤立话语提供了一种现成的心理学，也就是对人类精神的特殊性和规律问题的解决办法。要把马克思主义应用于一门特定的科学，就必须制定出一种方法论，即一套可应用于该特定科学的概念体系（Levitin, 1982, p.54）。

维果茨基陈述如下：

> 把**辩证唯物主义**理论**直接**应用于解决自然科学问题尤其是直接应用于解决生物科学群或心理学的问题是**不可能的**。……像历史学、社会学这类学科，就需要有一种中间的**特殊的**历史唯物主义**理论**来解释辩证唯物主义抽象规律，应用于解决该学科领域内各种现象的**具体**含义。还有一些虽未建立但必然要建立的中

维果茨基和马克思：迈向马克思主义的心理学

间学科，同样也需要将辩证唯物主义抽象规律应用于解释该学科领域内各种现象的具体含义。

……为创建这种中间型的理论方法论、普通学科，我们必须揭示该领域各种现象及其变化规律的实质、它们在质量和数量上的特征及它们之间的因果关系、创建这种学科所特有的范畴和概念，一句话，就是创建自己的"资本论"——自己的"资本论"一要有自己的阶级、经济基础、价值等概念，这样，它就可以用这些概念来表达、描述和研究自己的对象。(1997, p. 330)①

辩证唯物主义是一门最抽象的学科，正如现在所做的那样，它直接应用于各种生物学学科和心理学学科，而且这样做并不超越形式逻辑、经院哲学和言辞上归属于特定现象的共同的、抽象的、普遍的范畴，这些范畴的内涵和外延是不为人们所知的。(ibid, p. 331)②

维果茨基是在说，辩证哲学不能作为一种心理学理论，因为它缺乏对心理现象的具体知识，就像它缺乏生物学知识一样。因此，它局限于一般的、抽象的辩证范畴。"我们

---

① 《维果茨基全集》第1卷，合肥：安徽教育出版社2016年版，第174、175页。

② 《维果茨基全集》第1卷，合肥：安徽教育出版社2016年版，第175页。

需要的不是一些断章取义地摘取下来的引文，而应该是学习它们的方法；我们需要的不是搬用辩证唯物主义理论，而是创建像历史唯物主义那样的中间学科。"（ibid, 331）①

维果茨基暗示，即使是历史唯物主义也不足以构建一个完整的心理学理论，因为它不了解具体的心理过程、特定现象领域的本质、它们变化的规律、它们的定性和定量特征以及它们的因果关系。历史唯物主义并不包含适用于心理学的范畴和概念。这就是为什么维果茨基说我们必须创建一个专业的心理学理论，他称之为"心理学的唯物主义"。"心理学的唯物主义"以辩证唯物主义和历史唯物主义为基础；然而，它为辩证唯物主义和历史唯物主义贡献了一个专门的心理学层面。马克思主义心理学就是这样丰富马克思主义的。

维果茨基（1925/1971）在《艺术心理学》中解释了艺术与马克思主义的关系：

> 我们仅仅限于同所有其他人一起为对文艺的心理学考察在方法论和原则性上的合法性做辩护，指出这种考察的极端重要性，探寻它在马克思主义文艺学科体系中的地位。在这方面，我们的指导路线就是人所共知的马克思主义原理，即对文艺的社会学考察丝毫也不会取消对文艺的美学考察，反而还为它敞开大门，

---

① 《维果茨基全集》第1卷，合肥：安徽教育出版社2016年版，第177页。

维果茨基和马克思：迈向马克思主义的心理学

用普列汉诺夫的话来说，把它看作对自己的一种补充。①

维果茨基强调美学领域的独特的、"涌现的"质，主张马克思主义要为它留出空间，而不把它还原为政治经济学。

维果茨基在心理学和马克思主义方面取得了重要进展，他发展了心理学的独特特征，促使马克思主义将它们拓展到自己的理论中。马克思和恩格斯说"语言是实践意识"，维果茨基则把语言作为思维或认知的基础。维果茨基引用了马克思和恩格斯（1932/1968，42）②关于人类"意识代替了他的本能"的论断，并将意识扩展为心理学的全部基础："思维的发展对于其余的机能和过程具有核心的、关键的和决定性的意义……其余所有的局部机能理智化、改造和重构受制于少年思维取得的这些决定性成就。"（Vygotsky，1998，p.81）③ 这是一位深谙心理学领域的心理学家提出的心理学见解，他把马克思主义拓展到人类心理的所有特性。

维果茨基沿着马克思主义的路线（充满了马克思主义思想）发展心理学，比任何人都更深刻、更科学。因此，

---

① 《维果茨基全集》第8卷，合肥：安徽教育出版社2016年版，第2、3页。

② 《马克思恩格斯全集》第3卷，北京：人民出版社1960年版，第35页。

③ 《维果茨基全集》第5卷，合肥：安徽教育出版社2016年版，第440页。

虽然维果茨基认为马克思主义心理学是唯一科学的心理学，但我们必须补充说，维果茨基主义心理学是唯一充分的马克思主义心理学。马克思主义心理学（即科学心理学）当然融合了各种学者的思想，必须以维果茨基的思想为基础。以精神分析为导向的心理学家或批判心理学家，在忽视维果茨基的情况下，不可能与马克思主义心理学打交道。忽视对马克思主义心理学的最好的科学贡献，在理智上也是不负责任的。

马克思主义心理学使马克思主义和心理学相辅相成、互不还原。马克思主义心理学必须研究把马克思主义和心理学拓展到传统领域之外的心理问题。我们需要：

- 马克思主义情感心理学
- 马克思主义性别心理学
- 马克思主义记忆心理学
- 马克思主义智力心理学
- 马克思主义知觉心理学
- 马克思主义发展心理学
- 马克思主义语言心理学
- 马克思主义自我或人格心理学
- 马克思主义身体心理学
- 马克思主义精神障碍心理学
- 关于心理生物学过程的马克思主义心理学，例如，马克思主义心理学需要一种心理现象的脑定位心理学。这与传统的马克思主义主题相去甚远，但它丰富了马克思主

维果茨基和马克思：迈向马克思主义的心理学

义。问题是，情绪、记忆、自我概念、注意力、解决问题、精神疾病和语言是否定位于预先设定的大脑中心（模块），这些中心具有独特的神经生理特性，能够处理独特的心理特征，还是皮层是一种通用的、灵活的、不确定的处理装置，任何心理功能都可以在任何位置处理。这一技术问题与马克思主义相关，因为它涉及的问题是：心理功能是通过局部的、独特的生理因素在生物学上决定的预先形成的模块，还是大脑皮层不是通过大脑皮层中心的固有属性决定心理特征，而是心理特征的一般信息处理中心，这些心理特征在本质、起源、形成和功能上都是文化的。证据站在后者一边，这使得大脑定位（模块化）成为马克思主义心理学的一个有趣而重要的支撑。这是一个重要的例子，说明了技术、心理生物学和非马克思主义的心理问题如何与马克思主义理论和科学紧密相关。

- 一种马克思主义心理学，它解释了文化因素和文化过程形成心理现象的原因和方式。这是将马克思主义推广到主体性和意识的关键，它避免了简单地将典型的心理表达与社会事件联系起来而不解释这种联系是如何或为什么存在的经验主义。

马克思主义心理学的核心是马克思主义的革命政治，它批判现有的社会制度，并将其重组为一种更有意义的制度。这必须建立在心理学的理论、结构、方法和干预中；它必须渗透、组织和指导所有这些科学元素。这一政治维度使马克思主义科学心理学具有独特性，**它强化了**科学心理学，而没有减损它。这是本章的重点。

我认为，在马克思主义心理学中，文化心理学是将心理学与马克思主义联系起来的最富有成效的心理学途径。文化心理学与马克思主义心理学是一致的，这使它能够在文化心理学和学术心理学中运用马克思主义的概念，且使它能够在马克思主义中引入心理学的理论、方法、干预和数据。当然，这是维果茨基发展他的文化—历史心理学的目标。

在解释了文化心理学对马克思主义心理学的这种使用之后，我将讨论马克思主义心理学如何必须处理不相容的理论、方法和干预。这些不能像文化心理学那样直接纳入马克思主义心理学。对马克思主义心理学的不相容的研究方法，必须用马克思主义的术语重新组织和重新框定，我用弗洛伊德精神分析来说明这一点。

二、马克思社会意识理论的原则：科学和革命的双螺旋

马克思主义心理学必须从马克思关于社会意识的思想中发展出来，并以社会结构的社会条件为基础，因为这是最接近于马克思讨论心理学的地方。在考察了马克思关于社会意识的论述之后，我们将对马克思主义心理学的重要元素有一个坚定的理解，将在文化心理学的帮助下尤其是维果茨基文化心理学的帮助下、勾勒出马克思主义心理学

维果茨基和马克思:迈向马克思主义的心理学

的轮廓。

马克思关于社会活动和意识的所有科学研究都植根于对资本主义剥削的厌恶,以及他推翻资本主义剥削的愿望。他的科学社会科学在科学和政治解放相结合方面具有独特及重要的意义。在考察他的社会意识思想时,我们必须理解这种双螺旋结构的两个要素。①

马克思关于社会意识内的心理问题的讨论对心理学家有利也有弊。

它的**优点**是强调心理现象的社会基础、组织和功能。社会意识强调意识的社会政治方面,如社会压迫和社会解放。马克思主义是对意识的这些方面最深刻、最全面的描述和解释。我们会举一些例子。

在社会政治意识范围内处理心理学的**缺点**包括,分散了与社会压迫和解放无关的心理现象的重要细节,也没有对情绪、自我概念、认知、知觉和精神疾病等特定心理现象构想必要的、全面的理论。相反,这些都局限于对社会压迫和解放的实际考虑。这是对社会感官构成的一个重要观察;然而,这并不是心理学家努力发展的一个普遍的感觉理论——关于为什么感觉是社会性的,感觉的社会功能和要求是什么,为什么人的感觉是社会性的而动物的感觉

---

① 科学和政治在每一个社会科学理论、方法和干预中都是相互交织的,社会科学总是受到政治价值观的启发并加以强化。有趣的是,解放政治通向最深刻的社会科学,而保守政治则通向肤浅的、意识形态的社会科学。

是由生物学决定的，人类的感觉生物学和动物的感觉生物学相比较的差异是什么，感觉、认知、情感和知觉之间的结构关系是什么。

（一）马克思意识理论的具体原则

1. 社会意识以社会条件为条件，并受社会条件的制约

马克思的社会意识理论具有独特性，因为它把意识**完全**建立在社会条件之上，而社会条件是决定社会意识各方面的关键因素。它们是社会意识的起源，是社会意识的**存在理由**，是社会意识的必然性，是社会意识的功能，是社会意识的运行机制，是社会意识的**目的**，是社会意识的动力，是社会意识的形成，是社会意识的组织或结构，是社会意识的刺激和支持系统。社会条件解释了意识的所有形式。它们解释了我们的感知和行为，以及我们的错误感知和误解。马克思和恩格斯也赋予社会条件在未来改变心理学的潜力。因此，社会的条件性和意识的条件性是**一种一般的意识理论，这种普遍的意识理论用本质的、一致的、简约的概念来解释各种各样的特征**。我们将此理论解释为一种环境意识理论，在取向上是达尔文主义的——尽管在细节上并非如此。

社会条件——我称之为宏观文化因素——是由人类个体运用其意识和主体性而形成的。然而，条件和宏观文化因素是涌现的、整体的现象，超越了其个体的创建者。一所大学、一支军队、一家医院、一个贫民窟、一个教堂都

维果茨基和马克思:迈向马克思主义的心理学

是个体自主性的集体对象化,包括机构形式和特征、机构规则和管理、机构逻辑(**目的**)和动力。这些都是综合的形态,不仅仅是个体参与者的总和。整体的社会条件构成了意识的科学方面以及意识的政治方面。这些涌现的社会格式塔或集体的对象化,成为需要并激发新思想、实践的条件。它们还形成了有利于选择可行的想法、实践和条件的环境,并约束和防止(淘汰)其他人的传播。

社会意识总是植根于社会结构、制度、条件、对象化和变革动力之中,并将它们嵌入自身之中。意识是这些条件的功能,它被社会条件所选择、要求、激发和支撑,它的功能是维持这些条件。我们的心理能力是由大学招生部门、大学教授、教科书、工作主管、军士、年代规范等所要求、选择、激发和支持的。如果你使你的心理适应这些条件,你就会成功,你也会再生产它们。如果你没有培养出适合社会的能力,你将被排除在这些机构之外,无法获得它们提供的益处。在这种"结构—功能"模型中,对于剥削性的社会系统来说,失败本身是必要的、被鼓励的、被支持的,也是起作用的。失败就是成功地履行和再生产底层社会角色及功能,这是阶级制度所必需的。挑战人民群众的失败,就是挑战资本家阶级的成功,也代表了制度维护自身的失败。这就是为什么它在许多方面受到阻碍。

包括意识在内的生活实践是如此依赖条件,以至于马克思和恩格斯这样定义共产主义:"共产主义是关于无产阶级解放的条件的学说。"（1976，p. 341）① 共产主义不是解放的化身，是使人们在理解和利用有利于改变社会生活的社会条件时获得解放的条件。

马克思和恩格斯的社会意识理论融合了黑格尔对**非同一性**的辩证表述（Kosok，1972）。根据黑格尔的观点，每一事物都要超越自身，它与自身并非同一的，而是包含在自身里面的他者。"存在的东西没有自己的存在，而只是存在于他物之中；然而，在这个他者中，是它的自身关系。"（Hegel，1817/1965，p. 245）文化是主体性的这种他者，它使主体性成为它的东西。相应地，社会条件需要意识；它们不以机械的、缺乏意识的自然形式而存在。

这些观点在马克思的论述中极为明显：

> 作为这一运动的有意识的承担者，货币所有者变成了资本家。他这个人，或不如说他的钱袋，是货币的出发点和复归点。这种流通的客观内容——价值增殖——是他的主观目的；只有在越来越多地占有抽象财富成为他的活动的唯一动机时，他才作为资本家或作为人格化的、有意志和意识的资本执行职能。（Marx，1867/1961，pp. 108 – 109）②

---

① 《马克思恩格斯全集》第4卷，北京：人民出版社1958年版，第357页。
② 《马克思恩格斯全集》第23卷，北京：人民出版社1972年版，第174页。

维果茨基和马克思：迈向马克思主义的心理学

我们已经看到，**资本主义生产过程是一般社会生产过程的一个历史规定的形式**。而社会生产过程既是人类生活的物质生存条件的生产过程，又是一个在历史上经济上独特的生产关系中进行的过程，**是生产和再生产着这些生产关系本身，因而生产和再生产着这个过程的承担者、他们的物质生存条件和他们的互相关系即他们的一定的社会经济形式的过程**。因为，这种生产的承担者对自然的关系以及他们互相之间的关系，他们借以进行生产的各种关系的总和，就是从社会经济结构方面来看的社会。资本主义生产过程象它以前的所有生产过程一样，也是**在一定的物质条件下进行的，但是，这些物质条件同时也是个人在他们的生命的再生产过程中所处的一定的社会关系的承担者**。这些物质条件，和这些社会关系一样，一方面是资本主义生产过程的前提，另一方面又是资本主义生产过程的结果和创造物；它们是由资本主义生产过程生产和再生产的。(Marx, 1894/1962)[①]

这种生产方式的主要当事人，资本家和雇佣工人，本身不过是资本和雇佣劳动的体现者，人格化，是由社会生产过程加在个人身上的一定的社会性质，是这些一定的社会生产关系的产物。(ibid, 51 Chapter)[②]

[①] 《马克思恩格斯全集》第25卷·下册，北京：人民出版社1974年版，第924、925页。

[②] 《马克思恩格斯全集》第25卷·下册，北京：人民出版社1974年版，第995页。

在资本主义生产的进展中，工人阶级日益发展，他们由于教育、传统、习惯而承认这种生产方式的要求是理所当然的自然规律。发达的资本主义生产过程的组织粉碎一切反抗。(Marx, 1867/1977, p.899)①

这些段落表达了 a) 意识如何通过社会关系受到制约和限制，以及 b) 社会条件本身如何受到其他社会和物质条件的制约和限制的（我们暂时看到了当前条件如何产生自身的转变）。社会条件一直是影响因素。

当代意识与社会条件相结合的一个例子是，一个高中生想从高等教育中受益。她系统地锻炼自己，使自己的认知和社交技能符合哈佛的录取要求。她成了哈佛的化身，被赋予了意识和意志，以至于她的行动除了逐步挪用哈佛的能力之外没有其他推动力。如果说她之所以引人注目是因为她对学术财富的绝对渴求，那是因为她的灵魂是"哈佛的灵魂"，而"哈佛只有一种本能：增长和创造智力价值的本能"。她想代表哈佛，这意味着在她的行为中再生产了哈佛的标准。这是她在智力上发展自己的方式，是她在社会上获得成功的方式，也是哈佛和整个社会通过让个人努力体现他们的标准来维持自己的方式。

从马克思和恩格斯的理论可以看出，私有财产是如何**使**人以自我为中心的；它赋予他们这样做的社会**权利**，赋

---

① 《马克思恩格斯全集》第23卷，北京：人民出版社1972年版，第806页。

维果茨基和马克思：迈向马克思主义的心理学

予他们这样做的社会价值和正当理由。你的邻居可以砍倒一棵紧挨着你房子的美丽的树，而没有考虑到你喜欢看它的事实。她在法律上和道德上都有权利砍掉她的树，这让她不会想起你，因为这不关你的事。如果你对此感到沮丧，那就是你的问题；你没有**权利**生气，因为这是她的财产，与你无关；你不应该管她的事，无论是法律上还是心理上。如果你对她表示愤怒，你就侵犯了她的隐私；你会因干涉她而受到惩罚；她不会因为干涉你而受到惩罚，因为她是在她的私人财产范围内行事。她没有义务关心你，因为那是她的**财产**。私有财产构成了我们意识的轮廓：在我们这边关于财产分界线的任何事情都是我们的事，只与我们有关，让我们不去想外人。公共财产将形成一个广泛的意识轮廓，包括所有共同拥有这棵树和财产的成员。共同的社会意识会阻止我们把它看作是"我的"树，而不考虑这棵树的所有其他所有者。

2. 马克思主义行为理论是达尔文环境论的一种形式

马克思主义理论认为，意识或行为取决于社会条件，又受社会条件的制约，这是一场达尔文式的心理学革命，或者说是一场哥白尼式的转变，它脱离了传统心理学。达尔文说，"当不同的特性传递给新一代时，自然本身就会做出选择，新一代将会产生，他们的特性就会发生改变。"在这里，达尔文使用环境条件作为选择个体特征的基础。个体成员不能选择和挑选他们自己的特征，环境主义通过环境及其所选择的属性的变化来实现个体的变化。

马克思和恩格斯钦佩达尔文的理论,马克思送给达尔文一本《资本论》,以表示他的赞赏。马克思(2010,pp. 246 – 247)在1861年给斐迪南·拉萨尔(Ferdinand Lassalle)的信中写道:

> 达尔文的著作非常有意义,这本书我可以用来当作历史上的阶级斗争的自然科学根据。粗率的英国式的阐述方式当然必须容忍。虽然存在许多缺点,但是在这里不仅第一次给了自然科学中的"目的论"以致命的打击,而且也根据经验阐明了它的合理的意义。①

马克思和恩格斯钦佩达尔文,因为他客观、物质地解释了变化,驳斥了形而上学的、精神的、目的论的解释。这些解释从上帝的意志到黑格尔的精神再到人类的意志。

在《资本论》第1卷中,马克思阐释了他对达尔文关于变化的唯物主义解释的看法:

> 达尔文注意到自然工艺史,即注意到在动植物的生活中作为生产工具的动植物器官是怎样形成的。**社会人的生产器官**的形成史,即**每一个特殊社会组织的物质基础**的形成史,难道不值得同样注意吗?而且,这样一部历史不是更容易写出来吗?(Marx, 1867/

---

① 《马克思恩格斯全集》第30卷·下册,北京:人民出版社1974年版,第574、575页。

维果茨基和马克思:迈向马克思主义的心理学

1961, p. 372)①

马克思强调,人类的行为不同于生理解剖,产生心理或行为能力、支持心理或行为能力以及通过淘汰不适应心理或行为能力来选择心理或行为能力的过程也不同,生成环境的过程也不同。人类环境是由人类有意识的行为所构

---

① 《马克思恩格斯全集》第23卷,北京:人民出版社1972年版,第409页。

马克思和恩格斯决绝接受达尔文的自然选择的具体机制。他们强调,人类的进化是由人类生产的变化有意识地造成的。此外,自然主义的生存斗争并不是人类社会生活的比拟。

恩格斯在给拉夫罗夫的信中着重强调:"人类社会和动物社会的本质区别在于,动物最多是搜集,而人则能从事生产。仅仅由于这个唯一的然而是基本的区别,就不可能把动物社会的规律直接搬到人类社会来。……人类的生产在一定的阶段上会达到这样的高度:能够不仅生产生活必需品,而且生产奢侈品,即使最初只是为少数人生产。这样,生存斗争——假定我们暂时认为这个范畴在这里仍然有效——就变成为享受而斗争,不再是单纯为生存资料斗争,而是也为发展资料,为社会地生产发展资料而斗争,到了这个阶段,从动物界来的范畴就不再适用了。但是,象目前这样,资本主义方式的生产所生产出来的生存资料和发展资料远比资本主义社会所能消费的多得多,那是因为资本主义方式的生产人为地使广大真正的生产者同生存资料和发展资料隔绝起来;如果这个社会由于它自身的生活规律而不得不继续扩大对它来说已经过大的生产,并从而周期性地每隔十年必得不仅毁灭大批产品,而且毁灭生产力本身,那末,'生存斗争'的空谈在这里还有什么意义呢?生存斗争的含义在这里只能是,生产者阶级把生产和分配的领导权从迄今为止掌握这种领导权但现在已经不能领导的那个阶级手中夺过来,而这就是社会主义革命。"(《马克思恩格斯全集》第34卷,北京:人民出版社1972年版,第163—164页)

马克思的环境论可以被称为有意的(或目的论的)环境论,因为刺激和支持特定行为所必需的环境是有意识地产生的;就像达尔文的环保主义那样,它不是自然法则的产物。

建的，非人类生物的自然环境是自然力量作用的结果。然而，能力对生成性、支持性和选择性环境的依赖是社会和自然生活中的一个首要原则。事实上，马克思的环境主义比达尔文的环境主义更能决定行为，因为达尔文的环境主义假设行为的机制根植于个体的生物学——例如，随机的基因变化。环境从这些中选择哪些是要保持和繁殖的。马克思认为，社会过程形成了个体承担的行为机制和内容，条件并非简单地从个体内部机制中选择的。

维果茨基接受了达尔文环境主义的这种社会拓展。他写道：

> 社会教育的意义可以精确地被定义为一定的社会淘汰，它表现为教育对儿童身上的许多可能性进行淘汰选择。（1926/1997b, p. 317）[①]
>
> 新生儿的不协调的和无组织的动作，通过系统的环境的教育影响，可以增加组织性、意义、顺序和连贯性。（ibid, p. 316）[②]
>
> 发展是在与环境相互作用的特定条件下实现的，在这种条件下，理想和最终的发展形式已经存在于环境中，并实际上对初级形式、对儿童发展的最初步骤

[①] 《维果茨基全集》第6卷，合肥：安徽教育出版社2016年版，第339页。

[②] 《维果茨基全集》第6卷，合肥：安徽教育出版社2016年版，第339页。

产生了真正的影响。**本该在发展的最后阶段才会形成的东西，在某种程度上影响了发展的最初步骤。**（Vygotsky, 1994a, 348）

> 如果在环境中找不到合适的理想形式，而孩子的发展，无论出于什么原因，都必须在这些特定的条件之外进行，也就是说，没有与最终的形式发生任何互动，那么这个合适的形式将无法在孩子身上得到适当的发展。（ibid, p. 349）

马克思的环境主义产生了意识和社会条件的有机结合——就像达尔文主义产生了解剖、行为和环境的有机结合一样。环境形成、要求、支持和刺激一致的意识，并剔除不一致的意识。从这个意义上说，达尔文的环境主义是典型的文化心理学，反之亦然。行为对于环境来说是功能性的。环境维系意识，而意识通过再生产来维持环境。

马克思和恩格斯运用他们条件的、被制约的意识理论来解释诸如宗教这样的社会幻想，这是马克思主义心理学的一个重要发展。它用与真实感知相同的术语来解释误解。这种对各种现象的简洁解释是科学解释的核心要素。马克思和恩格斯解释说，误解起源于正常的社会条件，并对其起作用。它们不是由个体心理的认知缺陷产生的。

> 人就是人的世界，就是国家，社会。国家、社会产生了宗教即颠倒了的世界观，因为它们本身就是颠

倒了的世界。宗教是这个世界的总的理论，是它的包罗万象的纲领，它的通俗逻辑，它的唯灵论的荣誉问题，它的热情，它的道德上的核准，它的庄严补充，它借以安慰和辩护的普遍根据。宗教把人的本质变成了幻想的现实性，因为人的本质没有真实的现实性。因此，反宗教的斗争间接地也就是反对以宗教为精神慰藉的那个世界的斗争。

宗教里的苦难既是现实的苦难的表现，又是对这种现实苦难的抗议。宗教是被压迫生灵的叹息，是无情世界的感情，正像它是没有精神的状态的精神一样。宗教是人民的鸦片。(Marx, 1843; also see 1867/1961, p.79)①

马克思的社会理论将幻觉和神秘化追溯至剥削性的、无法实现的、"不真实的"（用黑格尔的术语）、"颠倒的"国家和社会。这些条件并不能带来真正的满足，因此，人们在精神幻想的领域中建构了一种逃避现实的、神秘的满足。马克思没有责备宗教信徒的幻想；相反，他指责国家和社会是异化的、颠倒的、不真实和物化的。

马克思和恩格斯解释说，条件不是简单的、单一的或透明的。它们不会导致在意识中直接反映其真正的剥削性质。条件决定了它们能在多大程度上被轻易地理解或不被

---

① 《马克思恩格斯全集》第1卷，北京：人民出版社1956年版，第453页。

维果茨基和马克思:迈向马克思主义的心理学

理解。颠倒的条件会产生颠倒的感知或幻觉。**幻觉是客观的,不是主观的,主观幻觉反映了客观的神秘化**。① 结束幻想需要改变产生幻想的条件。

宗教不是公民个体运用心理机制创造出来的。宗教是由社会当局系统地培养的,其目的是转移人们对具体社会问题和社会变革的注意力。这是一个社会—政治过程,而不是一个个人的、个体的、精神的过程。宗教通常是一种治理机制,它最初或本质上都不是个人对意义的追求。

马克思解释了其他基于资本主义经济形式的幻觉,特别是商品:

> 商品形式的奥秘不过在于:商品的形式在人们面前把人们本身劳动的社会性质反映成劳动产品本身的物的性质……存在于生产者之外的物与物之间的社会关系……拜物教是同商品生产分不开的。(Marx, 1867/1961, p. 72)②

---

① 莱恩和埃森(Laing and Esterson, 1970)在被诊断为精神障碍的病人身上证明了这一点的真实性。他们对精神分裂症家庭的民族志研究发现,正是父母向孩子传达的相互矛盾的信息导致了孩子的困惑。玛雅·阿伯特的父母会私下议论她,她听到了部分,但她父母随后向她否认了他们的行为。她因此产生了这样的信念:神秘的声音在谈论她,尽管她永远无法找到这些声音。她对这些毫无根据的声音感到困惑和迷惑。当然,她的父母才是她迷失方向的根源,但精神病学家指责玛雅扭曲的心理过程导致了她的妄想。

② 《马克思恩格斯全集》第23卷,北京:人民出版社1972年版,第88、89页。

马克思说生产者与人的社会联系或社会关系，总是通过产品交换来调节的。因此，社会关系似乎是物品—交换的形式或副产品。这与现实情况相反，社会关系（私有制和生产）决定了物品（商品）的生产。"价值把每个产品变成社会的象形文字。"（ibid，p.74）① 模糊了其真正的性质和起源。"资本已经变成了一种非常神秘的东西，因为劳动一切的社会生产力，都好象不为劳动本身所有，而为资本所有。"（Marx，1894/1962，p.806）② 马克思补充说，"资本—利息，土地—地租，劳动—工资这些异化的不合理的形式……（生产当事人）就是在这些假象的形式中活动的。"（ibid，p.810）③

马克思认为，将劳动视为商品是神秘化的一个重要来源。商品是指以同等价值交换并按其价值支付的东西，因此，劳动的商品形式假设劳动的价值等同于为其支付的工资。然而，这掩盖了一个事实，即工资只支付工人的一部分劳动；超额的部分没有支付，是形成资本家利润的剩余价值。资本家的利润来自工人的无偿劳动，而不是他的有偿劳动。因此，雇佣劳动"掩盖了私人劳动的社会性质……而不是把它们揭示出来"（Marx，1867/

---

① 《马克思恩格斯全集》第23卷，北京：人民出版社1972年版，第91页。
② 《马克思恩格斯全集》第25卷下，北京：人民出版社1974年版，第935页。
③ 《马克思恩格斯全集》第25卷下，北京：人民出版社1974年版，第939页。

维果茨基和马克思：迈向马克思主义的心理学

1961, p. 97）①。

因此可以懂得，为什么劳动力的价值和价格转化为工资形式，即转化为劳动本身的价值和价格，会具有决定性的重要意义。这种表现形式掩盖了现实关系，正好显示出它的反面。工人和资本家的一切法权观念，资本主义生产方式的一切神秘性，这一生产方式所产生的一切自由幻觉，庸俗经济学的一切辩护遁词，都是以这个表现形式为依据的。(ibid, p. 540)②

马尔库塞（Marcuse, 1968, pp. 84-85）拓展了马克思对基于社会条件的幻觉的客观解释：

对于被物化的社会关系所支配的人的意识来说，社会关系是以一种扭曲的形式呈现的，这种形式不符合其真正的内容——它们的起源及其在这一过程中的实际作用。但从任何方面来说，它们都不是"不真实的"。正是由于它们扭曲的形式，以及作为控制生产过程的那些群体算计意识的动机和"焦点"，它们才是非常真实的因素。……以克服这种扭曲为目标的理论，

---

① 《马克思恩格斯全集》第23卷，北京：人民出版社1972年版，第92页。
② 《马克思恩格斯全集》第23卷，北京：人民出版社1972年版，第591页。

其任务是超越现象而进入本质,并阐明其内容在真正意识中的表现形式。

参见法兰克·恩斯特(Frank Engster, 2016)对法兰克福学派批判理论的讨论,该理论将经济与主体性的不可分割性概念化。

把幻觉与正常社会条件联系起来,加深了我们对后者的理解。社会条件揭示了幻觉的一个特征是歪曲自己,从而使意识变得神秘。这是对社会条件剥削性质的一个重要补充。

理解一种生产方式和一种文化,包括理解它自己的神话、困惑、幻觉和欺骗。我们不认为文化上形成的心理学能理解生产方式,在这种生产方式中,它起源于心理学的文化渊源和特征,而后者是自我遮蔽的。法兰克福学派的批判理论强调了这一点:

> 对于批判理论来说,如果这种资本主义经济不仅生产客体,而且生产主体,也一定在某种程度上决定了这个主体的危机。或者更确切地说,危机在一开始就已经存在了——在经济和主体性之间已经有了这种构成性的联系——因为尽管资本主义经济显然是在整个历史过程中社会地构成和发展起来的,但这种资本主义经济及其范畴仍然表现为非历史的,具有独立的第二性质。因此,主体性权利从一开始就是有问题的,

维果茨基和马克思：迈向马克思主义的心理学

> 因为它不能准确把握自身经济的社会构成和历史特殊性，因此也不能准确把握自身的主体性。相反，主体性就是这种误解；正是这样看待经济和它自身的主体性，仿佛两者不仅是分割的，而且是自然赋予的。
>
> 批判理论中常态与危机之间的这种辩证法也适用于主体性：不存在一种正常、稳定和健康的主体性，对它来说，危机是一种外部、个体的干扰。相反，就像在经济中一样，危机是再生产主体性的一部分，也是其常态的一部分。(Engster, 2016, p. 78)

这就是为什么需要客观的、外部的、批判的马克思主义心理学。它不接受文化的自我呈现，它从外部的角度研究文化的客观运作。这就是马克思对资本主义的看法。这与"本土心理学"相反，"本土心理学"接受人们对其心理和社会的本土的、受文化限制的概念。本土心理学未能认识到本土文化压迫产生的幻觉、欺骗和意识的神秘化（Vygotsky, 1997a, pp. 325 – 328）。

3. 马克思的心理学把意识建立在社会条件之上，是一种关于社会和心理革命的革命性社会—心理学理论

意识与环境的有机结合是革命性的，而不是静态和被动的。原因是，该模式要求改变环境，以改变由环境塑造的意识。行为或心理的变化需要一个新的刺激性、支持性、选择性的环境来去除竞争行为（例如，现有的削弱行为）。意识本身不能改变，因为它是社会的意识。辩证思维认为

决定论会产生解放。为改善社会条件和社会意识而进行的激进社会变革是马克思科学工作及政治工作的驱动力。

相反的辩证法是，意识（被解释为存在）与社会条件和压迫结合得越少，它就越能通过超越和规避而不是改造它们来生存，就越不需要革命性的、彻底的社会变革。这是一种保守主义的个人主义心理学方法，它声称个体是自主的，可以创造自己的社会—心理生活空间和意义，或者假设意识的生物决定性。

马克思、恩格斯主张改变生产方式，以消除神秘化、幻觉化、物化、异化和心理压迫。

> 废除作为人们幻想的幸福的宗教，也就是要求实现人民的现实的幸福。要求抛弃关于自己处境的幻想，也就是要求抛弃那需要幻想的处境。因此对宗教的批判就是对苦难世界——宗教是它的灵光圈——的批判的胚胎。
>
> 宗教批判摘取了装饰在锁链上的那些虚幻的花朵，但并不是要人依旧带上这些没有任何乐趣任何慰借的锁链，而是要人扔掉它们，伸手摘取真实的花朵。宗教批判使人摆脱了幻想，使人能够作为摆脱了幻想、具有理性的人来思想，来行动，来建立自己的现实性；使他能够围绕着自身和自己现实的太阳旋转。宗教只是幻想的太阳，当人还没有开始围绕自身旋转以前，它总是围绕着人而旋转。

维果茨基和马克思：迈向马克思主义的心理学

因此，彼岸世界的真理消逝以后，历史的任务就是确立此岸世界的真理。人的自我异化的神圣形象被揭穿以后，揭露非神圣形象中的自我异化，就成了为历史服务的哲学的迫切任务。于是对天国的批判就变成对尘世的批判，对宗教的批判就变成对法的批判，对神学的批判就变成对政治的批判。(Marx, 1843; also see Marx, 1867/1961, p. 79)[①]

社会压迫是悲剧性的，但这辩证地要求理解和改造其条件，以获得主体性的实现或解放。压迫与革命辩证地互补，它们不是二律背反。在《〈黑格尔法哲学批判〉导言》中，马克思言及："市民社会任何一个阶级，如果不是它的**直接**地位、**物质**需要、**自己的锁链**强迫它，它一直也不会感到普遍解放的需要和自己实现普遍解放的能力。"(See Marx and Engels, 1975, p. 186)[②] 社会压迫的深度让我们认识到社会变革的必然性和变革的广度；同时，社会压迫的深度也决定了我们实现解放的高度。

在下一节中，我们解释了意识的环境—结构形成是如何 a) 阐明了为丰富意识而进行的激进社会变革的**必然性**，b) 提供了有利条件，这种条件为实现可行的社会变革提供

[①]《马克思恩格斯全集》第1卷，北京：人民出版社1956年版，第453页。

[②]《马克思恩格斯全集》第1卷，北京：人民出版社1956年版，第466页。

了**可能性**,并且 c)构成了社会变革必须追求的**方向**,以使社会人性化并丰富心理学。

4. 马克思对组织心理学和支撑变化的社会条件的阐释

由于社会条件刺激、支撑和组织意识,同时也要求、提供和引导丰富的意识和文化因素,因此必须理解什么是社会条件以及它们是如何组织的。这为研究、解释和预测影响意识或心理的因素提供了方向。如果对社会条件没有这种具体、全面的理解,我们就无法理解意识或心理的条件性和条件作用。我们将停留在诸如"历史上积累的习俗"和"对整体的关注"这样的抽象层面。这将使马克思主义心理学失去对文化心理学的任何有意义的、具体的、深刻的理解。

马克思发展了一个全面的社会理论,阐明了社会条件的结构和动态,马克思的社会理论是历史唯物主义。唯物史观把社会建构为一个由宏观文化因素组成的有组织的系统,其中一些因素比其他因素更重要、更有影响力、更强大。最有力、最基本和最核心的因素是政治经济,或生产方式。"这种[个人之间]的[社会]交往的形式……是由生产决定的。此外,一个民族本身的整个内部结构都取决于它的生产……的发展程度。"(Marx, 1968, pp. 37 – 38)[①]"资本是资产阶级社会的支配一切的经济权力。它必须成为

---

① 《马克思恩格斯全集》第5卷,北京:人民出版社1958年版,第24页。

起点又成为终点。"(Marx, 1939/1973, pp. 106 – 107)① 早在他的《1844年经济学和哲学手稿》中，马克思就阐明了这个社会理论："宗教、家庭、国家、法、道德、科学、艺术等等，都不过是**生产的一些特殊的方式，并且受生产的普遍规律的支配**。"(See Marx and Engels, 1975, p. 297)② 社会的生产基础构成了马克思社会理论的基本唯物主义。

马克思的社会制度可以被描绘成一个圆锥体，生产方式位于圆锥底部，各种文化领域从圆锥体向外辐射，一直延伸到圆锥体的顶部。

这些领域包括教育、宗教、自然科学、社会科学、哲学、家庭、政府、艺术和新闻。这些不同的领域以不同的方式扩展了生产方式，它们是各种形式的生产方式的内部发展。我们可以说，生产方式以教育、宗教等多种形式发展起来。它需要教育人们，使他们有能力参与到核心的、基本的生产方式中来。它需要培养一种自我概念和娱乐以及新的出路，这同样按照生产方式来组织人类活动的广度。这种组织对于巩固为人们提供生存和满足手段的生产方式是必要的。

锥形社会模式强调生产方式的多样性和中介性。生产方式为各种文化因素提供了基本的、潜在的一致性。多样

---

① 《马克思恩格斯全集》第46卷，北京：人民出版社1980年版，第45页。
② 《马克思恩格斯全集》第42卷，北京：人民出版社1979年版，第121页。

性存在于统一性或连续性之中，统一性或连续性又存在于不同的宏观文化因素之中。统一和多样性都不是绝对的，每一个都是由另一个中介的。

社交锥体定义了"社会整体"是什么，它是所有宏观文化因素在一个有单一中心基础的圆锥体内的综合。由于这个圆锥体的所有元素都是相互关联和相互依赖的，每一个元素都以自己独特的方式使整个圆锥体具体化。人类学家马塞尔·莫斯（Marcel Mauss）将这种社会因素称为"一种综合的社会现象……同时包含法律、经济、宗教、美学、形态等方面"（1967，p.76）。卢卡奇（1924/1970）指出："马克思总是把资本主义发展描绘成一个整体。这使他既能看到宇宙中任何一种现象的总体性，又能看到宇宙结构的动态性。"

每个元素通过其在整体中的独特位置提供对整体的洞察。例如，童年在社会元素对待或调解童年的方式中具体化并揭示了社会。这是一种与宗教、外交政策、性、浪漫爱情、隐私、艺术品位等不同元素所提供的社会不同的"看法"。

马克思的锥形社会模型得到了他的反对者——新自由主义商人和政府官员的证实。新自由主义者系统地将每一个文化领域都纳入资本主义政治经济之中。教育、医疗保健、监狱、科学研究、新闻、娱乐、体育、约会、外层空间探索、政府机构、政治和国家安全现在都被彻底公司化，并被资本主义政治经济所支配（企业说客现在是美国国会

维果茨基和马克思：迈向马克思主义的心理学

工作人员为立法者提供建议的政治问题信息的主要来源。说客们编写法律，也为立法者提供宣传点，以获得对公司编写的法律的支持）。此外，资本家和他们的政治代表已经建立了一个广泛的智囊团和中心的体制结构，以发展友好企业政策（Mayer，2016；Brown，2015）。

亿万富翁资本家——比尔·盖茨、伊莱·布罗德和拥有沃尔玛的沃尔顿家族——已投入数十亿美元将学校私有化，并将其转变为新自由主义机构，这一事实揭示了企业对教育的控制。他们向新自由主义、私有化、教育组织和政客们提供了数十亿美元。卡丽·沃尔顿·彭纳（Carrie Walton Penner）是与著名的 KIPP 特许学校连锁有关的基金会的董事会成员，同时她也是加州特许学校协会的成员。沃尔顿家族基金会为 KIPP 特许学校连锁慷慨捐赠了数百万美元。卡丽的丈夫格雷格·彭纳（Greg Penner）是特许成长基金（Charter Growth Fund）的董事之一，这是一家投资特许学校的非营利性风险投资基金。美国教育部长阿尼·邓肯（Arnie Duncan）是伊莱和埃迪斯·布罗德基金会的董事会成员，"结果是，这些大型基金会的 K-12 政策和美国的 K-12 政策差不多"（Massing，2015，pp. 66-67；also see Miller，2016）。

从 2008 年到 2013 年，查尔斯·科赫基金会向佛罗里达州立大学经济系拨款 660 万美元。合同规定，将聘请五名教师教授"自由企业的价值"，由科赫兄弟选择的顾问委员会监督。董事会不仅赋予基金会雇佣的权力，而且还允许基金会"审查教授们的工作,以确保其符合基金会的目标和宗旨"(Bader, 2015)[①]。尽管校园里的许多人认为这是对学术自由的严重侵犯,但校方似乎毫不犹豫地接受了捐款(Bader, 2015)。

资本家理解社会生活的一个基本特征,那就是社会生活的各个要素之间必须保持一致,以便强化每一个要素和整个社会。如果不同的元素彼此不相关或对立,这就会受到破坏。在这种情况下,不可能有社会秩序或力量。一个组织严密的社会,每个部分都在共同的方向和利益上强化其他部分。这就产生了一个统一的社会结构,它源自一种生产方式。这就是为什么资本家通过确保不同的社会要素在生产方式周围保持一致来加强生产方式的原因。

此外,资本家认识到,人们的心理必须与政治—经济基础一致,以便通过个体的、个人的、私人的行为来维持政治经济基础。布朗(Brown, 2015)解释说,新自由主义远远不止于经济实践。它是一种从资本主义国家延伸到灵魂的政治理性和治理形式。它把人塑造成人力资本,必须不断地维护自己当前和未来的价值。

马克思的锥形社会结构或系统,是使其科学化的核心。圆锥结构是必要的,以满足被称为简约定律的科学要求。这一定律指出,任何现象的不同元素的集合必须用一些基本的、涵盖性的、解释性的构造来连贯地解释。这避免了

---

① 引自美国大学教授协会。

维果茨基和马克思:迈向马克思主义的心理学

零碎、偶然的元素和关系。

一个系统的简约和连续性并非等于还原性,因为系统包括丰富、动态的文化和心理要素系统的核心因素的不同延伸。马克思仔细地解释了政治经济学等基本结构是如何发展成为新兴的社会形式的,他反对将多种形式还原为单一形式。

与维果茨基同时代的经济学家鲁宾(I. I. Rubin)在《马克思体系中的抽象劳动和价值》一文中解释了马克思的方法论。他引用马克思的话说,"从最抽象的概念开始,展示这些概念如何发展,从而引导我们走向更具体的形式,更具体的概念"(Rubin,1978)。例如,一般的人类劳动是如何在雇佣劳动中具体化的?在社会锥体的案例中,我们会解释生产方式是如何在家庭关系、性别角色、宗教等方面变得具体多样化的。

社会锥体的任何特定元素(宏观因素)都是复杂的,因为它包括:

(1)它作为艺术、科学、体育、宗教、家庭的独特品质;

(2)与贯穿整个社会状况的政治经济核心相结合;

(3)它与之相互依存的其他因素或社会领域的特征。

5. 心理学和社会转型

当马克思谈到社会条件组织意识的各个方面时,他最终指的是锥形模式中条件的组织,而锥形模式集中于生产方式或政治经济。意识的各个方面是复杂的,因为它们体现了（上述）组织它们的宏观文化因素的三个特征。

马克思的锥形社会体系是使其具有变革性、解放性和科学性的核心。原因是生产方式包括一个基本的、中心的元素，它可以把整个系统转变成一个令人满意的系统。对生产方式和生产力的认识及重组，引发了社会锥体中依赖于生产方式和生产力的要素的重组。这使全面、彻底、深刻的社会变革成为可能，也是产生这种根本变化的唯一有效的途径。[1]

马克思的科学—政治社会概念是一个锥体，即可以转变为一个解放的替代性锥体，如图 1.2 所示。这幅图的左边简要地描述了现有的社会心理锥，右边是向新的社会锥体的过渡，以及对该社会心理学锥体的描述。该图描述了一种马克思主义心理学方法，用于识别形成心理学的宏观文化因素，以及识别将产生令人满足的、解放的意识或心理的新文化因素。马克思主义的历史唯物主义方法论颠倒了产生文化因素和心理的历史唯物主义因果链条。所有的科学都是从结果回到原因，颠倒了产生结果的因果过程。

图 1.2 中的每一个范畴都包括科学、文化和干预主义元素。

---

[1] 一套非系统的个别社会要素是不可能被全面彻底地理解和转化的。在同一时间以同样的方式重组每一个不同的社会元素是不可能的，只能实行零敲碎打的改革。这就是为什么由个别机制组成的零碎理论受到了现状的青睐。

维果茨基和马克思：迈向马克思主义的心理学

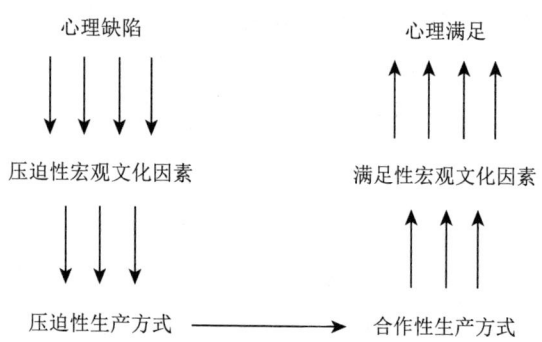

图 1.2 理解和丰富意识/心理的社会组织的马克思主义心理学方法论

将心理缺陷追溯至植根于生产方式的宏观文化因素，是心理学和社会组织的科学概念；它也是心理学的文化分析；心理学和文化在政治经济学基础上的政治分析赋予了它们政治特征及功能。这一分析具有改善心理功能和文化的干预主义目标。

图 1.2 的底行旨在用民主、合作的生产方式取代压迫性的生产方式，这显然是一个干涉主义的目标，也是一种改变文化和心理的政治行为。同时，它也是对什么样的替代社会制度能够提升文化和心理的科学分析，以及对既定社会制度的全面、本质、可行的否定。

从一种新的合作生产方式上升到丰富的心理是一种彻底的干预。它将一种新的政治引入文化因素，并通过文化因素引入心理学。这一切都建立在对文化的政治经济基础和心理学的文化基础的科学分析之上。

图 1.2 可以看出，心理缺陷的改善只能通过社会政治

"迂回""下"到生产方式,向新的生产方式和社会制度过渡①。心理缺陷不能仅在心理层面上得到改善,例如横向层面。即使是压迫性的宏观文化因素也无法在自身层面上得到纠正,必须在社会结构的更深层次上,在生产方式上进行修正。解放必须把重点放在理解和发展一种客观的生产方式上,这种生产方式是对资本主义的彻底、具体的否定,并且能够支持一种产生新的社会意识的新社会制度。

改革心理学和宏观文化因素而不改造政治经济,是自由主义改革主义的定义,与革命转型相对立。这使一些人受益;然而,也使他们受到制度基本要素的压迫——社会阶级、商品化、异化、不稳定、人格解体,改革并没有使大多数人受益。在某种意义上讲,中间层级改革(见图1.2)使人衰弱,因为它夸大了本层级因素在决定社会—心理生活方面的重要性,也夸大了改善社会—心理生活的改革能力,从而分散了人们对改造政治经济以解决基本问题的必然性的关注。

美国的育儿方式就是这一点的例证。中产阶级父母在育儿建议和设备上花费数十亿美元。在这种人际、家庭互动之外,美国社会机构为儿童提供的支持比其他任何发达国家都要少。没有强制性的带薪产假或陪产假,孩子出生后没有人在家帮忙,没有工作的父母照顾孩子。对家庭育儿的强调转移了对这种结构性不支持(不负责任)的注意力,并允许其颠覆良好的育儿方式。美国是发达国家中婴

---

① 学术心理学家将这种解决问题的方式称为"绕道(Umweg)问题"。

维果茨基和马克思：迈向马克思主义的心理学

儿死亡率和儿童贫困率最高的国家（Angell，2016，p.8）。对儿童的良好结构性支持将比单纯的"养育"提供更好的发展结果，这会使大部分养育产业变得没必要。

对教育改革的重视说明了这一点。一个完整的教育培训行业已经发展起来，其注重师生之间的人际关系，也就是说，知识是如何传播的。一项马克思主义的分析强调，教育心理更多地受到政治经济学的影响，而不是课堂互动的影响。识字史证实了这一观点。根据克雷西（Cressey）的说法，"在工业化前的英格兰，识字率的社会分布与经济活动的关系比其他任何事情都密切"（Ratner，2012a，p.24）。

阅读与特定的职业有关。

> 士绅、专业人士和商人几乎都有读写能力，他们在所有事务中都使用阅读和写作——致富和保持这种状态，巩固思想和接触他人，服务和扩大他们的霸权。在下一个距离较远的群体中是自耕农和商人，反过来，他们（在识字率上）相对于较低的工匠、农民和劳工保持着稳固的优势。（ibid）

对于那些对识字没有实际经济需求的人来说，

> 无论这种说法多么有说服力，它都败于大多数人对识字的漠不关心，他们认为这些能力没有实际需要。如果人们不需要什么文化来管理他们的事务，就很难说服他们接受一种实际上是多余的技能。（ibid）

在识字的经济人口统计中，没有理由认为识字教学法起了决定性的作用。说那些有文化的人需要任何特殊的教育是不合理的，一些特殊的教育方法似乎也不可能帮助那些没有经济动机或机会学习读写能力的人。然而，这正是今天教育行业所宣称的，因为教育者只关注技术或方法，而不考虑经济激励或机会（当然，某些教学方法可能会对受更广泛宏观经济因素刺激的学习进行微调）。

中间层次干预的真正目标是扩大资本主义，将一些边缘化、弱势的个人纳入其中，而不是要把资本主义转变成一种解放全体人民的替代性政治经济。[1]

---

[1] 公民权利是资本主义政治经济的支撑，因为它只是让边缘化的人加入资本主义制度。它们允许系统在阶级层次结构中分配边缘人群。大多数融入社会的人将被分配到社会金字塔的大多数组成部分的下层阶级，相对较少的人将占据中间阶层，极少数人将占据上层。融入剥削性的阶级制度并不能带来任何解放。只有当人们把注意力集中在进入中上层社会的一小部分人时，它才显得是一种解放。如果我们简单地比较社会阶层内的群体，这似乎是一种解放。例如，如果把中产阶级女性和中产阶级男性进行比较，或者把黑人职业女性和白人职业女性进行比较。这种横向比较揭示了日益增长的平等以及解放和正义的出现。这种横向比较没有参照社会等级来比较财富或收入精英、统治阶级。如果进行这种纵向的比较，平等和解放显然消失了。社会阶层的差距正在扩大。事实上，随着女性的工资与男性的工资越来越平等，与资本家的财富和权力相比，女性和男性的工资都有所下降。纵向的阶级比较很少被提出来，因为它触及了资本主义的剥削核心。当权者希望民众专注于横向比较，以分散对纵向比较的注意力。他们希望女性关注与男性的工资差距；他们希望黑人为了平等与白人斗争。这是因为这些自相残杀的斗争忽视了剥削的根源和政治经济体系中剥削的主要表现，如图1.2所示（同样，性别暴力通过将暴力归因于男性，将问题和解决方案从资本主义暴力转移到男性与女性之间。问题被归结为厌女症、对妇女的憎恨、对妇女的贬低、男性性能力的不足。有趣的是，黑人对黑人的暴力被认为有政治—经济根源，而不是黑人的仇恨或黑人的性机能不全或黑人的羞耻）。

维果茨基和马克思:迈向马克思主义的心理学

(接上页注①)

女性被资本家(包括女资本家)剥削,而不是被男工剥削。因此,与男性的工资均等并不是衡量剥削减少的标准。女性越来越多地受到资本家的剥削,这可以从女性的生产力提高、资本家利润在国内生产总值中的百分比上升以及工资在国内生产总值中的百分比下降来衡量。这证伪了性别平等、公平、正义和尊重构成解放的说法。

多样性也是如此。多样性涉及另一种横向比较,它不影响阶级结构的纵向金字塔。例如,多样性只是将白人男性替换为同一社会阶层的黑人女性,多样性并没有让更多的工人阶级加入上层阶级,这种多样性从未被考虑过。多样性并没有提高黑人的阶级地位。作为一个阶级,他们在过去60年里没有取得任何进步(Michaels, 2008)。

总的来说,妇女运动并没有特别反对新自由主义资本主义,反对它贪得无厌的生产方式,反对它贪婪的外交政策,反对它对民众不断增强的剥削。事实上,女性已经成为愿意在资本主义范围内争取成功的新自由主义主体,她们的成功被视为"制度为人民服务"的证明。女性运动促成了加强监视和监禁的监狱状态。该运动要求采取更多打击犯罪的措施,并对性别犯罪进行更严厉、报复性的惩罚。妇女运动并没有对扎根于资本主义政治经济的性别犯罪进行马克思主义分析,也没有想出一个社会主义的替代方案来处理这些犯罪,并在现在和将来预防犯罪。

女权主义通常把资本主义的广泛问题归结为性别之间的狭隘冲突。例如,性骚扰被解释为男子气概的问题,男性试图征服女性,不尊重女性在个人空间和性决策方面的自主权。女权主义的解决方案是:a)惩罚男性,b)通过不断要求他们同意追求做爱,使男性更加尊重女性的决策。

关于性骚扰的马克思主义观点认为,性行为是一种包括了女性和男性的资本主义实践的形式。它不把问题局限于单一的性别,也不把它看作是可以通过性别敏锐或惩罚来解决的问题。性骚扰是一个资本主义性行为的问题,而不仅仅是男性性行为。资本主义的性行为只能通过改造资本主义来纠正。这将男性和女性吸引到一个共同的斗争中来,来对抗一个共同的敌人。在资本家认可的"分而治之"的策略中，它不会让女性对抗男性（资本家——以及他们的政治代表——认可骚扰的性别化及其处罚，这一事实证明，这种策略忽视了真正的原因和解决方案，这涉及资本主义的生产方式。资本家提供了最好的指标，表明哪些政治思想是保守的、无效的，哪些是激进的、有效的）。

马克思主义认为，性骚扰是由性行为泛滥的商品化、耸人听闻化、物化和去个性化催生的。这就是使男人——和女人——对性的个人考虑不再敏感的原因，是使性成为男人和女人的一项运动的原因，也是一种令人陶醉的诱惑、调情、勾引、物化、感官兴奋、享乐主义利己主义的游戏，且缺乏个人兴趣和承诺（See Taylor, 2014）。

骚扰是一种女性现象，也是一种男性现象。"根据 2011 年 CDC（疾病控制中心）的报告，估计有 4403010 名性暴力的女性受害者，只有一个女性犯罪者。""2000 年 AAUW（美国大学妇女联合会）的数据表明，所有学生中有 57.2% 的人报告是男性犯罪者，42.4% 的人报告是女性犯罪者。"（ibid）根据 CDC 的数据，"在所有形式的儿童虐待中，女性（58%）比男性（42%）更多"（ibid）。"六分之一的成年男子报告说，他们在儿童时期受到过性骚扰，而且……近 40% 的肇事者是女性"（ibid）。"在强奸犯、性犯罪者和性侵犯者的背景中，女性的性虐待率高得惊人——59%（Petrovich and Templer, 1984）、66%（Groth, 1979）和 80%（Briere and Smiljanich, 1993）。"（ibid）女权主义者对此保持沉默。她们把骚扰局限于男性，从而使广泛的资本主义制度免于批评和改革。然而，对这一现象的全面考虑证明，骚扰是资本主义的一个更广泛的问题，包括了两性。

女性运动和所有民权运动一样，欢迎被边缘化的人进入资本主义剥削体系，成为剥削的受害者。通过宣称这是一种解放的行为，反歧视将什么是解放神秘化了。反歧视是一个值得称道的运动，因为它在有限的范围内使相对较少的资本主义友好的、被边缘化的个体受益。然而，它远远没有为自己的成员带来解放，更不用说外来者了。

从 1950 年到 2000 年，女性在美国劳动力中的参与度增加，同时男性的参与度在减少，这重现了资本主义的竞争。马尔库塞强调了当代社会改革运动的弱点："激进的意识也是虚假的意识，因为它拒绝发展对应和理解资本主义结构变化的马克思主义范畴"（2015, p.19）。

维果茨基和马克思：迈向马克思主义的心理学

在现有的社会条件和权力关系中要求"尊重""考虑""认可""同情""接受多样性""包容""自我表达""自主性""声音""权利""结束大规模监禁""更好的工作""民主教育"等都是徒劳的。这就是**抗议**所追求的，它呼吁当权者做出改变。目标应该是设计一种新的社会系统（社会锥体、生产方式），可以产生和维持这些东西。

现在要求这些东西，就会分散人们对创造产生这些东西的必要条件的注意力。假设只要来自人民的压力足够大，它们就可以在现有条件下实施；还假设这些问题的当前形式本质上是自由的。

这两个假设都是错误的。事实上，这些需求只有通过改变社会生产方式才能实现。另外，新的条件会产生新的**需求形式**，如图 1.2 所示。民主、尊重、正义、更好的工作，甚至合作和社区，都不是可以在社会中简单放置的抽象的普遍事物。他们有反映具体社会条件的文化—政治形式。在目前现有条件下的当今改革要求潜移默化地保留目前的文化—政治形式。因为目前我们只知道这些。当前的文化形式实际上颠覆了真实的、令人满足的形式。解放的劳动、民主和社区必须在特定的文化—政治形式中构建，这将不同于适合资本主义生产方式的当前形式。恩格斯的著作《共产主义原理》描述了社会条件产生社会和心理转变或心理解放的过程。

当 18 世纪的农民和手工工场工人被吸引到大工业

中以后，他们改变了自己的整个生活方式而完全成为另一种人，同样，用整个社会的力量来共同经营生产和由此而引起的生产的新发展，也需要一种全新的人，并将创造出这种新人来。

生产的社会管理不能由现在这种人来进行，因为他们每一个人都只隶属于某一个生产部门，受它束缚，听它剥削，在这里，每一个人都只能发展自己能力的一方面而偏废了其他各方面，只熟悉整个生产中的某一个部门或者某一个部门的一部分。就是现在的工业也渐渐不能使用这样的人了。

由整个社会共同地和有计划地来经营的工业，就更加需要各方面都有能力的人，即能通晓整个生产系统的人。

因此现在已被机器动摇了的分工，即**把一个人变成农民、把另外一个人变成鞋匠、把第三个人变成工厂工人、把第四个人变成交易所投机者的这种分工**，将要完全消失。教育可使年轻人很快就能够熟悉整个生产系统，它可使他们根据社会的需要或他们自己的爱好，轮流从一个生产部门转到另一个生产部门。因此，教育就会使他们摆脱现代这种分工为每个人造成的片面性。这样一来，根据共产主义原则组织起来的社会，将使自己的成员能够全面地发挥他们各方面的才能，而同时各个不同的阶级也就必然消失。因此，根据共产主义原则组织起来的社会一方面不容许阶级继续存在，

维果茨基和马克思：迈向马克思主义的心理学

另一方面这个社会的建立本身便给消灭阶级差别提供了条件。

由社会全体成员组成的共同联合体来共同而有计划地尽量利用生产力；把生产发展到能够满足全体成员需要的规模；消灭牺牲一些人的利益来满足另一些人的需要的情况；彻底消灭阶级和阶级对立；通过消除旧的分工，进行生产教育、变换工种、共同享受大家创造出来的福利，以及城乡的融合，使社会全体成员的才能能得到全面的发展；——这一切都将是废除私有制的最主要的结果。(Marx and Engels, 1976, pp. 353–354)[①]

这是**唯物主义心理学**和**心理变化**的有力论述。它揭示了潜藏于现存意识之下的社会条件，也揭示了潜藏于另一种替代意识之下的社会条件。恩格斯指出，资本主义已经破坏了劳动分工，因此它为生产的集体征用准备了基础设施。这就是资本主义生产方式的动力学。为了扩大和实现自身，资本主义被引导发展新的更高的自身形式，这些更高形式无意间包含了取代资本主义的另一种生产方式的关键要素。资本主义既有自身毁灭的种子，也有克服自身问题的种子。这是任何制度内在的辩证发展。它认为未来是当前的产物，是当前条件的**扬弃**。未来不是一种形而上

---

① 《马克思恩格斯全集》第4卷，北京：人民出版社1958年版，第370、371页。

的与现在无关的理想,也不是人为地、从外部强加于现在的。

无产阶级要征用资本家所准备的东西,并发展其社会集体特征,这就是革命解放的本质。它将相应地拓展我们的意识,而意识不会自发或一厢情愿地改变,它会随着有利条件的变化而变化——这就像达尔文的动物行为模型,从而发展到人类意识的社会层面。如果缺乏这些条件,这种社会—心理变化的范围是不可能的。

变化的社会意识之历史唯物主义理论具有纲领性、说教性、规范性和必然性,而这不仅仅是人们自己决定的一种开放的可能性。马克思和恩格斯规定了人们必须做什么,才能发展可行的、具体的替代社会条件和意识。我们必须消除私有财产;我们必须集体拥有、控制和计划(协调)我们的社会;我们必须消除社会阶级和固定的劳动分工。这一切对于拓展我们的心智能力、了解我们的社会世界和我们自己都是必要的。这就是为什么马克思把他的另类社会理论称为"科学社会主义"。① 这和我们解决任何问题的方法是一样的。当人们生病的时候,专家们认为原因是水被污染,于是就会告诉人们:"为了健康你们必须停止污染水,必须把水煮沸和过滤了。"这是客观的、纲领性的、说

---

① 黑格尔(Hegel, 1969, pp. 549 – 550)以其独特的措辞阐明了客观、必然、可能和有利之间的互补关系:真正可能的东西不能再是别的了;在特定的条件和环境下,不可能有其他东西。因此,真正的可能性和必然性只是表面上的不同;(可能性和必然性)的同一性已经被预设,并且是它们的基础。……真正的可能性确实变成了必然性。

维果茨基和马克思：迈向马克思主义的心理学

教性的、规定性的。除了分析和遵循客观、科学的研究条件之外，其他任何东西都会妨碍健康的个体，例如，参与叙事，让人们表达他们对可能采取的行动的个人感受和愿望，都是适得其反的，因为他们不能领会科学的原因和解决他们困惑的方法。

由于马克思主义的、环境的、宏观文化的方法被误解为阻碍意识、心理和社会变化的方法，我们把本节剩余的马克思主义意识部分用来解释这种方法如何促进和维持社会及意识的最大变化——比其他任何心理学方法都要大。这个过程可以总结为十点。

第一，确定在现存社会中导致社会—心理问题的具体政治—经济条件。

这些因果条件包括私有财产、市场经济交换及其基础的社会关系、货币、雇佣劳动和资本主义阶级结构。

第二，科学地推导出替代性生产方式中对这些原因的具体否定。

其中包括废除私有财产、市场经济交换、货币、雇佣劳动和作为政治结构的资产阶级。必须用相反的条件取代这些条件——对社会条件、生产方式和生产资料的集体、公有、民主所有权和控制。

第三，确定现存社会中为替代性生产方式做准备、使其成为可能并为其提供支持的有利条件。

"现代制度除了带来一切贫困外，同时还造成对社会进行经济改造所必需的种种**物质条件**和**社会形式**。"

（Marx，1865）① 根据马克思和恩格斯的说法，这些先决条件包括以生产力为组织方式的技术发展。马克思认为，资本主义生产力是由资本家通过跨国公司、联合国和世界贸易组织等全球管理机构、大公司的董事会环环相扣、少数大公司（纵向和横向）对行业的垄断等形式进行整合、协调、管理和规划的。这是一个庞大的、强有力的、可行的技术基础设施，其支撑着社会主义的、集体主义的、公共的生产方式。无产阶级必须把它用于改造社会的政治斗争中。

第四，第一、二、三点是一种新社会意识的物质条件，这种社会意识可以理解（1）现存社会的性质和（2）实现恩格斯在他的论述中所描述的社会关系。

意识被制约的条件性意味着它从物质和社会条件中获得指导，意识不能自由决定它会具有什么形式。社会条件性是有利的，因为它赋予社会意识支持性的社会和物质基础设施，其能够以可行的方式丰富社会意识。马克思和恩格斯（1932/1968，Part 1）阐述如下：

> 现在情况就变成了这样：个人必须占有现有的生产力总和，这不仅是为了达到自主活动，而且一般说来是为了保证自己的生存。这种占有首先受到必须占有的对象所制约，受自己发展为一定总和并且只有在

---

① 《马克思恩格斯全集》第16卷，北京：人民出版社1964年版，第169页。

维果茨基和马克思：迈向马克思主义的心理学

普遍交往的范围里才存在的生产力所制约。仅仅由于这一点，**占有就必须带有适应生产力和交往的普遍性质**。

  对这些力量的占有本身不外是同物质生产工具相适应的个人才能的发挥。仅仅因为这个缘故，对生产工具的一定总和的占有，也就是个人本身的才能的一定总和的发挥。①

把个人能力建立在物质工具和生产方式上，可以极大地扩大和解放这些能力。资本主义生产力的广泛性和社会化在个人能力的全面发展中达到了顶峰。意识不会因为它想要发展而简单地自行发展，它通过占有广泛的社会条件来发展自身，这些社会条件在占有这些条件的行为中得以"拉伸"。资本主义生产资料打破了劳动和意识的地方主义及民族主义，使两者都普遍化了。

米歇尔·格拉齐亚诺（Michael Graziano，2016）洞察到，过去两个世纪的全球化浪潮和国际治理机构导致了民族国家主权的削弱。他们已经失去了为大多数民众提供国家认同、意义和福祉的能力。这种崩溃开启了一种普遍的、全球的意识的可能性。

新的、令人满足的社会意识是一种条件的功能：

它取决于条件的存在（例如，社会化的生产资料）。在

---

① 《马克思恩格斯全集》第3卷，北京，人民出版社1960年版，第70页。

《哲学的贫困》中,马克思讨论了这样一种情况:"生产力在资产阶级本身的怀抱里尚未发展到足以使人看到解放无产阶级和建立新社会必备的物质条件。"(1847/2008,p.186)① 它取决于条件的存在(例如,社会化的生产资料)。在《哲学的贫困》中,

- 这些条件使新的社会意识变得必要;
- 是它们让一切成为可能;
- 新的社会意识是由这些条件组织和指导的;
- 新的社会意识受到这些条件的限制。

为了理解和完善条件,相互需要新的意识。条件提供行动,但它们不能代替行动。要使生产方式和生产资料向社会主义转变,就必须要有阶级意识。恩格斯在《共产主义原理》中说:"因为要把工业和农业生产提高到上述的那种水平,单靠机械的和化学的辅助工具是不够的,还必须相应地发展运用这些工具的人的能力机械和化学过程不足以使工业和农业生产达到我们所描述的水平;利用这些过程的人的能力必须经历相应的发展。"(See Marx and Engels,1976,p.353)② 此外,"人也改变了,那时,旧社会的各种关系的最后形式也才会消失。"(ibid,351)③ 马克思和恩格

---

① 《马克思恩格斯全集》第4卷,北京:人民出版社1958年版,第157页。
② 《马克思恩格斯全集》第4卷,北京:人民出版社1958年版,第370页。
③ 《马克思恩格斯全集》第4卷,北京:人民出版社1958年版,第368页。

维果茨基和马克思：迈向马克思主义的心理学

斯认为，文化引起的主观变化对于改变社会关系是必要的。

第五，马克思恩格斯确定了新社会意识的附加条件，这就是人民在社会中所处的地位。

马克思在《黑格尔法哲学批判》中说，"光凭革命精力和精神上的优越感是不够的。"（See Marx and Engels, 1975, p. 185）①

马克思和恩格斯（1932/1968）说，必要的社会地位是被剥夺了所有权和控制权，除了改革社会制度之外没有任何实现或成功的资源：

> 与此同时还产生了一个阶级，它必须承担社会的一切重负，而不能享受社会的福利，由于它被排斥于社会之外，因而必然与其余一切阶级发生最激烈的对立；这个阶级是社会成员中的大多数，从这个阶级中产生出必须实行根本革命的意识，即共产主义的意识，这种意识当然也可能在其他阶级中形成，只要它们认识到这个阶级的状况。②

他们还写道：

---

① 《马克思恩格斯全集》第1卷，北京：人民出版社1956年版，第484页。

② 《马克思恩格斯全集》第3卷，北京：人民出版社1960年版，第78页。

德国解放的**实际**可能性……就在于形成一个被**彻底的锁链**束缚着的阶级,即形成一个非市民社会阶级的市民社会阶级,一个表明一切等级解体的等级;一个由于自己受的普遍苦难而具有普遍性质的领域,这个领域并不要求享有任何一种特殊权利,因为它的痛苦不是**特殊的无权**,而是**一般无权**,它不能再求助于**历史权利**,而只能求助于**人权**,它不是同德国国家制度的后果发生片面矛盾,而是同它的前提发生全面矛盾,最后,它是一个若不从其他一切社会领域解放出来并同时解放其他一切社会领域,就不能解放自己的领域,总之是这样一个领域,它本身表现了人的**完全丧失**,并因而只有通过人的**完全恢复**才能恢复自己。这个社会解体的结果,作为一个特殊等级来说,就是无产阶级。(Marx and Engels, 1975, p.186; also see Llorente, 2013)[①]

马克思寻找并发现了一种普遍化的条件,这些条件可以引导占有它们的人群发展出一种普遍的社会意识和普遍的解放潜能,从而为绝大多数人消除所有特殊的问题。马克思说,一个国家的解放取决于该国特定阶级的活动。整个国家不能自我解放,因为它是由一种压迫性的统治组成的,这种统治抵制解放。无产阶级,而不是"全体人民",

---

[①] 《马克思恩格斯全集》第1卷,北京:人民出版社1956年版,第466页。

维果茨基和马克思：迈向马克思主义的心理学

才是大多数人解放的动力。马克思说，禁锢无产阶级的锁链是**激进的锁链**，这意味着他们有激进的解放可能性。卢卡奇定义了这个过程的一个重要元素。他说商品化劳动的极度异化将无产阶级物化为一个独特的实体，这使得它能够将自己视为一个只能依赖自身的阶级，也就是说，其成员之间的联系。根据恩斯特（Engster，2016，p. 81）的观点：

> 一个从"与自然的一切直接联系"中分离出来的无产阶级，就能从自身内部认识到……从而使自己能——它自己的主体性——成为集体社会总体的占有对象。在这里，商品形成的异化和物化不仅受到卢卡奇的谴责，也是"革命性飞跃"的条件。

因此，异化是一条"激进的锁链"。

现存（资本主义）社会在人类历史上第一次准备了普遍解放的一般可能性。重要的是，马克思认为这是**具体的普遍**，因为普遍是具体社会条件下的具体社会阶级。

它不像"人性"那样抽象。人性是普遍的，但并不在马克思的具体术语中。它不可能真正把人们团结在具体的共同行动中，以产生一个没有社会阶级的普遍社会。"女人"也是如此。女人是世界上一半的人，但是，它们没有具体的统一，也没有统一的可能性。"女人"包括资本主义妇女、纳粹妇女等，她们不能构成社会主义社会的社会基础。其他方面也是如此，比如拉丁裔、印第安裔和黑人。例如，1860年，南卡罗来纳州查尔斯顿最富有的黑人是玛丽亚·韦斯顿（Maria Weston），她拥有14名奴隶和价值4万多美元的财产，而当时白人的平均年收入约为100美元。众所周知，追捕黑人同胞并将他们卖给白人奴隶贩子的非洲奴隶贩子是黑人，黑人的身份并不能阻止其这样做。但是，无产阶级却阻止了这种剥削。一个获得资本并雇佣其他工人征用其剩余价值的工人，从定义上讲就不再是工人。资本家或奴隶主无产阶级是矛盾修饰法，而资本家或奴隶主妇女或黑人或同性恋则完全一致。因此，"女性是强大的"和"黑人的生命也是重要的"不是进步的口号，因为它们包含了对这些范畴的资本主义和反动成员的支持。它们不是结构性的、具有特定阶级利益的阶级概念。"反对最富有的1%"也不是一个社会阶级概念，因为它包括网球运动员和资本家，并要求反对这两者。任何包含网球运动员和资本家的范畴都不是一个具有阶级利益的结构性的阶级概念。①

---

① 不幸的是，今天的进步政治运动强调特定的权利并反对特定错误的释放。马克思（Marx，1844）在《论犹太人问题》一文中对此进行了指责：自由这项人权并不是建立在人与人结合起来的基础上，而是建立在人与人分离的基础上。这项权力就是这种分离的权利，是狭隘的，封闭在自身的个人的权力。自由这一人权的实际应用就是私有财产这一人权。财产权利这项人权就是使用和处理自己财产的权利。……这种权力就是自私自利的权利。

维果茨基和马克思：迈向马克思主义的心理学

（接上页注①）

  这是当代尊重多样性运动的本质，每一个被边缘化的群体都要求人们容忍他们的行为。多样性就是差异，它的词源是拉丁文的"divortere"，意思是走不同的路、分开、分裂、离婚及不同。在当代这种意识将多样性作为不同群体和个人自主权的使用得到了维系，这就是马克思批评它为资产阶级个人主义的原因。多样性不再关注一个连贯的社会系统。由于强调差异，就妨碍了统一。性别权利、性取向权利、种族权利、宗教权利、饮食权利、肥胖权利、言论权利、堕胎权利、衣着权利都是如此（See Ratner, 2016b, pp.76 - 79）。例如，宗教权利赋予宗教团体歧视妇女和同性恋者的自由，以及拒绝遵守民事法律（如在宗教医院提供节育和堕胎）和活动的自由，如阅读某些书籍和在某些日期上学或工作。这些支离破碎的多样性权利为特殊利益寻求自主权。它们不是投入到一个共同的、连贯的社会系统中，而这个系统的组织是为了满足人们的共同利益。相反，社会利益包括追求个人利益的个人权利，就像亚当·斯密（Adam Smith）提出的那样。多样性经常被表述为团结，即我们都互相尊重而不是互相否定。然而，这却是误导。我们真的尊重彼此与自己的差异，也就是说，每个人都有做任何事情的自由。真正的团结需要超越个人差异的共同利益，多样性没有提出任何特定的共同利益。多样性是资产阶级的团结——它是被个人主义、隐私、分裂和冲突击穿的团结。这是虚假的团结，就像资产阶级社会是虚假的社会一样，现在已经崩溃了。

  表达自己性别身份的权利是这种个人主义分离的典型代表。这是一种个人自主的权利，可以选择自己希望的任何性别和取向。它与为解决根深蒂固的、普遍的社会问题的社会主义生产方式而工作毫无关系。哲学家朱迪斯·巴特勒（Judith Butler）倡导这种个人主义。她讨论了性别指派，这对那些想对该指派的条件提出异议，或者参与自身赋值的实践，反驳或修改（偏离）他人给予的指派，并在形成自我意志之前的人来说形成了一种非常强烈的困境。在性别领域的意志的形成可以被理解为承担自身赋值任务，我们可以在这里理解自主性的语言域。（Ahmed, 2016, p/486）

  最近对大学中民族多样性的要求说明了这种要求的个人主义、民族中心主义、分离主义性质："对我来说，有像我一样并且我觉得我可以和他们打交道的教授是非常重要的。"斯坦福大学的黑人学生这么说。增加黑人教授和学生的数量,是出于验证学生自身体貌的需要。他们不能很好地与那些在身体上与他们不一样的人打交道。这意味着,斯坦福大学的黑人学生与长得像他们的黑人、保守派、战争罪犯、斯坦福大学教授康迪·赖斯(Condi Rice)的关系比与长得不像他们的白人、进步人士诺姆·乔姆斯基(Noam Chomsky)的关系更好。具有讽刺意味的是,当白人使用同样的论据,说他们对黑人或穆斯林感到不舒服,因为他们看起来与众不同、令人怀疑时,这被谴责为不宽容的种族主义。斯坦福大学的精英知识分子看不到,他们在要求多样性的过程中重复了这种形式的种族主义。在这里,我们看到对种族本身的关注是如何支持现状的,而对政治的关注会导致向乔姆斯基了解反资本主义。

对特殊利益的强调是一种错误的意识,它削弱了阶级意识。劳动人民的成员忽视了这样一个事实:他们是一个普遍的阶级,承受着资本的剥削,并且能够通过征用生产资料和生产方式为广大人民消除这种剥削。这正是当权者鼓励不同利益的原因;也就是说,多样性分散了人们对生产方式中共同的、核心问题的注意力,而这些问题必须通过一致的统一的政治行动来改变。

多样性是文化的自由放任,它接受一个群体所采取的任何信仰和实践作为其自我定义,这是文化主观主义。它不是基于对社会心理问题的严格、客观的分析及其合乎逻辑的、客观的解决方案,这些解决方案将改善大众的生活(Ratner, 2017)。

多样性是一种身份政治,因为它局限于根据人们作为社会群体成员的身份来评估他们。它重视少数民族、女性、同性恋、文化和宗教团体,仅仅是为了他们的人性,而不是为了他们的社会政治经济内容。这表现在"我们需要一个穆斯林加入这个委员会""我们需要女性进入国会""我们需要黑人高管"等声明中。这是对人们的群体成员资格或身份的验证,仅此而已。对现有身份(和传统)的验证取代了社会结构(如阶级结构)的结构性转变。身份验证是社会变革的新民粹主义定义。然而,穆斯林的视角、女性的视角、同性恋的视角、年轻人的视角、印度人的视角(或传统)都不是社会主义实践,甚至不是反资本主义实践。这种保守主义就是为什么多样性被社会接受,而社会主义则不被接受的原因(Ratner, 2016b, pp. 69 – 164)。

维果茨基和马克思：迈向马克思主义的心理学

马克思强调压迫与解放的辩证关系。压迫的深度和性质辩证地产生了解放的最大机会。

压迫性社会条件对革命意识的重要性引发了一个推论，即不占据这种特殊的压迫性社会地位（角色）的个人**不太可能**获得他为普遍的革命意识所提供的动力和支持。这包括处于社会等级制度顶端的个人，也包括处于劳动力之外、不以无产者身份工作或生活的个人。法农称他们为"流氓无产阶级"（Franklin，n. d）。许多打工者以前是被开除的工人，然而，许多人以其他方式被剥夺了财产。马克思和恩格斯说他们来自不同的阶级，有不同的原因。他们不属于雇佣劳动力，不被资本主义制度作为剩余价值和利润的来源去剥削。因此，他们的苦难并不一定会导致资本主义剥削的无产阶级社会意识。另一个使边缘流氓无产者的无产阶级意识最小化的条件是，他们不处于社会化的资本主义生产资料之中，而资本主义生产资料为劳动者提供了潜在的阶级意识和阶级团结。

其他形式的边缘化对无产阶级的革命意识构成了类似的障碍，许多歧视的受害者符合这一分析。例如，对性取向的歧视并不是资本主义对劳动阶级的经济剥削。

马克思、恩格斯和毛泽东都认识到，无产阶级以外的某些人可以参与到社会主义的革命斗争中来。然而，这并不是一个普遍现象，因为改造资本主义对于他们的性自由来说并不是必不可少的。①

第六，社会条件是社会意识的必要条件，但不是充分条件。

社会化的生产资料并不会在无产阶级中自动地产生阶级意识，无产阶级被压迫的社会地位也不会自动产生这种压迫及其所需替代的明确的阶级意识。马克思和恩格斯坚持认为，意识必须**获得**对条件的理解，这是工人阶级组织促成的。这些组织不应只是在现状下为改善工作条件而工作，而且还必须引导工人了解他们的社会地位，并培养他们的阶级意识，使他们知道真正的解放需要什么样的社会变革。这是一个清晰的例子，说明社会意识并非在消极意识层面上对生产资料的机械反映。这就是为什么民众必须阅读马克思的作品，在那里他们可以发现对他们的剥削的理解和替代。机械地、有意识地对现实的反映将消除所有这一切的需要。我认为，资本家对工会的厌恶

---

① 事实上，资本主义国家和资本主义统治阶级目前正在接受性别的多样性，并谴责对它的歧视。这证明了性的多样性与资本主义完全相容；它不是反资本主义的。一个变性人仍然是一个资本主义主体；他的性行为并没有反对资本主义价值观，也没有产生马克思定义的社会主义价值观。所有人权或民权都是如此。女性、少数民族和宗教团体的权利并没有威胁到资本主义。

马尔库塞（Marcuse, 2015, p. 33）对这些文化运动的文化—政治特征做了一些解释：在学生运动的帐篷已经倒塌之后，在六十年代最强大的、69—70 年开始衰落的反对派被削弱之后，幻灭感、失望感如此强烈，以至于他们不得不在不墨守成规的其他形式中寻找出路，或者，当然是所谓的不墨守成规，因为实际上这是一种非常发达的墨守成规。任何缺席政治生活的行为……都是逃避，都是顺从。

维果茨基和马克思：迈向马克思主义的心理学

是由对社会主义阶级意识的恐惧所驱动的，这种阶级意识可以由工会产生，也可以由工会对资本家利润施加的限制（要求更好的工作条件，包括生态方面的条件）所驱动。

第七，工人阶级组织所发展的社会意识的丰富性不是一种纯粹的智力行为，而是一种改变条件的革命性政治行为。

这种革命性的、变革性的政治行动是产生变革性社会意识的必要条件。

> 无论为了使这种共产主义意识普遍地产生还是为了达到目的本身，都必须使人们普遍地发生变化，这种变化只有在实际运动中，在革命中才有可能实现；因此革命之所以必需，不仅是因为没有任何其他的办法能推翻统治阶级，而且还**因为推翻统治阶级的那个阶级，只有在革命中才能抛掉自己身上的一切陈旧的肮脏东西，才能建立社会的新基础**。(Marx and Engels, 1932/1968, Part 1)[①]

第八，现存社会政治经济和社会意识的革命性变革必须反映在所有关于社会现象的概念之中。

要理解社会现象的新的社会内容，就必须有新的概念。

---

① 《马克思恩格斯全集》第 3 卷，北京：人民出版社 1960 年版，第 78 页。

新的社会概念将突出产生新的社会现象的历史变迁,这是概念的指涉物。在本书的序言中,我们讨论了马克思对劳动的重新认识,即劳动是资本主义社会中异化的一种社会行为,但在社会主义社会中它转变为一种实现自我决定的行为。这一切都体现在劳动这个文化历史辩证唯物主义的概念之上。这种概念的文化—历史内容对于加强新社会内容和防止倒退到压迫性的社会内容是必要的。如果概念被抽象地概念化,就像我们在导言中讨论的那样,这就剥夺了它们促进真正解放所必需的另一种社会制度的进步社会功能。

马克思和恩格斯在社会问题上列举了一个重要的案例。在社会主义制度下,共同体呈现出一种新的、令人满足的、解放的形式,这种形式必须与阶级社会中的共同体区分开来。一种新的共同体概念必须包括其解放形式的实际历史发展。这就要强化该形式,并防止它溶解在一个无内容的抽象中。马克思和恩格斯(1932/1968)写道:

> 只有在集体中,个人才能获得全面发展其才能的手段,也就是说,只有在集体中才可能有个人自由。在过去的种种冒充的集体中,如在国家等等中,个人自由只是对那些在统治阶级范围内发展的个人来说是存在的,他们之所以有个人自由,只是因为他们是这一阶级的个人。从前各个个人所结成的那种虚构的集体,总是作为某种独立的东西而使自己与各个个人对

维果茨基和马克思：迈向马克思主义的心理学

> 立起来；由于这种集体是一个阶级反对另一个阶级的联合，因此对于被支配的阶级说来，它不仅是完全虚幻的集体，而且是新的桎梏。在真实的集体的条件下，各个个人在自己的联合中并通过这种联合获得自由。①

真正共同体的概念和现实必须包括其政治形式和领导人员，即革命无产阶级的共同体："在把他们的生存条件和社会所有成员的生存条件置于其控制之下的革命无产阶级共同体中，个人是作为个体参与其中的。"（ibid）

这种对共同体的文化—历史—政治的表达应该用来指导所有的文化和心理现象，还必须成为要求社会和心理变革的核心。我们要求共同体、合作、民主、正义、尊重、劳动等，必须强调这些所采取的社会主义形式，必须使他们摆脱目前的文化—政治形式。不幸的是，社会活动家不这样做，他们利用包含当前文化—政治形式的概念。合作社和另类社会运动的成员继续使用"一人一票"的资产阶级民主形式。他们含蓄地这样做，因为他们抽象地使用这些概念，而没有指定任何文化—政治形式，这使现有的形式完好无损。如果他们用具体的术语来表示这些概念，他们就会说资产阶级合作、资产阶级民主、资产阶级正义等等。这将使他们对文化—政治形式更加敏感，并会促进他们的革命性形式成为社会主义形式。

---

① 《马克思恩格斯全集》第3卷，北京：人民出版社1960年版，第84页。

第九，变化的制约性条件限制了其成就。

因为变化源于现有条件，后者会贯彻到它们的替代方案中，替代方案并没有脱离它所需要和负担得起的条件。马克思解释说，社会主义最初受到资本主义遗产的玷污，永远无法与它完全决裂。因此，社会主义的第一阶段不可能是完全解放的。只有建立在后资本主义社会主义基础上的社会主义的后期阶段，它才可以从社会主义后资本主义阶段遗留下来的资本主义遗产中解放出来。社会主义不是在人民愿望的基础上就能完全实现的理想。

这种社会条件的辩证法反驳了关于社会条件的三个替代概念：1）条件妨碍变化；2）条件本身就是压迫性的，因此解放必须规避和超越它们的局限性；3）个体—人际—抽象过程的存在可以在不改变社会制度的情况下提供解放。例如，解放的基础是尊重人的"人性""能动性""多样性""团结"和"民主"。很少有人对现存条件进行分析，也很少有人对如何从根本上否定它们，使之成为它们的辩证对立面——例如社会主义——进行分析。这就是为什么当代运动很少走向社会主义或任何实质性的解放变革。

第十，个体问题与社会心理形成和转变的文化条件、制约性特征没有直接关系。

马克思主义的批判者声称此观点忽视了社会和心理的变化，这就导致谴责马克思主义是静态的、物化的和机械的，也导致人们去寻找能够影响社会和心理变化的个体和抽象行为，而不受文化限制。这些机制包括自主性、声音、

维果茨基和马克思：迈向马克思主义的心理学

抵抗、恢复力、团结、尊重、多样性、土著习俗、个人意义，以及精神分析防御机制，诸如（心理）升华作用。

然而，我们已经解释过，这种批判及其替代方案是似是而非的。马克思在社会经济政治条件或过程中解释了社会心理的形成和转变。他定义了为物质、社会和心理转变做准备的社会及物质条件。他精彩地解释了社会的统治者如何为变革（为他们自己的取代）准备条件。资本主义的矛盾不仅摧毁了它，还重建了它，它们产生了自己的继承者。是资本家把生产资料社会化、集中化、理性规划、普遍化，他们产生了这样一个阶级，这个阶级的社会地位使他们需要转变生产方式，并使他们有了大规模的阶级统一和阶级意识来进行这种转变的可能性（这是所有社会的模式。例如，封建统治者培养了商人，然后这些商人成长为资产阶级，在其封建先决条件下发展了资本主义）。这是一种辩证的**否定**，它在其所规定的新未来中取代了现在。

制约社会和心理变革的社会条件提供了解放的必要性、可能性、方向性、可行性和限度。它们提供了最伟大、最完整、最可行的意识解放，因为意识将扩展到理解、掌握和改造整个社会的具体基础设施。在社会锥体中社会条件的组织也提供了最有效的社会变革形式，因为聚焦社会基础会产生同步的、一致的、统一的变革，沿着从社会锥体到整个社会领域的所有多个半径；而这比单独处理每个领域和个体要有效得多。马克思主义历史唯物主义提出了最全面、最深刻、最具体、最可行、最有效的社会和心理变革。

与社会条件无关的过程、因素和机制并不是解放所必需的，也无助于解放。相反，个体内部的心理生物学机制和个人机制等因素使行为或意识的社会条件作用最小化，这降低了理解和改变这些社会条件的必要性和可能性。通过这些因素（例如，自主性、女性气质、升华、种族），人们对解放产生了虚假的希望。

它导致人们放弃马克思主义，转而追求这些简单的、个人的、人际关系的伪解决方案。因此，自由主义并不是走向社会主义的一步，这是资产阶级理想对社会主义的取代，从而使人们被困在现存社会条件和意识之中且无法改变它们。

在个体—人际层面上，社会条件既没有形成也没有改变。它们形成于宏观文化层面，根植于生产的物质实践之中。这是社会科学需要理解的，也是解放政治必须理解的。正如我们已经解释过的，对压迫理解得越深，我们对解放的需要和可能性就理解得越深；对压迫理解得越肤浅，我们对社会心理转变的必要性和可能性的理解也就越肤浅。

马克思主义的个人主义批判者——例如后现代主义者、社会建构主义者、自由主义者、新自由主义者、微观文化心理学家——合理关注社会独裁，即在没有个人同意或意见的情况下控制个人的活动。然而，他们不了解这个问题的原因或解决方法，把社会专制归因于文化本身。他们把专制提升到文化的一种普遍的、固有特征的抽象水平——

一般的文化,而不是特定的文化系统。在文化与专制同义的情况下,从逻辑上讲,解决办法是排斥文化,依靠个体活动过程——自主性、意志、个人意义、声音、抵抗、协商。对专制的正确理解和解决办法是将其移至具体的文化层面,作为一个特定的文化组织或系统的特征。这使得专制在具体的文化因素方面是可以理解的,它还提供了通过将专制的文化因素转变为民主的文化因素来根除专制的可能性。解决办法是把一种具体的文化变成更好的文化,而不是通过个别的过程排斥所有的文化。既没有任何科学理由,也没有任何实践理由假定心理形成或社会形成的个体过程。个体过程既不能理解也不能解决社会问题,因为这忽略了新兴的社会过程和对象化,而这些是形成和改变它们所必需的。

三、把马克思对社会意识的分析拓展到心理学领域

马克思主义心理学将马克思恩格斯对社会意识的历史唯物主义分析拓展到心理现象。马克思主义心理学包括对每一种现象的综合心理学理论,它将马克思对意识的分析与非马克思主义心理学家的心理学研究所揭示的独特特征相结合。这就必须设计出一种独特的方法来研究这种新颖的复杂元素。

马克思主义心理学主张马克思、恩格斯在历史唯物主义中阐明的政治和科学相互联系的观点。对心理学的科学

理解必须导致社会进步,它通过阐明和批判社会锥体的具体整体及其在每个心理现象中具体化的产生基础来实现。相反,社会理解和批判阐明了心理学的经验及理论特征。马克思主义心理学取代了心理现象和社会锥体之间的重要联系;马克思主义心理学将心理现象**理论化**或**问题化**,发展了关于心理现象的起源、内容和组织的全面理论。

马克思主义心理学实现了马克思恩格斯的这句话:

> **工业**的历史和工业的已经产生的**对象性**的存在,是一本打开了的关于**人的本质力量**的书,是感性地摆在我们面前的人的**心理学**……如果心理学还没有打开这本书即历史的这个恰恰最容易感知的、最容易理解的部分,那么这种心理学就不能成为内容确实丰富的和**真正**的科学。(1975,p. 303)①

这种心理学会具有科学性和革命性或解放性。

例如,马克思主义心理学指出了这样一个心理事实:2015年,底特律公立学校八年级学生中只有4%精通数学、7%精通阅读;67%的美国公立学校八年级学生不精通数学或阅读,黑人学生的这一数字上升到80%以上(Higgins,2015)。2015年,只有37%的美国12年级学生为大学数学和阅读做好了学业准备,低于2013年的39%(Brody,

---

① 《马克思恩格斯全集》第42卷,北京:人民出版社1979年版,第127页。

维果茨基和马克思：迈向马克思主义的心理学

2016)。马克思主义心理学的解释有两个方向：

- 马克思主义心理学着眼于"外部"，探索这种认知现象如何与政治经济学相关，也就是说，为什么政治经济学不需要或不要求大多数民众具备高认知技能。它探讨了阅读和数学能力的人口分布，以确定拥有低能力和高能力的社会阶层。它解释了低阶层如何为去工业化、低技能、低工资的经济而接受培训。它阐明了将这种阶级利益制度化的社会教育政策的政治。这是马克思历史唯物主义所指导的。
- 马克思主义心理学也"向内"观察心理现象。它发展了一种认知心理学理论，这种理论解释了认知的所有具体特征（推理、记忆、智力）与其他心理现象（情感、自我概念、发展）的关系；解释了心理是如何以及为什么由"外在的"文化因素和认知的个体发育及系统发育的发展过程组织起来的。

这就是马克思主义心理学需要从理论化和研究文化心理现象的既定心理学学科中获得帮助的地方。笔者认为，文化心理学学科是推进马克思主义心理学的最好的心理学流派。

文化心理学通过如下方式发展了马克思主义心理学：

1. 贡献了丰富马克思主义历史唯物主义社会哲学的**心理学文化理论**。

2. 将这一理论**应用**于特定的心理现象,如情绪、记忆、精神疾病、儿童发展、知觉、身体、性、个人经验、个人意义、自主性或意志、文化和阶级心理学的社会化,以及生物过程在文化心理学和马克思主义心理学中的作用。

3. 开发一种研究心理现象的文化起源、组织、社会化、运作、管理和社会功能的**方法**,这与研究心理学的阶级方面有关。

4. 进行实证**研究**,以证实或纠正马克思主义心理学理论。

5. 通过文化—环境—政治支持和刺激发展丰富心理的人际**干预**。

6. 制定社会**政策**,以全面刺激、支持心理满足和丰富的方式改造文化环境,这一点直接适用于马克思主义的政治—经济重组。政策将来自完善的理论和实证研究。

7. 把马克思主义引入心理问题并加以适应。这使心理问题马克思主义化,正如马克思主义心理学化一般。

(一) 通过文化心理学发展马克思主义心理学

文化心理学有三种思路或方法:

1. 把心理学与宏观文化因素和生产方式联系起来的马克思主义思路。这种方法包括图1.2左侧的所有三个层次,这就是维果茨基、鲁利亚和列昂季耶夫的文化—历史心理学。这些学者的工作主要集中在将心理学与宏观文化因素联系起来,承认生产方式和历史唯物主义;然而,他们没

维果茨基和马克思：迈向马克思主义的心理学

有把心理学和宏观文化因素的关系做详细的发展。这就是为什么马克思主义心理学的研究是必要的。

2. 图1.2将心理学与宏观文化因素联系起来，但没有将心理学和文化因素延伸到生产方式，我称之为"宏观文化心理学"。它最重要的贡献者是20世纪80年代和90年代的心理人类学家，如理查德·薛德（Richard Shweder）、阿瑟·克莱曼（Arthur M. Kleinman）、凯瑟琳·卢茨（Catherine Lutz）、罗萨尔多（Rosaldo）、丹德雷德（D'Andrade）、格尔茨（Geertz）、谢伯-休斯（Scheper-Hughes）、奥比耶斯科尔（Obeyeskere）。社会学家和历史学家通过强调情绪、身体、认知、记忆、自我概念和精神疾病等心理问题的社会学和历史基础及组织，为这种宏观文化心理学方法做出了贡献（See Bericat, 2016）。20世纪30年代的法国心理学派是一个值得注意的贡献。

3. 文化心理学的第三条主线是我所说的"微观文化心理学"，其产生于20世纪90年代的美国。它继承了后现代主义的主观主义和个人主义、社会建构主义和新自由主义的思想。在形成人类行为的过程中，它优先考虑个人主体性、协商、创造力、选择、责任、自组织和自由，而不是结构性的、宏观的文化因素。文化只是作为个人"工具包"的"外在"，供个人根据自己的意愿感知、解释、选择和拒绝满足自身的个体需求。

微观文化心理学家将主流心理学对心理个体机制和否认文化结构的关注带入了心灵文化心理学（Ratner, 2012b,

2015a，2015b，2016）。他们是文化心理学的"对立面"，人们可从内部摧毁它。我们在这里不讨论这种方法。

我们也不讨论跨文化心理学，这与宏观文化心理学和马克思主义心理学不一致。跨文化心理学关注与心理学相关的宏观文化因素；然而，它的宏观变量是跨文化的、碎片化的、抽象的、非历史的和非政治的——例如"集体主义"。此外，跨文化心理学家利用实证方法，引出肤浅的、纯粹定量的行为反应。这模糊了宏观文化心理学和马克思主义心理学在延伸的、定性的反应中阐明的具体文化内容（Ratner and Hui，2003；Ratner，1997，2012b）。

文化心理学的宏观研究方法和马克思主义研究方法具有建构马克思主义心理学的独特条件。它们是唯一有资格充当马克思主义和心理学的耦合器或导管，在心理学领域有很好的基础，已经对许多心理现象发展了一种复杂的文化分析。这可以与马克思主义的社会政治框架无缝结合，仅仅只涉及把文化扩大到社会锥体和政治经济。宏观的文化心理发展可以流入马克思主义，反之亦然。

宏观文化心理学与马克思主义的这种协同作用，建立在对心理学作为一种文化历史现象的共同概念化、框架化和形式化的基础上。马克思主义心理学显然是文化心理学的一种特殊形式，它强调文化是一种植根于生产方式的圆锥系统。这可以纳入非马克思主义文化心理学，反之亦然。没有任何一个心理学学派与马克思主义具有这种基本的文

维果茨基和马克思：迈向马克思主义的心理学

化兼容。

本文论述了马克思主义与宏观文化心理学和马克思主义文化心理学的同源性。在此基础上，提出了宏观文化心理学和马克思主义文化心理学对马克思主义的拓展、深化，开创了未来可以发展的马克思主义心理学。

（二）马克思主义与马克思主义心理学家的同源性

马克思（1843）这样表达了人类心理的文化本质："人是人的世界——国家、社会。"在他的《1844年经济学哲学手稿》第三部分中，他说，"人是一个特殊的个体……同样地他也是总体、观念的总体、被思考和被感知的……社会存在物。"[1] "我的**普遍**意识不过是以**现实**共同体……**生动**形式的那个东西的**理论**形式。"[2] "囿于粗陋的实际需要的**感觉**只具有**有限**的意义。……忧心忡忡的穷人甚至对最美丽的景色都没有什么感觉。"[3] 同样地，"享受服从于资本，享受的个人服从于资本化的个人。"（ibid, p.316）[4]

维果茨基同样认为，"高级心理机能（是）人类历史发

---

[1] 《马克思恩格斯全集》第42卷，北京：人民出版社1979年版，第123页。

[2] 《马克思恩格斯全集》第42卷，北京：人民出版社1979年版，第122页。

[3] 《马克思恩格斯全集》第42卷，北京：人民出版社1979年版，第126页。

[4] 《马克思恩格斯全集》第42卷，北京：人民出版社1979年版，第143页。

展的结果。"（1998，p. 34）①

> 高级心理机能的结构是人与人之间集体社会关系的模型。这些结构本质上不外乎是，构成人类个性社会结构基础的社会方式的个性内在转向。（ibid，pp. 169 – 170）②

"在某种程度上每个人都是他所属的社会，尤其是他所属的那个阶级的衡量尺度，因为每个人都是各种社会关系的集中反映。"（Vygotsky，1997a，p. 317）③ 维果茨基描述了心理学社会条件制约性的深度："在不同的社会制度中可以找到的各种内部矛盾，在那个历史时期的人格类型和人类心理结构中都有它们的表现。"（1994b，p. 176）

鲁利亚表达了马克思主义的文化历史心理学特征：

> 维果茨基理论的"文化"方面涉及社会结构化的方式，在这种方式下，社会组织了成长中的儿童所面临的各种任务，以及为幼儿掌握这些任务而提供的各种脑力和体力工具。

---

① 《维果茨基全集》第5卷，合肥：安徽教育出版社2016年版，第370页。
② 《维果茨基全集》第5卷，合肥：安徽教育出版社2016年版，第571页。
③ 《维果茨基全集》第1卷，合肥：安徽教育出版社2016年版，第151页。

维果茨基和马克思:迈向马克思主义的心理学

……正是通过这种**历史决定和文化组织的信息运作方式的内化,人们的社会性质也就变成了他们的心理性质**。(1979)

维果茨基赞同马克思在图 1.2 中描述的社会模型。他在《艺术心理学》(1925/1971)中指出:

文艺与产生文艺的经济关系之间的关系是极其复杂的。这决不意味着,社会条件不是彻底地和完全地决定着文艺作品的性质和作用,而只是意味着社会条件对文艺作品产生的影响是直接的。[①]

他所说的间接决定,是指社会锥体中各个层次的宏观文化因素的综合体对生产方式的中介作用。这些是经济条件的中介,它们不是对心理学文化组织的否定和逃避。

列昂季耶夫(Leontiev, 2009, p. 411)在他的文章《活动和意识》中说:

尽管人类个体的活动(Tatigkeit)具有多样性和特殊性,但它是一个服从社会关系系统的系统。在这些关系之外,人类活动是不存在的。它如何存在是由生产发展所产生的物质和精神交流的形式和手段所决定

---

① 《维果茨基全集》第 8 卷,合肥:安徽教育出版社 2016 年版,第 20 页。

的，而这些交流只有在特定个人的活动中才能实现。每个人的活动取决于他在社会中的地位，取决于他的生活条件，这是显而易见的。

列昂季耶夫肯定了马克思对影响意识的社会条件的强调。

维果茨基和鲁利亚在乌兹别克斯坦的跨文化研究还证明了文化—历史心理学如何采用马克思主义强调的生产方式作为人类心理学的最终组织者。吉伦和耶什马里迪安（1999，p.281）告诉我们

> 维果茨基在1931年和1932年准备了、鲁利亚组织了两次前往苏联中亚的心理考察，以验证维果茨基关于人类存在的政治经济和社会认知维度之间密切联系的马克思主义假设。维果茨基预言，从乌兹别克斯坦和柯尔吉齐亚的传统村庄中普遍存在的"封建"条件，到农村公社中更现代、更科学、更集体的农业生产形式的持续变化，将促使以前的农民以更不"原始"、更现代、更"科学"、更合乎逻辑的方式思考关于认知和社会的问题。

布尔迪厄提供了一种关于心智的社会文化解释，与马克思强调的社会条件对心理学的条件性和制约性相呼应。这一点值得纳入马克思主义文化心理学。

维果茨基和马克思:迈向马克思主义的心理学

> 社会秩序逐渐进入头脑中。社会划分变成了划分原则,而划分原则构成了社会世界观。客观限制变成了对限制的意识,即通过对客观限制的体验获得的对客观限制的实践预想,即一个人的位置意识,这种意识导致他主动退出他被排除的东西(财产、人物、地点等)。(Bourdieu, 1984, p. 471)[①]

> 因而这就意味着重新组合被分解的东西(在不同领域进行的不同实践)……应该回到实践的统一的和生成的原则,也就是阶级习性,即阶级条件和阶级条件施加的影响的内在化形式。(ibid, p. 101)[②]

布尔迪厄在《区分:判断力的社会批判》中阐明了马克思的圆锥社会理论。他解释了文化制品的知识和使用,身体的装饰和携带物,以及人们对文化发展的品味(从食物、衣服、生活方式到绘画和音乐的偏好)是如何围绕、组织、反映和再现社会的政治经济核心的。布尔迪厄甚至把各种各样的行为称为资本主义经济资本的形式。他认为文化资本、教育资本、语言资本、身体资本和社会资本是与经济资本相关的。这些术语将看似无关紧要的活动(如吃饭、艺术消费、参观博物馆)纳入了政治经济

---

① [法]皮埃尔·布尔迪厄:《区分:判断力的社会批判》下册,刘晖译,北京:商务印书馆2015年版,第745页。
② [法]皮埃尔·布尔迪厄:《区分:判断力的社会批判》上册,刘晖译,北京:商务印书馆2015年版,第169页。

的轨道。

布尔迪厄流派的当代社会学研究记录了不同的文化领域如何将反映和再现核心政治经济需求的文化能力社会化。雅伊梅·德卢卡（Jaime DeLuca）和戴维·安德鲁斯（David Andrews）（2016）在中上层阶级的谷景游泳和网球俱乐部中记录了这一点。虽然该俱乐部表面上是一个致力于锻炼和发展身体技能的机构，但谷景代表着经济、社会、文化和物质资本复杂相互作用的场所，这些资本共同保护和再现了会员的中上阶层习惯。作者讨论了民族志田野调查的发现，重点是经济、社会、文化和物质资本的获取、传播和转化，以及家庭成员参与躯体活动的过程。

社会心理学研究阐明了马克思关于宗教使意识迷惑的观点（Ratner and El-Badwi，2011）。临床医生观察到，极端的宗教信仰会产生严重的内疚感。人们创造了一种综合征，称为"谨慎"。谨慎是一种对自己罪过的过分关注和对宗教虔诚的强迫性表现。盖尔·斯蒂凯蒂等人（Gail Steketee et al，1991）解释说，患者的宗教信仰越高，他或她就越有可能抱怨有宗教困扰。谨慎可以影响任何虔诚的宗教教派（Inozu et al，2012；Yoriulmaz et al，2010）。

谨慎通过其正常的宗教仪式产生痛苦，而当谨慎变得强烈时，它会导致严重的强迫症症状。克劳迪奥·西卡等（Claudio Sica et al，2002）和乔纳森·S. 阿布拉莫维茨等（Jonathan S. Abramowitz，2004）发现，在接触虔诚宗教的人群中，强迫症的发病率更高。艾哈迈德·赛义德·奥卡沙

维果茨基和马克思：迈向马克思主义的心理学

等人（Ahmed Said Okasha，1994，p. 191）报告说，"宗教教育在埃及强迫症现象学中的作用是明显的，这与耶路撒冷的研究结果相似。"①

（三）宏观文化心理学家、马克思主义文化心理学家与马克思主义者的同源性

宏观文化心理学家不是马克思主义者，但他们把心理学看作是一种文化现象。这种框架和形式使得宏观文化心理学能够融入马克思主义文化心理学和马克思主义心理学之中。宏观文化心理包括图 1.2 的上层两个层面，在马克思主义者所强调的生产方式中，把这些与基本层面联系起来是很简单的。

宏观文化心理学是由启蒙运动的历史学家和哲学家如乔瓦尼·巴蒂斯塔·维科（Giambattista Vico）以及后来的约翰·戈特弗里德·赫尔德（Johann Gottfried Herder）和狄尔泰（Dilthey）加之德国人文科学运动开创的。

维果茨基、鲁利亚和列昂季耶夫利用这项工作来洞察人类心理学的文化层面，并将其纳入马克思主义文化心理

---

① 当然，不是每个虔诚的信徒都会出现心理障碍——就像不是所有的吸烟者都会患肺癌一样。原因是每个人都接触到各种文化因素的组合，但有些因素会减轻削弱因素的影响。而不同的人接触到不同强度的因素，这种社会经历的组合说明了个人的心理差异（Ratner，1991，pp. 34 - 36；Gladwell，2008；Howe，1990，1999）。相互竞争的文化因素并不能否定单一因素的有害性或改变它的必要性，它使很多人变得衰弱的事实足以说明有必要改变它。如果某种食物使1%的人口生病，这将引起禁止这种食物的强烈呼声，尽管不是每个人都因它而生病。

学。在他的自传《鲁利亚》(1979, Chapter 1) 中写道:

> 由于对心理因素的争论不满意,我在批评以实验室为基础的心理学的学者的书中寻找替代方案。在这里,我受到了德国新康德主义者的影响,他们包括里克尔特、温德尔班德和狄尔泰。狄尔泰特别有趣,因为他关心激励人们的真正动机和指导人们生活的理想和原则。他向我介绍了"现实心理学"这个术语,在这个术语中,人被当作一个统一的、动态的系统来研究。他认为,对人性的真正理解是他所称的"社会科学"(Geisteswissenschaften)的基础。这种心理学不是教科书上的心理学,而是基于对人在这个世界上的生活和行为的理解的实践心理学。这是一种描述人类价值的心理学,但没有试图从其内在机制的角度解释这些价值,其理由是不可能对人类行为进行生理分析。

马克思同样借鉴了维科的著作,"如维科所说的那样,人类史同自然史的区别在于,人类史是我们自己创造的,而自然史不是我们自己创造的。"(1867/1961, p. 372)[1]

宏观文化心理学善于解释和论证心理学的文化特征及(社会化)的形成。根据心理人类学家理查德·薛德(Richard Shweder)的观点,"文化心理学是对文化传统和

---

[1] 《马克思恩格斯全集》第23卷,北京:人民出版社1972年版,第409、410页。

维果茨基和马克思：迈向马克思主义的心理学

社会实践调节、表达、改造和置换人类心理的方式的研究，导致人类心理团结的结果比思想、自我和情感方面的种族差异要少"（1990，p.1）。"在文化心理学的语言中，没有纯粹的心理规律，就像没有未经重建或未经中介的刺激事件一样。……文化心理学标志着心理学中纯心理的终结"（ibid, p.24）。

1958年，人类学家格雷戈里·贝特森（Gregory Bateson）将文化气质定义为"个体本能和情感组织的文化标准化系统的表达"（See Kleinman and Good, 1985, p.108）。类似地，心理人类学家卢茨（1988, p.5）尝试了

> 为了证明情感意义是如何从根本上由特定的文化系统和特定的社会和物质环境构成的。……情感的概念可以更有利地被视为服务于复杂的交流、道德和文化目的，而不是简单地作为其本质或本质被假定为普遍的内部状态的标签。……情感是由文化定义、社会演绎和个人表达的。

维果茨基学派的教育家哈里·丹尼尔斯（Harry Daniels）也说过，"制度中社会关系的调节方式对那些在其中生活和工作的人产生了认知和情感上的影响"（2012，p.44）。维果茨基教育社会学家巴兹尔·伯恩斯坦（Basil Bernstein）也同样强调：

> 将给定的权力分配和控制原则转化为特殊的交流原则的过程，这些原则通常是不平等的，分配给社会群体或阶级……以及……这些如何……塑造这些群体或阶级成员的意识形成。(ibid, p.44)

因此，语言是社会结构的文化中介，将社会结构传递给人们的心理。语言的中介不是个人，不是个人对社会的逃避。人们对事物的体验是由语言等文化中介调节的。

弗雷德里克·巴特莱特（Frederic Bartlett）将这个模型扩展到记忆力。

> 几乎所有重要的人类反应，以及大多数不重要的反应，都有其必须适应的社会框架或背景。当我们认识到人类的反应可以直接受到群体属性的影响时，我们立即看到，社会生活的心理事实不单单为个人行为提供背景。我们必须承认，群体中特定的偏见、欲望、本能、理想或其他什么东西，也会在个体中唤醒一种积极的倾向，即沿着特定的方向注意、保留和构建。(1932/1967, p.241)

> 这种决定的基本社会性质仍然是一个最终的事实。(ibid, p.254)

> 制度和习俗的持久框架是建设性记忆的图式基础。(ibid, p.255)

> 社会组织提供了一个持久的框架，所有的细节回

维果茨基和马克思:迈向马克思主义的心理学

忆都必须融入其中,它对回忆的方式和内容都有非常强大的影响。此外,这个持久的框架有助于提供那些图式,这些图式是**被称为记忆的想象重建**的基础。……这意味着群体本身,作为一个有组织的单位,必须被视为人类反应的一个真正的条件。(ibid, p. 296)

巴特莱特粉碎了文化决定是机械的和具体化的神话。他指出,社会文化结构,如制度和习俗,包含了一种特殊的活动风格,包括感知、情感等。这些文化因素的主观要素在文化成员中产生了相应的兴趣、感知、保留和建构或解释信息的倾向。文化因素和个体文化成员的文化组织主体性并不是被动的、静态的、惰性的或死气沉沉的。受试者对刺激材料(如故事)进行实质性的重新排列,以使它们在记忆中有意义。巴特莱特称之为"追求意义的努力"。学科根据文化标准对材料进行逻辑排列(布尔迪厄对文化组织的"惯习"有着完全相同的概念)。

对情感的文化研究(由历史学家、人类学家、心理学家和社会学家进行)与马克思主义心理学是一致的,对马克思主义心理学也是有用的。历史学家威廉姆·雷迪(William Reddy)将"情绪制度"的概念定义为"一套规范的情绪,以及表达和灌输这些情绪的官方仪式、实践和'情绪';这是任何稳定政治政权的必要基础"(2001, p. 129)。情感是一种政治现象,它是由官方的、管理的、政治行为构成的,这些行为使情感成为一种"政权"。

例如，雷迪认为"浪漫爱情的产生在于格里高利改革"（Bonneuil，2016，p. 254）。改革始于 11 世纪中期，建立于 1122 年。这种贵族式的浪漫爱情是对格列高利改革的个人反抗，格列高利改革对人们进行了严格的情感和行为控制。改革 a）将君主控制的封建藩属制度转变为罗马教会主导的制度，b）固定了贵族男女的亲密行为规则，c）从而重新定义了社会和情感身份。"罗马教会成功地把自己的价值观强加给国王，建立了自己的'情感规范'，同时利用暴力来执行正义，禁止私人战争和掠夺，保护弱者（以及自己）。"（ibid，p. 255）

教会利用情感来调节人际关系。它以严厉、强制、管理的方式做到了这一点。

> 在增加接触异性的成本的过程中，教会灌输了其他情绪：恐惧和羞耻，它们是欲望的对立面。罪恶感被定义为某人违反道德义务时的情绪。在这一过程中，教会发起了一场情感上的军备竞赛。作为教会强大压制机制的一部分，逐出教会不仅适用于个人，而且也适用于犯罪者在他或她屈服和忏悔之前所居住的地区。基督教的爱得到了祭司的认可，并被视为迈向救赎的一步。**教会孜孜不倦地训练人们的良心，强迫人们服从父母、丈夫、妻子和牧师，鼓励人们对性的无知**，并将婚姻生活的模式理想化：必须严格控制身体的欲望，以便进行持续的祈祷和冥想，以促进精神影响的

发展，特别是对上帝的爱。不断的祈祷和冥想也是严格控制身体欲望、欲求和想象的最好方法。(ibid, p. 260)

诺埃尔·博诺伊尔（Noël Bonneuil）解释了情感是如何被教会组织起来的。情绪被编入了道德知觉，这是为了变得道德或成为好人以某种特定方式而不是其他方式去感受的诱因。向情绪中注入文化价值会减少与愤怒和仇恨等负面情绪相关的暴力："将情绪道德化或在战略选择的情绪和反情绪上建立道德，使教会有可能让身体暴力屈从于自己的霸权。"(ibid, p. 269) 道德化的情感 = 道德化的道德。因此，情感被用来进行文化政治道德行为。

宣传情绪控制的所有因素都是政治性的，因为教会领袖在教会内形成这些因素是为了促进他们的政治目标。情绪控制嵌入了同样具有政治色彩的道德概念中。这一切都是通过强权政治强加给国王和公民的，它不是由寻找个人意义的个体发明的。

在这种背景下，博诺伊尔解释了宫廷（贵族）爱情的兴起。这是对格列高利教会严格、强制、压抑的情感制度的反抗（博诺伊尔没有说明这种反应背后的文化原因、武力、因素、组织或政治）。浪漫爱情是贵族已婚女子与骑士或吟游诗人的不正当的精神结合。然而，这是一个非常有限的修订，仍然受制于格里高利个人关系的其他严格规定，这些规定仍然完好无损：缺乏性接触、人际距离、对伴侣的想象理想、远距离崇拜（Ratner，2000，2012b，p.69）。

> 宫廷之爱在许多方面模仿了亲密关系的宗教教义：拒绝把欲望作为欲望，献身于崇拜的对象，把痛苦作为救赎和确认正义的手段，像虔诚的人一样，在不断的斗争中自我牺牲，以克服考验和磨难。关键的区别是，敬拜的对象不再是上帝，而是女士。社会和情感结构的一个单一元素被修改了：用女士代替上帝作为爱的对象：**真爱**（Fin'amors）。这种真爱允许贵族们偷偷地将对交往的渴望重新定义为一种精神地位，与教会的苦行僧英雄的精神情感同等。（Bonneuil，2016，p.262）
>
> 宫廷之爱与格列高利的情感制度的最小和最不可接受的偏差相对应。（ibid, 263）

这种文化分析是由一个非马克思主义的文化史学家进行的，但它与马克思关于社会和意识的讨论完全一致。意识和心理被提升到宏观文化层面，融入政治和经济。博诺伊尔对贵族爱情的描述证实了马克思主义，因为他解释了马克思主义情感革命如何只设法修改了格列高利情感制度的一个小点。这与马克思关于社会条件对意识的制约性相呼应。贵族的爱情受到格列高利的条件和骑士及贵族女性的社会角色的束缚，它不是个人的自由发明。更充分的情感和性自由需要改变人们生活的社会和宗教条件，历史上

维果茨基和马克思：迈向马克思主义的心理学

后来的资本主义革命就是这样做的。

这种马克思主义、马克思主义文化心理学和宏观文化心理学之间的相互分享和丰富，还体现在心理学与工作的关系上。

马克思和恩格斯（1975，p.303）指出：

> **工业**的历史和工业的已经产生的**对象性**的存在，是一本打开了的关于**人的本质力量**的书，是感性地摆在我们面前的人的**心理学**……心理学还没有打开这本书即历史的这个恰恰最容易感知的、最容易理解的部分，那么这种心理学就不能成为内容确实丰富的和**真正的科学**。①

马克思主义心理学家维果茨基（1987，p.132）同样指出：

> 在这个意义上，社会环境向正在成熟的少年提出的任务是与他的成长息息相关并加入成人的文化、专业和社会生活中，还是极端重要的功能因素。②

---

① 《马克思恩格斯全集》第42卷，北京：人民出版社1979年版，第127页。
② 《维果茨基全集》第1卷，合肥：安徽教育出版社2016年版，第137页。

约翰·杜威(John Dewey)对职业心理学给出了一个非马克思主义的、宏观文化心理学解释:

> 职业……提供工作分类和价值定义,它们控制着欲望的过程。此外,它们还决定了重要的对象和关系的集合,从而提供了关注的内容或材料,以及有趣的重要品质。精神生活的方向因此延伸至情感和智力特征。职业活动是如此基本和普遍,它提供了心理特征的结构组织的方案或模式。职业将特殊的(心理)因素整合为一个功能整体。(from Ratner, 2006, p.88)

从马克思主义到马克思主义文化心理学,再到宏观文化心理学,这三个陈述都是按连续顺序性排列的。

杜威洞察了心理学在生产活动和生产领域的文化组织过程和机制,这为马克思关于这种关系的表述增添了具体性。杜威的提法对于阐明主体性的文化组织并非是机械、物化或被动的极为重要。

这些例子表明,宏观文化心理学很容易融入图1.2中的历史唯物主义模型。因为两者都是用文化的术语来描述心理现象的,所以把宏观文化扩大到包括生产方式;反过来,把生产方式扩大到包括宗教、家庭和学校教育的独特特征,都是一件很简单的事情。这在图1.1中被描述为社会的核心层面与心理和文化因素的上两个层面的耦合。此外,文化心理学家阐明的宏观文化因素和心理学之间复杂的相互作

维果茨基和马克思:迈向马克思主义的心理学

用——如道德和社会关系中的情感编码——可以扩展到揭示生产方式传播心理现象的方式(如消费主义、新闻)和心理学反映生产的方式。这丰富了历史唯物主义,又被历史唯物主义所丰富。马克思主义阐明了权力关系,社会阶层借助于权力关系将其政治利益强加于文化和心理因素。马克思主义还解释了为什么情感不能从宏观文化因素中摆脱出来,就像我们在贵族浪漫爱情的例子中讨论的那样。

文化心理学定义了文化组织和运作心理的具体过程及机制。

其中一个重要的文化心理学理论是外在心理理论,这一理论阐释心理学是如何产生于内部,又是如何被文化因素等外部因素组织起来的(Clark and Chalmers, 1998)。玛格丽特·威尔逊(Margaret Wilson, 2010, p.180)这样写道:

> 虽然很多卓有成效的研究都集中在文化如何影响认知的内容上,但在这里,我认为文化还可以对认知**的方式**——即完成认知任务的机制——产生深远的影响。我认为,日常认知活动的许多基本过程涉及**认知工具**的操作,这些工具不是由基因决定的,而是由发明和文化传播的。此外,这些认知发明变成了"固件",构成了个人认知架构的重新设计。……认知工具导致神经系统的重组。

这是可能的，因为"存在足够的神经可塑性，因此后天的认知工具确实可以重新设计系统"（ibid, p. 181）。神经可塑性被证明为"两种认知策略可以组建相同的大脑区域（例如，运动区域、视觉表现区域）"（ibid, p. 186）。这反驳了专门或局部的皮层中心的心理过程的模块化（在前面的观点中讨论过）。

文化心理学家发展了一种文化学习理论，这一理论也支撑了马克思主义心理学的整个事业，在这个事业中，心理学是由文化形成和表现的。迈克尔·托马塞洛（Michael Tomasello）解释说："孩子们从教育学中学到的不仅仅是情景性的事实，还有他们文化世界的一般结构。人类儿童不仅从文化上学习有用的工具行为和信息，它们符合文化群体的规范期望。"（2016，p. 643）克里斯蒂纳·勒加雷（Cristine H. Legare）和保罗·哈里斯（Paul Harris）证明，"**各地的儿童都借鉴了一整套文化学习策略，以优化他们对所在社区的具体实践、信仰和价值观的习得。**"（2016，p. 633）文化学习策略包括向**人们学习社会行为**，如社会规范和意图。这与动物从环境中学习自然现象是完全不同的，例如，根据环境寻找食物。文化学习包括高保真的模仿，这对于获得详细的文化知识和以文化相称的方式来行事是必要的。文化学习包括儿童通过**询问**看护者来了解文化环境的信息。文化学习包括由看护者建模和搭建来传递必要的文化信息。正如托马塞洛（Tomasello, 2016, p. 644）所言：

维果茨基和马克思:迈向马克思主义的心理学

人类儿童不只是试图学习更有效的做事方法的个体,他们也是受文化压力的个体,他们必须按照规范的特定方式学习和行动——他们有一种倾向,要符合这些规范的期望。

一旦幼儿获得了有关规范行为的文化信息,他们就会把社会规范强加给其他儿童(ibid, 645)。最后,文化学习包括儿童从**目的性**或工具性的角度看待实物和人工制品,例如,具有社会性用途和目的。因此,儿童不仅仅是"小科学家",他们是小人类学家,"运用一整套策略来再现和解读构成文化的独特现象"(Lagere and Harris, 2016, p.636)。语言是这一过程的中心机制(文化学习策略是对新的人类环境、文化的行为适应,它们是达尔文主义的缩影。非人类灵长类动物没有生活在复杂的、人类类型的文化环境中,就没有表现出这些文化学习的元素)①。

文化心理学家已经提出了一个强有力的发展理论和学习理论,其专门针对人类学习的文化过程、这些策略的文化要求、它们的文化使用和文化压力以及文化敏感性。这对于解释人类主体如何成为采用主体性的文化形式和行为的文化生物是有用和必要的。没有任何其他的学习或社交概念能达到这种文化奉献和特殊性的水平。

文化学习策略是马克思对商品交换描述的基础:

---

① 有关文化学习的其他信息,请参见 Bailey, 2003。

为了使这些物作为商品彼此发生关系，**商品监护人必须作为有自己的意志体现在这些物中的人彼此发生关系**，因此，一方只有符合另一方的意志，就是说每一方只有通过双方共同一致的意志行为，才能让渡自己的商品，占有别人的商品。可见，他们必须彼此承认对方是私有者……这种具有契约形式的法权关系，是一种反映着经济关系的意志关系。这种法权关系或意志关系的内容是由这种经济关系本身决定的。(1867/1961, p. 84)[1]

（四）心理功能的生物过程

我们已经说过，人类有机体必须发生变化，以便发展文化能力和职业能力素质。为了使文化得以产生，人类生物学不得不作为一种确定性而退居其次。文化不是与动物行为的生物决定因素相联系的外部变量。维果茨基和其他文化心理学家为理解这一过程做出了重要贡献——这一过程是马克思强调意识和感官的文化形成的核心。意识与社会条件的有机融合，要求非文化因素服从于文化因素，或以文化因素取代非文化因素。

非文化因素包括特殊的、个人的问题，如经验、动机和欲望，以及被认为决定心理现象的形式和内容的生物机

---

[1] 《马克思恩格斯全集》第23卷，北京：人民出版社1972年版，第102页。

维果茨基和马克思:迈向马克思主义的心理学

制。在人类心理上清除或让这些因素处于从属地位既是一个科学问题,也是一个政治问题。它在解释、描述和预测人类心理方面具有科学意义;同时在政治上也很重要,因为它照亮了人类心理中形成的整个社会,以便对其进行评估和改进。

各种各样的学者,从生物学家到人类学家到社会学家到心理学家,已经解释了文化相对于生物决定因素的过程和基础(Ratner, 1991, Chapter 1 and 5)[①]。其中的一些关键点包括:人类心理或行为是由代表事物本质的文化符号(概念、表征)所介导的。心理学不是对刺激的直接、立即的反应(这主要是针对动物的)。正如维果茨基和"符号互动论"所强调的那样,语言是事物的关键符号中介。

人类学视角下的文化心理学先驱格尔茨(Geertz)认为,这是一种现象:

> 只是因为人类行为是由内在信息源如此松散地决定,以至于外部(文化)来源如此重要。……我们生活在"信息鸿沟"中。在我们的身体告诉我们的信息和我们为了运作而必须知道的信息之间,有一个真空,我们必须填补它,我们用我们的文化提供的信息(或错误信息)来填补……我们是不完整或未完成的动物,我们通过文化来完善或完成自己——不是通过一般的

---

① 还可参考拉特纳关于文化心理学的大部分工作。

文化,而是通过高度特殊形式的文化。(Ratner, 1991, p. 16)①

这是一种关于人性和人类行为的文化理论。它解释了为什么文化对心理学有如此强大的影响,以及它是如何强有力地组织心理学的。这是对马克思主义心理学的重大贡献,迄今为止马克思主义心理学还没有解释这些问题。格尔茨解释说,文化之所以强大,是因为生物功能已经失去了人类在与动物关系中所起的决定性作用。生物功能要么从属于文化过程,要么完全脱离了心理决定。本能是生物机制的一个很好的例子,它严格决定了动物的行为,但在人类行为中已经消失了,使我们能够在社会上构建各种各样的社会互动、性格、感知、推理过程和性。

维果茨基和鲁利亚提出了以下观点:"在学校学到的新文化技巧原来是如此强大,以致压制了旧的、原始的方法。"(1930/1993, p. 180) 维果茨基 (1987, p. 132) 说:

> 与天生的爱好和本能的成熟不同,发动任何成熟的行为机制,并且将它沿着发展道路推向前进的推动力并不原本存在于内部,而在少年外部,在这个意义上,社会环境向正在成熟的少年提出的任务是与他的成长息息相关并加入成人的文化、专业和社会生活中,

---

① 进一步讨论参见 Ratner, 1991, 第1章和第5章。

维果茨基和马克思：迈向马克思主义的心理学

还是极端重要的功能因素。①

维果茨基用要求、刺激和支持概念形成的社会环境取代了先天倾向，这是卓越的达尔文主义，马克思用过：

> 人类在进化过程中发明了工具，创造了文化工业环境，但这种工业环境改变了人类自身；它催生了取代原始行为的复杂的文化行为方式。……行为不仅在其内容上，而且在其**机制**和手段上都具有社会性和文化性。
>
> 孩子出生在一个已经存在的文化—工业环境中。……先前存在的社会文化环境在孩子身上激发了那些必要的适应方式，而这些适应方式早就在他周围的成年人身上形成了。（Vygotsky and Luria, 1930/1993, pp. 170 – 171）

维果茨基将原始的、自然的行为机制被文化机制取代类比为达尔文进化论，马克思和恩格斯发现，达尔文进化论对于理解历史上的行为变化非常有用，因为这是环境变化的结果：

> 应该把儿童的文化发展过程看作同生物进化的积

---

① 《维果茨基全集》第4卷，合肥：安徽教育出版社2016年版，第137页。

极过程类似的过程,就像动物的新物种会不断产生,而老物种在生存斗争中会不断消亡,生物适应自然的过程是灾难性的。……同时,研究儿童发展史还要采用冲突的概念,即自然的和历史的、原生态的和文化的、机体的和社会的之间的矛盾或冲突。儿童的整个文化行为都在其原始形式的基础上成长,但这种成长常常意味着斗争,意味着旧形式被排挤甚至彻底退出……当冯特说让一岁的儿童发展言语为时尚早时,他指的是**婴儿尚未发育好的身体器官和复杂的文化行为器官**之间存在着极大的矛盾,**两者不一致**。(Vygotsky, 1997c, pp. 221 – 222)[①]

文化心理学家普遍认为生物学隶属于文化,并由文化组织,这一观念无缝地导致了生物学被特定的社会系统具体化。这解释和描述了身体过程的文化特征——莫斯(Mauss, 1935/1973)称之为"身体技术",它使身体成为文化的窗口,成为潜在的社会批评家和社会活动家。

没有人比福柯在他的生命权力和生命政治的概念中更好地表达了这一点。这是指现代国家通过"无数形形色色的能够压服身体和控制人口的技艺"来规范其臣民的实践

[①] 《维果茨基全集》第 2 卷,合肥:安徽教育出版社 2016 年版,第 344 页。

维果茨基和马克思：迈向马克思主义的心理学

(Foucault, 1978, p. 140)①。尽管福柯本身并不是一个文化心理学家，但他在文化和心理学方面的工作应该被认为是对文化心理学的宝贵贡献，就像布尔迪厄的工作一样。例如：

> 我想开始研究某个我称为生命权力的东西……它指的是一系列显得不那么重要的现象，透过这些现象，生命权力在人类中构成了基本的生物特征，这些机制的整体将能够进入一种政治、政治战略和权力的总体战略的内部。(Foucault, 2007, p. 1)②

这个生物权力毫无疑问是资本主义发展中一个不可缺少的因素，如果不把肉体有控制地投入生产机器，如果不对人口进行有利于经济进程的调整，那么资本主义的发展就不会实现。但这还不是资本主义所要求的一切，它还需要这两个要素的发展，需要它们的有效和驯服，也需要它们的加强。它必须拥有能使各种力量、能力和一般意义上的生命尽可能完善的权力方法，同时又不使它们更难于支配的权力方法。如果说，作为权力的机构的那些庞大国家工具保证了生产关系的维持，那么产生于18世纪、体现于社会肌体的每一

---

① [法]米歇尔·福柯：《性史》第一、二卷，张廷琛、林莉、范千红等译，上海：上海科学技术文献出版社，1989年版，第134页。
② [法]米歇尔·福柯：《安全、领土与人口：法兰西学院演讲系列，1977—1978》，钱翰、陈晓径译，上海：上海人民出版社2010年版，第1页。

层次、并被形形色色机构（家庭和军队、学校和警察局、个人医疗和集体管理）利用的作为权力的技艺的解剖政治和生物政治的萌芽，则在经济进程及其发展和维持经济进程的力量领域起作用。它们也扮演隔离和社会等级划分的要素，对发动这两项运动的各自的力量施加影响，保证统治关系和霸权作用的存在。为适合资本积聚要求所做的雇佣工人积聚的调节，人类集团的成长与具有生产力的力量，利润的不同分配的结合，由于生物权力多种形式和应用方法的实践而部分得以实现。肉体的占有，对其价格的规定，及其力量分配的管理在那时是不可或缺的。(Foucault, 1978, pp. 140–141)[1]

福柯展示了文化心理学家对生物学和心理学（天赋、能力、习惯）的文化框架是如何无缝地与马克思主义的社会锥体概念相契合的，而社会锥体是建立在一种生产方式之上的。福柯解释了生产方式所采用的社会化心理过程的强大机制，这是马克思主义和唯物主义在心理学学科中的一次重大拓展，需要在文化心理学的推动下对生物学和心

---

[1] [法]米歇尔·福柯：《性史》第一、二卷，张廷琛、林莉、范千红等译，上海：上海科学技术文献出版社，1989年版，第135—136页。由此可见，性取向是一种文化现象，就像所有其他心理功能一样。它不能由生物学决定，因为没有任何心理功能是由生物学决定的。同性恋的生物学基础的捍卫者与他们自己拒绝其他生物学的主张相矛盾，这些主张断言女性在生物学上不如男性。

理学进行文化改造。这种关于身体或生物学的新文化理论是福柯见解的理论框架。新文化理论解释了福柯的见解是如何可行和合理的,因为生物学具有文化心理学家所阐明的开放、灵活、可塑的特性。新文化理论免除了心理生物学家可能提出的对福柯的反对——即福柯和莫斯毫无意义,因为生物学是我们心理、行为、能动性或独特性的来源。文化心理学家、福柯和莫斯驳斥了这些观点,并解释了身体是文化的一种表现形式。

(五) 宏观文化心理学与个体意义

马克思主义心理学作出贡献的文化心理学中一个重要问题是,个人经验的本质和行为的文化组织的意义。许多心理学家和非学术人士排斥文化心理学和马克思主义,理由是忽视个体经验和意义。事实上,文化心理学对个体意义提供了符合逻辑的、连贯的解释,这与宏观文化对心理学的影响是一致的。

列昂季耶夫(Leontiev, 2009, pp. 416 - 417)承认构成个人生活的个体意义。

> 外在感官将客观意义与主体意识中客观世界的现实联系在一起;而个体意义则将客观意义与他自己在这个世界上的生活现实联系在一起、与其动机联系在一起。赋予了人类意识偏爱的正是个体意义。

列昂季耶夫继续解释说，个体对自己生活的意义不是随意创造的。他们运用社会价值和概念来解释个人事件（如家庭心理虐待）。

> 与社会相比，个体没有自己的特殊语言，没有自己进化出来的意义。他对现实的理解只能通过他从外界吸收的"现成的"意义——在各种形式的个体和大众交往中，他通过沟通而获得知识、概念和观点。（ibid, 417）

列昂季耶夫甚至将最神秘的心理过程归入一个文化框架：

> 尽管科学心理学决不能忽视人的内心世界，但对这种内心世界的研究不能脱离对人的活动的研究，也不构成科学心理学研究的任何特殊趋势。（ibid, 419）

当意义理想化的社会历史实践的产物成为个体主体对世界的精神反映的一部分时，它们就获得了新质系统……意义就具有了双重意义。意义是由社会产生的——在语言的发展过程中，在社会意识形式的发展过程中——都有自己的历史；意义表达了科学的运动及其认知手段，也表达了宗教、哲学和政治的社会意识形态概念。**意义在其客观存在中既遵循社会历史规律，同时又遵循其发展的内在**

维果茨基和马克思:迈向马克思主义的心理学

逻辑。

> ……在它们的第二生命中,意义是个体化和"主体化"的,只有在这样的意义上,意义在社会关系体系中的运动并不直接包含在意义之中;它们进入了另一种关系体系,另一种运动。但值得注意的是,在这样做的过程中,它们并没有失去其社会历史性和客观性。(ibid, p. 411)

这是个体经验和行为的一个重要表述,它不是基于个人选择,而是基于社会条件。列昂季耶夫认为,个人经历是文化因素的变体,并非独立于文化因素之外。个人经历反映了与文化因素的特殊互动,以及文化因素的内化。例如,一个心烦意乱的人会利用消费主义的价值观和做法,或者利用保守的、以自我为中心的、个人主义的价值观和做法来保护自己。这些都不是她发明的。她将它们个体化,因为她利用它们来满足自己的个人需求,这些需求只是由社会中不同的地位所产生的文化心理需求的特殊形式。利用文化因素来解决个体需求,又将其纳入这些需求中,增强了其文化内涵。

个性化文化心理学,又称文化个体心理学,是通过人的心理功能来观察文化因素对人的影响。这是马克思主义心理学的重要发展,是文化心理学的贡献。

(六) 马克思主义心理学、维果茨基和"意志"

维果茨基和鲁利亚将列昂提耶夫对个人经验的评论扩展为"意志"。他们解释说，个人意志不是个人的产物；相反，它是个体所表达的一种社会现象。根据维果茨基和鲁利亚（1930/1993, p.188）的观点：

> 传统心理学试图将自愿行为解释为意志的活动，认为它是一种典型的任性行为。不用说，从本质上讲这似乎不是一个解释，因为"意志"的出现也需要一个解释，而不是一个最终的、独立的因素。

维果茨基和鲁利亚否认了"自愿＝个人意志"的普遍假设，他们提出了一个相反的等式：自愿＝文化。文化是自愿意志的基础、内容和机制，只有有教养的生命才拥有意志。维果茨基和鲁利亚谈到了"人为的、自愿的、文化的关注"（ibid）。自愿＝文化＝人为。鲁利亚指出：

> 要在心灵的崇高境界或大脑的深处找到自由行动的源泉，是没有希望的。现象学家的唯心主义方法和自然学家的实证方法一样无望。要发现自由行动的源泉，就必须超越有机体的界限，不是进入心灵的亲密领域，而是进入社会生活的客观形式；有必要在人类**社会历史中寻找人的意识和自由的源泉**。要找到灵魂，

维果茨基和马克思:迈向马克思主义的心理学

就必须失去它。①

这在消费主义的例子中是显而易见的:消费者对产品的渴望仅仅是消费资本主义灌输的消费心理的表现。同样地,当一个宗教信徒对食物或服饰有偏好时,这是这个人所扮演的宗教角色的表现。它不是基于理性思考和解放政治的真实的、个人的、能动的愿望。

(七)迷人的头脑、还是迷人的社会?

我们已经看到,马克思主义心理学将心灵重新定义为一种文化元素。甚至幻想和个人经验/意义都是文化元素。这就导致了一个非正统的结论:就大脑的能力而言,它本身并不是迷人的;相反,社会系统的魅力在于它们对人类思维的影响以及它们使思维产生的作用。社会制度是创造和发展的源泉,是幻觉、困惑、强迫和自我毁灭行为的根源。使个人能够从不同的社会地位获得多样化、复杂的体验的是一种社会制度,个体的大脑不会自己创造这些。当然,思维具有能做这些事情的积极的主体性;然而,主体

---

① 引自:https://www.marxists.org/archive/luria/index.htm,着重强调部分。布尔迪厄(Bourdieu, 1993, p.716)将这种批判延伸到人际关系和家庭:必须防止把家庭当成问题的终极原因,虽然这些问题看起来是它造成的……这就能够说明,最具'个人色彩'的困难,即看起来主观性极强的紧张关系和矛盾往往表明社会的深层结构及其矛盾。([法]皮埃尔·布尔迪厄:《世界的苦难:布尔迪厄的社会调查》下册,张祖建译,北京:中国人民大学出版社2017年版,第882页。)

性并不是自己发明的,而是从社会中获得引导、灵感、启示、需要、方向和机制的。维果茨基和鲁利亚(1930/1993,105)在他们关于如下的讨论中谈道:

> 人类记忆的文化发展。外在发展取代了内在发展。人类记忆的历史发展,基本上和主要可以概括为社会人类在文化生活过程中所形成的辅助手段的发展和完善。

霍克海默(Horkheimer,1993,p.119)简明地表达了这一点:

> 心理学不再是一门基础科学,而是成为历史不可或缺的辅助科学。它的内容受到这种功能转换的影响。在这个理论的语境中,心理学的客体失去了其单一性。心理学不再与人类(个体心理)本身有关;相反,它必须在每个时代区分个体内部可获得的全部精神力量。

维果茨基在《思维与言语》第四章结尾也说了同样的话:

> 言语思维并不是天生的、自然的行为形式,而是社会历史形式,因此基本上具有一系列**特性和规律**,并有别于其他形式,而这一系列特性和规律又不可能

维果茨基和马克思：迈向马克思主义的心理学

在思维和言语的自然形式中被揭示。但是主要的还在于，随着对言语思维的历史性承认，我们应当将历史唯物论对人类社会中一切历史现象所确定的方法论原理都扩大运用于这个行为形式。(1987，p.120)[①]

因此，心理学步入了令人着迷的社会复杂性。理解宗教心理学就会步入教会令人着迷的政治和权力关系，教会如何将其社会政治利益嵌入到道德知觉、情感、认知和知觉中，教会如何与国王和政治家斗争，教会如何将其意志强加于部分人口的内部斗争和阴谋诡计，以及教会如何在其道德和心理格言中反映物质生产关系。这提高了心理学家及其追随者的社会意识，并且为社会改革的政治行动做好准备。

（八）文化定性方法论

宏观文化心理学和马克思主义文化心理学为马克思主义心理学做出了贡献，它们发展了定义现实心理现象的历史唯物主义基础、组织、内容、管理、社会化、政治和功能的方法论。个人心理是文化心理的隐性体现。严格意义上的个人问题，如对父亲喜欢的歌剧的特别喜爱，与马克思主义心理学或一般科学心理学无关。科学心理学与所有科学一样，建立了现象的一般原则。

[①]《维果茨基全集》第4卷，合肥：安徽教育出版社2016年版，第120页。

马克思主义心理学方法论强调压制性的社会力量掩盖压制性的现实，以阻止理解和反抗。这对心理学研究有着重要的影响。这意味着研究不能把人们的自我意识作为他们全部心理的指示。关于心理学的起源、内容、机制和功能的主观反应通常是错误的。因此，这些特征只能从一个外部的、客观的、解释性的、重构的观点来理解。这就是为什么维果茨基（1997a, pp. 325 – 326）说：

> 把直接经验从知识中分离出来，这是**任何一门学科都可以做到的**。如果在心理学中现象和存在完全是一回事的话，那么**每个人都可成为心理学家**，科学就不需要了。生活、体验是一回事，分析、研究则是**另一回事**。
> ……科学是不只研究主观的东西、研究假象。[①]

客观主义者的外部方法论是由心理现象的事实性、文化—政治特征所决定的。在人们意识到其心理现象的社会—政治特征的条件下，对问题的主观回答也许是一种适当的方法。

席尔瓦（Silva, 2015）提出了一种外部的、客观的、解释性的民族志方法论，这对于解释、描述和预测新自由主义主体（即生活在新自由主义、资本主义社会中的人们）

[①]《维果茨基全集》第1卷，合肥：安徽教育出版社2016年版，第167—168页。

维果茨基和马克思：迈向马克思主义的心理学

的心理是必要的。

席尔瓦描述了一个叫科里的人，他从 16 岁起就一直靠薪水过日子，现在已经放弃了设定目标，也不再过着分分秒秒的生活。他说："如果我有目标，那么可能会有很多事情让我失望。所以我在漂浮。无论接下来发生什么，都要发生，我将在它发生时处理它。"（ibid，p. 15）

席尔瓦解释了这种反应的客观社会基础："与我交谈的男男女女们通过积极培养自身的灵活性来应对他们在劳动力市场上的失望，并在劳动力市场上不断地受到干扰和失望。"（ibid，p. 95）具体的社会条件要求人们以这种方式来适应。失败会导致更多的挫折和失去工作。这种反应不是来自一个独立的、个人的、自主的主体性领域。相反，能动性会自我调整以适应特定环境的生存——就像维果茨基和达尔文对所有行为的看法一样。

心理学上的新自由主义社会条件包括一种模板，通过个体解释他们的经验、他们自己和他们的社会而形成的模板。

> 正如新自由主义教导年轻人他们要为自己的经济命运负责一样，"情绪经济"（布尔迪厄可能称之为"情感资本"）让他们为自己的情感命运负责。……情绪经济通过将幸福（和成功）私有化来与新自由主义相吻合。（ibid，p. 21）

席尔瓦的研究对象从个人心理过程的角度来解释他们的不幸和进步的机会。不幸归因于不充分的性格特征，如懒惰、药物依赖、软弱、大男子主义，使他们陷入麻烦。通过培养适当的个人、心理特征，如动机、毅力、力量、灵活性和拒绝药物依赖，进步是可能的。个人不会根据社会结构因素来看待自己（或他人）的不幸或成功，例如工作机会、鼓励工作外包的工作政策、工资水平、阶级结构或政治经济："罗伯觉得自己得到了救赎，因为他成功地战胜了从父亲那里继承来的气质，成长为一个有道德价值的人，尽管他无法找到一份全职工作或维持一段（浪漫）关系。"（ibid, p. 22）

席尔瓦解释了新自由主义经济学如何为意义的创造设定参数和内容："因此，新自由主义统治的不仅是经济领域中一套抽象的、被移除的话语和实践，而且是情感领域中一套有生命的意义和价值体系。"（ibid, p. 98）

这种同构是通过管理的社会机构系统地培养和社会化的。"这种模式在他们的日常交往中无处不在，通过学校心理学家、家庭服务、服务性经济、自助文学、在线支助小组、戒毒康复小组、医学试验，甚至《奥普拉脱口秀》（*Oprah*）这样的脱口秀节目加以宣传。"（ibid, p. 21）。

这种心理的文化形成，使主体成为心理压迫的"默认的新自由主义主体"（ibid, p. 109）。

这是马克思主义心理学方法论的一个典范。它确定了心理在生产方式中的社会基础、内容、社会化和功能及其所辐射的意识形态等社会因素。个体会经历这些因素,然而,他们并不完全了解它们以及它们形成心理反应的方式。一个有社会学和政治知识的研究者必须把这些知识带给人们,以帮助他们理解自己的经历。

四、把这些都带回来:把非马克思主义心理学理论融入马克思主义心理学

宏观文化心理学虽然不是马克思主义的,但它具有与马克思主义相容、相互丰富、对马克思主义心理学有所贡献的独特特征。这两者之间并无不相容或对立之处。这是不同寻常的,因为每一个其他的心理学理论都包含着与马克思主义心理学核心的心理现象的彻底的文化基础、组织、管理、社会化和运作不相容的元素。这就是为什么维果茨基、鲁利亚和列昂季耶夫拒绝其他理论,如精神分析、行为主义、个人—主观主义、心理生物学和认知主义。

探讨马克思主义心理学与不相容的心理学方法之间的关系具有重要意义。我们拒绝将各种方法并列在一起的折中主义或互动主义的关系。这是对待定性和定量方法的常用方法,作为一个工具箱,供研究人员自行决定使用。折中—交互主义违背了科学的基本原则逻辑一致性,这就是所谓的"简约法则"。它认为,大量的经验和理论问题通常可以用几个核心的、一致的原则来解释。折中—互动主义假设多重矛盾的原则被用来解释不同的问题。维果茨基对

这种失败的解释如下：

> 所有这些按科学起源和构成纯属异质的两种或更多种体系相结合的实质上是折中主义的尝试，使包括在各个体系中的每个局部论断失去了体系感、风格感及其与中心思想之间的联系。对于这类尝试，我们可以举出很多例子，如：美国学术著作中的行为主义和弗洛伊德主义的结合，阿德勒和宾格体系中的没有弗洛伊德的弗洛伊德主义，别赫捷列夫和扎尔金德的反射心理学的弗洛伊德主义，最后还有弗洛伊德主义和马克思主义相结合的尝试。仅仅是从无意识问题领域中竟然可以举出这么多的例子！在所有这些尝试中都有如下做法：从一个系统中截下一段尾巴，将其与另一系统中砍下的脑袋相连接，再在这两者连接的间隔处填进从第三个系统中取下来的躯体。折中主义者所做的就是对马克思哲学提出的问题做出弗洛伊德主义的心理玄学的回答。(1997a, p.259)①

> 马克思主义体系被确定为一元论的、唯物主义的、辩证法的理论。弗洛伊德主义体系的一元论、唯物主义等概念是后来叠加的；概念在叠加时重合，这些体系也被宣称是孪生的。最不能容忍的、最尖锐的、最引人注目的矛盾是用最简单的方法消除的，它们被排

---

① 《维果茨基全集》第1卷，合肥：安徽教育出版社2016年版，第45—46页。

维果茨基和马克思:迈向马克思主义的心理学

除在体系之外,排除的原因是夸大其词等等。比如,弗洛伊德主义被非性欲化,因为泛性论与马克思哲学是格格不入的。那么好吧,有人对我说,就接受没有性欲学说的弗洛伊德主义吧。但是要知道,正是这个学说是整个体系的神经、灵魂的中心。是否有可以没有中心的体系呢?要知道,没有关于无意识性本性的学说,就如同没有基督的基督教和没有释迦牟尼的佛教。(ibid, p. 261)[①]

不是对弗洛伊德的基本概念做统一的分析,不是对这种理论的前提条件和出发点做批判性的估计和透视,不是对这种理论形成过程做批判性的阐述,甚至连这种理论是怎样把自己体系的哲学原理介绍给大家的也没有查问一下,而只是通过简单特征的形式逻辑的叠加就使两个体系的同一性得以确认。(ibid, p. 262)[②]

我们不能把不兼容的体系组合在一起,而是必须首先阐明像弗洛伊德主义和马克思主义这样的体系的本质不兼容;那么我们就可以从非马克思主义体系中提取特定的元素,清除它们不兼容的特征——即畸形——并将它们整合

[①] 《维果茨基全集》第1卷,合肥:安徽教育出版社2016年版,第50页。

[②] 《维果茨基全集》第1卷,合肥:安徽教育出版社2016年版,第52—53页。

到马克思主义中，对它们进行翻新，并实现它们潜在的真理（如黑格尔所说）。我们对个人意义、个人经历、情感、劳动和社区的讨论都是沿着这条路进行的。马克思正是这样对待资本主义生产资料的，他认识到资本主义生产资料对社会主义的潜在用处，就把它从资本主义所有制和资本主义生产方式的原则中剥夺出来，纳入社会主义生产方式中去，赋予它社会主义的特征。

为了建构连贯的概念系统，所有学者都在做这种对概念的提取和更新。维果茨基的非马克思主义追随者对他的概念是这样做的：他们忽视、否定和扭曲了维果茨基的马克思主义概念体系，并给它们注入了资产阶级的特征——比如将它们简化为个人或人际现象、或抽象概念，我们在本书的引言中有记录。当然，这扭曲了它们，而不是认识到其真相；然而，翻新过程是一样的。

让我们用弗洛伊德—马克思主义来说明这个重要的问题。

鲁利亚（Luria, 1979, Chapter 1）最初被精神分析学所吸引，但最终因为它与马克思主义文化心理学不相容而拒绝它：

> 我投身于精神分析研究，一开始建立了一个精神分析小圈子，甚至订购了文具，信纸上印有俄文和德文的"喀山精神分析协会"字样。然后，我把这个小组成立的消息告知了弗洛伊德本人。当我收到一封回

维果茨基和马克思:迈向马克思主义的心理学

信时,既惊讶又高兴,回信上写着"尊敬的主席先生"。弗洛伊德写道,当他得知一个精神分析圈子在俄罗斯如此偏远的东部城镇成立时,他是多么高兴。这封用哥特式德语字体写的信,以及另一封授权将他的一本小书译成俄文的信,都还在我的档案中。

在后来的几年里,我发表了一些基于精神分析思想的论文,甚至还写了一本关于精神分析的客观方法的书的草稿,但一直没有出版。但我最终得出的结论是,认为可以从生物心智的"深度"推断人类行为,而排除其社会"高度"是错误的。

维果茨基最初也对精神分析思想持开放态度。他加入了精神分析学会,并与鲁利亚合著了弗洛伊德的《超越快乐原则》俄文译本的序言。这本出版于 1925 年的早期作品,展现了年轻人在遇到一些新颖的心理学思想时的热情。维果茨基和卢里亚很快纠正了他们对弗洛伊德的科学和政治贡献的过高估计,因为他们发展了自己的对立面即文化—历史心理学。鲁利亚告诉我们:"维果茨基强烈反对弗洛伊德的'深度心理学',因为它过分强调人的生物本性。相反,他从人类社会组织经验的'高度'提出了一种心理学,他认为,这决定了人类意识活动的结构。"(1979,Chapter 3)

在《艺术心理学》中,维果茨基(1925/1971)解释了弗洛伊德和文化心理学(以及一般文化)之间的对立:

社会心理学家如麦克杜格尔、雷朋和弗洛伊德等人认为社会心理是由个体心理派生出来的东西。他们提出一种假设，认为先有一种单独的个体心理，由于这些单独的个体心理的相互作用而派生出所有这些个体心理所共有的集体心理。于是，作为由个性集合而成的心理学——社会心理学就产生了，这好比人群尽管是由个人集合而成的，但同时却又有自己的超个性心理一样。因此，非马克思主义的社会心理学必然会把社会的东西纯经验主义地看作是人群、集体及其对其他人的关系。社会被看作是一些人的联合，被看作是某种个人活动的附加条件。这些心理学家不允许存在如下想法：即使在极隐秘的个人思想、情感等活动中，个人的心理仍然是社会的，是受社会制约的。①

依据维果茨基的观点：

精神分析理论发现了自己不是动态的，而是非常静态的、保守的、反辩证法的和反历史主义的。精神分析理论把最高级的心理过程——个体的和集体的心理过程——直接导向原始的、未开化的、实质上是史前的、有人类以前的源头，没有给历史留下位置。陀思妥耶夫斯基的创作通过这样一把钥匙，把部落的图腾和禁

---

① 《维果茨基全集》第8卷，合肥：安徽教育出版社2016年版，第10页。

维果茨基和马克思：迈向马克思主义的心理学

忌揭示出来；基督教堂、共产主义、原始游牧群在精神分析理论中的所有这一切都来自同一个源头。精神分析理论所具有的这些倾向是这一学派论述文化问题、社会学问题、历史学问题的所有工作的见证。我们看到，精神分析理论在这里不是继承而是否定马克思主义的方法论。(1997a, p. 263)①

当然，这绝不是说，由于弗洛伊德的基本概念是违反辩证唯物主义的，马克思主义者就不应该去研究无意识。恰恰相反，正是因为精神分析理论领域内采取了不合适的手段进行研究。为了纠正这种情况，马克思主义必须占领这个领域。(ibid, p. 265)②

最后这句话抓住了我的观点，即从非马克思主义体系中提取心理问题，并以一种全新的形式将其纳入马克思主义（这也适用于政治运动。大多数运动都是反马克思主义的，因此，必须从他们的政治理论中提取其有用的成分，并在马克思主义理论中重新构架。这就使它们成为马克思主义对重大新问题的拓展，合作社运动、民粹主义、种族运动和性别运动都是如此）。

---

① 《维果茨基全集》第 1 卷，合肥：安徽教育出版社 2016 年版，第 54 页。
② 《维果茨基全集》第 1 卷，合肥：安徽教育出版社 2016 年版，第 58 页。

(一) 弗洛伊德的心理物理学

弗洛伊德主义和马克思主义文化心理学的对立源于弗洛伊德的心理物理学基础,这是他从古斯塔夫·费希纳(Gustav Fechner)那里借鉴来的。费希纳是一位物理学家,他将物理学原理应用于诸如驱动、本能、感觉甚至思想等心理现象。弗洛伊德参加了费希纳的讲座,并深入研究了他的作品。弗洛伊德在他的许多著作中引用了费希纳的话。费希纳的精神能量概念、他的心智"地形图"概念(将心智划分为无意识、前意识和意识区域)、他的快乐—不快乐原则、恒定和重复的概念都在弗洛伊德的宏伟计划中找到了自己的位置。弗洛伊德的驱力理论是一个心理物理概念,关于张力和驱力水平,以及遵循心理物理定律的内稳态和能量守恒:生理需求如果得不到满足,就会产生焦虑和消极的紧张状态。当需求得到满足时,驱动力张力就会降低,当机体回到内稳定状态时就会产生愉悦感。事实上,弗洛伊德关于精神力量具有数量特征的整个概念都源自费希纳,就像他的快乐原则一样;弗洛伊德的歇斯底里理论直接反映了费希纳的心理物理学(Sulloway, 1992, pp. 66 – 67)。

在他 1912 年关于"焦虑和本能生活"的演讲中(Freud, 1965, p. 106),弗洛伊德声称,恢复早期状态的本能的保守性质是童年时期被压抑的经历在梦境和其他反应中重现的原因。换句话说,被压抑的想法在潜意识中徘徊,并引导行为,因为精神本能和有机本能一样,旨在保存那

维果茨基和马克思：迈向马克思主义的心理学

些原始的想法。

弗洛伊德提出了一种非心理学、非文化的精神概念。正如维果茨基所指出的那样，它无法融入维果茨基的马克思主义文化心理学。马克思主义哲学家理查德·利希特曼（Richard Lichtman）正确地指出："弗洛伊德的元心理学，特别是他的本能理论，不能整合到马克思主义的观点中去。因为理论之间的基本矛盾，这种尝试是徒劳的。"（1982，p. 253）

弗洛伊德与马克思主义的不相容，导致了马克思主义在概念化、解释和解决心理问题上的诸多错误。

（二）（心理）防御机制缺乏实证支撑

罗伯特·霍尔特（Robert Holt）总结道，"精神分析理论的许多——也许是大多数——晦涩、谬误和内部矛盾都是其神经学遗传的直接衍生品。"（1989，p. 129）弗兰克·萨洛韦（Frank J. Sulloway, 1991, p. 245）附和了这一评价：

> 弗洛伊德的许多最基本的精神分析概念都是基于19世纪生物学中错误的、现在已经过时的假设。糟糕的生物学最终导致了糟糕的心理学。弗洛伊德把他的精神分析大厦建立在一种智力的流沙上，这种情况从一开始就注定了他的许多最重要的理论结论。

萨洛韦（1992）认为，弗洛伊德一直到他职业生涯的末期都是一个"密码生物学家"。

我会颠倒萨洛韦的因果箭头的,即糟糕的生物学会产生糟糕的心理学。正是因为弗洛伊德对心理学有错误的理解,他才转向生物学来证明这种理解的合理性。一个优秀的具有强烈文化倾向的心理学家绝不会向心理物理学寻求解释。生物决定论使不良心理合法化,它并没有产生这种心理学。

罗伊·F.鲍迈斯特(Roy F. Baumeister et al, 1998)从经验上反驳了心理防御机制。霍姆斯(D. Holmes)回顾了关于这些机制的研究,并得出结论:"目前没有受控的实验室证据支持压抑概念。"(Holmes, 1990, p.96)

(三) 弗洛伊德案例

弗洛伊德的超文化、心理物理、自我机制取代了心理学的社会内容,这导致弗洛伊德(和他的追随者)曲解了他所有著名的案例。

弗洛伊德对丹尼尔·施瑞伯(Daniel Schreber)的研究就是一个很好的例子。弗洛伊德从未见过施瑞伯,但在1911年,他根据施瑞伯的《我的神经疾病回忆录》写了一篇对施瑞伯的分析。弗洛伊德的结论是,施瑞伯的偏执是对他父亲的同性恋之爱的一种辩护。此外,施瑞伯遭受上帝迫害的经历是他对父亲恐惧的一种变相的转移,是对他对父亲的爱的一种反作用而形成的。

米歇尔·沙茨曼(Michelle Schatzman, 1973)证明了弗

维果茨基和马克思:迈向马克思主义的心理学

洛伊德的解释颠倒了施瑞伯恐惧的真正来源。真正原因是他父亲对他的粗暴虐待。沙茨曼发现了丹尼尔·施瑞伯父亲莫里茨·施瑞伯写的育儿小册子,书中强调必须驯服孩子身上叛逆的野蛮野兽,把他变成一个有生产力的公民。莫里茨·施瑞伯推荐的许多技巧都反映在丹尼尔的精神病经历中。例如,丹尼尔·施瑞伯所描述的"奇迹"之一就是胸部压缩、紧缩和收紧。这可以看作类似于莫里茨·施瑞伯的一种精巧的装置,它限制了孩子的身体,迫使他在餐桌上保持正确的姿势。同样,丹尼尔的"冷冻奇迹"可能与莫里茨·施瑞伯的建议相呼应,他建议婴儿在三个月大的时候就开始用冰块浸泡。然而,丹尼尔再次经历了"神界权力等级"的幻觉,这概括了他父亲所说的父母要坚持建立等级制度,通过这种制度,他将自己的权力施加于护士,将她的权力施加于婴儿。

施瑞伯一家的恐惧再现了当时整个日耳曼社会中可怕的、专制的父子关系。然而弗洛伊德忽略了所有这些社会现实;事实上,他用似是而非的心理学解释混淆了这一点。这就是弗洛伊德心理学理论的政治功能。相比之下,文化—历史—心理学 a) 阐明父子之间的社会关系,b) 将其追溯至宏观文化因素,并对其进行批判和挑战。

这种分析适用于所有弗洛伊德的案例研究。他把他的女病人的所有恐惧都误解为她们对父亲或其他重要事物的自然的、恋母情结的、性欲的爱,然后通过无意识的防御机制否认这种社会禁忌的爱,将爱转化为恐惧或仇恨、歇斯底里等。女权主义批评家已经充分证明，女性对父亲的恐惧和仇恨是真实的，而不是一种防御机制，是对父亲专制对待她们的直接反应。这种个别情况反映了一种广泛的亲子关系社会模式，这种家庭模式反映并加强了工作中更广泛的威权政治—经济社会关系。

拉马斯（Ramas, 1990e）将弗洛伊德对朵拉（Dora）的分析称为"浪漫小说"，因为他将产生朵拉症状的明显社会影响倒置为神秘的、未经证实的、不可证实的、虚构的无意识原因。例如，朵拉的父母是另一对夫妇k先生和k夫人的朋友。k先生试图勾引朵拉，而k夫人与朵拉的父亲有染！朵拉理所当然地对这两个男人感到心烦意乱，这可能与她的性冷淡和普遍的痛苦有关。然而，尽管朵拉拒绝了k先生并扇了他一巴掌，弗洛伊德却把这一事实扭曲成相反的事实——她爱他，"你害怕k先生，（因为）你害怕屈服于他的诱惑"（引自Ramas, 1990, p.167）。与施瑞伯一样，弗洛伊德假装朵拉的癔症是由于她自己禁忌的性欲（对K先生），而这种性欲又被心理生理防御机制所掩盖。真正的社会问题被排除在考虑之外。弗洛姆（Fromm, 1942）表达了对弗洛伊德的这种评价："弗洛伊德的观察非常重要，但他给出了一个错误的解释。……他把性敏感区和性格特征之间的因果关系错认为是相反的。"

利希特曼（Lichtman, 1982, pp.131-173）把弗洛伊德对朵拉的曲解进行了详尽的马克思主义批判。他指出：

维果茨基和马克思：迈向马克思主义的心理学

> 弗洛伊德无法理解他自己发现的（社会）意义，因为他的基本社会假设使他把自己的见解具体化，并把生物学、物理学或普遍人类学——实际上是资产阶级社会关系的沉淀物——归之于它们。（ibid, p. 131）

历史学家大卫·斯坦纳德（David Stannard）总结道："心理历史不起作用，也不可能起作用。历史的精神分析方法是逻辑上的反常、科学上的不健全和文化上的天真的不可救药的一种"（1980, p. 156）。弗洛伊德关于列奥纳多·达·芬奇的精神分析传记"令人眼花缭乱地蔑视最基本的证据、逻辑准则，最重要的是，蔑视想象力的克制"（ibid, p. 3; also see Crews, 1993, 1994; Wolpe and Rachman, 1960）。

相反，罗纳尔·大卫·莱恩（Ronald David Laing）和阿龙·埃森（Aaron Esterson）（Laing and Esterson, 1970）已经证明，心理症状是父母强加给病人的使人虚弱的社会互动的简单、直接、显而易见的反映——对舒伯和朵拉来说就是如此。这就打开了一扇门，可以将这种一般的家庭模式追踪到潜在的、广泛的社会力量。这与席尔瓦对受压迫的美国人的文化心理的洞察分析相似，后者将他们的心理追溯至新自由主义价值观和实践。对精神疾病的客观分析证实了在马克思主义心理学中达到顶峰的文化心理学视角。

弗洛姆（Fromm, 1942）解释了弗洛伊德的性格学发现如何通过颠覆弗洛伊德对它们的解释而成为社会心理学的成果。

例如，只要我们假设，欧洲中下阶层的典型的肛门特征是由某些与排便有关的早期经历引起的，我们就几乎没有任何数据可以引导我们理解为什么一个特定阶层应该具有肛门社会特征。然而，如果我们把它理解为一种与他人的关联形式，这种关联植根于性格结构，源于与外部世界的经验，我们就有了一把钥匙，可以理解为什么中下阶级的整个生活模式，其狭隘、孤立和敌意，促成了这种性格结构的发展。

弗洛伊德的"案例研究"扭曲和模糊了心理学的社会现实。弗洛伊德通过把孩子对父母（和其他成年人）的恐惧扭曲成对他们的爱，开始了这个神秘的过程。这种情绪的扭曲无情地导致了产生情感的社会关系的扭曲。积极的情绪意味着亲子关系很好，这就是为什么孩子真的爱他们的父母。对患者疾病的任何合理社会原因的无视，无情地导致把疾病归因于患者自己的精神操作。这类似于说，失业和贫困的原因不在于社会经济政策（这种政策是仁慈的），而在于穷人缺乏动力。

（四）弗洛伊德的保守主义政治

弗洛伊德与马克思的矛盾还体现在他关于解决社会心

维果茨基和马克思:迈向马克思主义的心理学

理问题的政治思想上;也就是说,改变社会和心理。弗洛伊德的政治思想既无知又保守,基于他错误的、自然主义的、普遍的心灵本能。

他的《文明及其不满》(*Civilization and Its Discontents*,1930/2015)最后说:

> 人类最重要的问题在于,他们的文化发展能不能以及将在多大程度上控制住进攻性本能和自我破坏性本能对社会生活的干扰。……现在人们期待,第二种"天神力量",即永恒的爱欲,将与同样不朽的对手进行斗争,从而巩固自身地位。但谁又能预见胜败如何,结果如何呢?①

即使文明控制了侵略,其结果也是不愉快和不满足的:"如果对文明侵略的防御能造成和侵略本身一样多的不幸,那么文明侵略的障碍一定是多么强大啊!"

弗洛伊德用这一思想来否定马克思提出的共产主义社会—心理转型:

> 但我能认识到,该(共产主义)体系基本的心理前提是一种站不住脚的幻想。通过废除私有财产,我们就剥夺了人类表现进攻喜好的一种手段,毫无疑问,

---

① [奥]西格蒙德·弗洛伊德:《文明及其不满》,严志军、张沫译,杭州:浙江文艺出版社2019年版,第96页。

这是一种有力的手段，尽管肯定不是最有力的；但是，我们根本没有改变被进攻性所误用的能力和影响之间的差异，我们也没有改变它本质中的任何东西。进攻性不是由财产导致的；在原始时代，财产还是极其贫乏的，而进攻性就已经几乎不受约束地处于统治地位了，在财产摆脱它最初的肛门期形式前，幼年期的攻击性就表现出来了；它形成了人与人之间一切感情和爱的关系的基础（也许只有一个例外，那就是母亲和她的儿子之间的关系）。如果我们抛弃个人对物质财富的占有，在性关系的领域里仍然存在着特权，这肯定会成为引起人们最强烈的反感和最粗暴敌意的根源，尽管这些人在其他方面都是平等的。如果我们允许性生活获得完全自由，因此也废止了家庭这个文明社会的生殖细胞，从而清除了性生活方面的因素，那么，我们实际上也无法轻易地预测文明将沿着哪种新道路发展；但我们可以期待一件事的发生，那就是，人类本性中不可摧毁的特点将始终跟随文明的发展。（ibid，87）①

弗洛伊德认为，攻击性是一种固定的，先天的倾向，与社会条件无关。任何旨在减少侵略行为的条件改变都必须失败，因为侵略行为只会在另一种条件下表现出来。弗

---

① ［奥］西格蒙德·弗洛伊德：《文明及其不满》，严志军、张沫译，杭州：浙江文艺出版社2019年版，第61、62页。

维果茨基和马克思：迈向马克思主义的心理学

洛伊德只能把希望寄托在"天力"、永恒的爱神和爱上："在作为整体的人类发展中，正如在个体发展中一样，唯有爱——在它引起从利己主义向利他主义变化的意义上——起着文明因素的作用。"（1921/2012，p. 32）① 这是一种可怜的、无知的、类似宗教的历史和政治观念。它与马克思主义是截然相反的。②

---

① ［奥］西格蒙德·弗洛伊德：《弗洛伊德文集》第6卷，车文博译，长春：长春出版社2004年版，第75页。

② 马尔库塞把马克思主义框架内的升华作为规避社会压抑和产生替代方案的文化政治机制。弗洛伊德提出的升华是一种心理物理机制，它以一种变相的、社会可接受的形式机械地释放社会压抑的性欲（情欲）能量。一种形式可能是"高级""文明"的行为，如艺术、科学、哲学或医学。

马尔库塞认为这种升华是个人屈服于社会压迫的"大拒绝"。他说，升华都是由社会力量来实施的，但这一切社会力量的不幸意识已克服了异化。还可以肯定，一切升华既接受了社会为阻止本能的满足而设置的壁障，又越过了这一壁障。……所以，在其最为成熟的方式中，例如在艺术作品中，升华成了抵抗镇压而又屈服于镇压的认知力量。（Marcuse, 1964, p. 76，［美］赫伯特·马尔库塞：《单向度的人》，刘继译，上海：上海译文出版社2006年版，第70页）。

马尔库塞的建议有致命的缺陷。首先，大多数重要的艺术作品和哲学作品都是对社会的再现，而不是对社会的超越或革命（弗洛伊德认为升华是反社会的爱神的一种社会可接受的伪装）。艺术社会学家以及马克思主义的哲学批评都指出了这种保守性，例如，豪瑟（Hauser, 1968, pp. 118 – 119）说：狄更斯毫无疑义地接受了现行资本主义制度的前提条件。他只知道小资产阶级的负担和不满，只与那些可以在不动摇资产阶级社会基础的情况下补救的罪恶作斗争。……工人阶级的要求只会使他感到害怕。他认为社会主义的鼓动不过是蛊惑人心。

(接上页注②)

马尔库塞建议的另一个缺陷是,他将高雅文化、社会抵抗和超越视为个人的心理生物学行为,而不是社会行为。升华是个体心理的一种自我防御机制,它在心理物理机制的基础上机械地产生行为,这些机制以测量的数量释放力比多能量;而社会刺激和支持以及价值被打了折扣。升华并不承认政治对抗和对现有制度的改造。事实上,它通过消解会产生社会对抗和变革的压力来消解这些。升华的社会拒绝也不需要阶级分析、阶级立场、社会批判或对资本主义的社会主义否定。

幸运的是,马尔库塞在其他段落中回到了马克思主义。他说:如果意识和无意识的发展导致使我们看到我们没有看到或不允许看到的东西,那么,艺术将作为消极的解放力量的一部分发挥作用,并将帮助解放巩固压抑建制的残缺的无意识和残缺的意识。(2015, p. 84)

艺术只有在某些变革性的社会和心理活动下才能成为一种伟大的拒绝。在目前的形势下,无意识是残缺不全的,它不是一种反社会的解放力量。

马尔库塞对爱神的使用也是如此。他接受弗洛伊德的构造,认为它包含了固有的、统一的、和谐的、爱的倾向。这些心理生物学上的普遍倾向为否定社会制度的竞争、自私、破坏性倾向提供了基础。政治行动必须符合爱神的内在形式和内容,才能实施解放(ibid, p. 24; Marcuse, 1970, pp. 1 - 26)。在现实中,人们无法通过向内寻找爱神而找到解放;相反,正是资本主义政治经济提供了社会心理合作的必要性和可能性。而这种可能性只有通过占据特定社会地位的无产阶级,并通过以阶级为导向的政治斗争,意识到自己在政治经济中的客观存在才能实现。马尔库塞赞赏这些与爱神浪漫的、绝望的吸引相矛盾的观点。

维果茨基和马克思:迈向马克思主义的心理学

(五)调和不可调和的

不可能把不可调和的人结合在一起,唯一的解决办法是将其中一个与另一个变换成一条直线。这不是一种妥协的问题,即双方在保持其本质的同时互相调整,因为在不可调和的本质之间没有共同的基础。调整需要破坏一个要素的本质的不可调和性,使其与另一个要素协调一致。

折中主义是一个神话,因为它不能在统一对立元素的同时保留它们的本质特征,通常是劣质元素转换优质元素。试图利用非马克思主义建构的马克思主义者,必然会被非马克思主义建构所利用。在弗洛伊德—马克思主义中,精神分析更多地改变了马克思主义,而不是反过来。马克思主义的弗洛伊德主义者不可避免地会退化为弗洛伊德主义的马克思主义者。修饰语和被修饰语颠倒了——修饰语弗洛伊德的马克思主义被修饰语修正了,变成了弗洛伊德主义的一个分支。同样的命运也降临在拉康的马克思主义者身上,他们成为拉康的马克思主义者。因此,马克思主义必须征服非马克思主义分子和反马克思主义分子,否则非马克思主义分子和反马克思主义分子就会征服马克思主义。

精神分析学家用来宣称弗洛伊德和维果茨基之间的一致性的一个策略是将他们的理论简化为简单、抽象的考虑。其中一个策略是强调这两种理论都认识到父母和孩子之间的人际互动对于产生心理功能的重要性。这是一种误导,因为它剥离了截然不同的具体细节。

帕文-奎利亚尔（Pavón-Cuéllar, 2015）利用这一抽象思路，将弗洛伊德和马克思对社会心理幻想的兴趣等同起来。他说，两者都强调了掩盖现实的意识幻象，这与他们的方法一致。他把马克思、恩格斯和弗洛伊德的下列论断等同起来：

> 意识在任何时候都只能是被意识到了的存在，而人们的存在就是他们的现实生活过程。如果在全部意识形态中，人们和他们的关系就像在照相机中一样是倒立成像的，那么这种现象也是从人们生活的历史过程中产生的，正如物体在视网膜上的倒影是直接从人们生活的生理过程中产生的一样。（Marx and Engels, 1932/1968）①

> 在我和迷信的人之间存着两大异点：第一，他把动机投射到外面去，**我则在自己的身上追寻**；第二，他认为意外为一种事件，**我则在一己的思想活动里求解释**。……即使在世界上最进步的宗教之中，也有着大量的神话与迷信观念存在，事实上我完全相信，它**们都只是投射到外在世界的人心**。（Freud, 1914, pp. 308 – 309）②

---

① 《马克思恩格斯选集》第 1 卷，北京：人民出版社 1956 年版，第 152 页。
② ［奥］西格蒙德·弗洛伊德：《日常生活的心理分析》，林克明译，杭州：浙江文艺出版社 1986 年版，第 153、154 页。

维果茨基和马克思：迈向马克思主义的心理学

帕文-奎利亚尔（2015，p.57）试图将弗洛伊德和马克思结合起来，形成一种混合的弗洛伊德—马克思主义。他把这些对幻想的解释等同起来：

> 在这两个概念中，形而上学被简化为一种心理学，它不仅是虚幻的，与现实世界或外部世界截然不同，而且还暗示着一种心理产生或投射的真理，它把我们带到人的头脑中，带到精神因素和无意识的星座中。

帕文-奎利亚尔认为马克思和弗洛伊德共享一种元心理学："玄学、神话和宗教，这是马克思和弗洛伊德以一种既一致又互补的方式构想出来的"（同上）。

帕文-奎利亚尔的推理是有问题的。诚然，马克思和弗洛伊德确实关注幻想；然而，这种抽象的关注本身是没有意义的，因为它忽略了具体的细节（正如维果茨基所说的折中主义者总是这样）。细节是完全相反的，而这使帕文-奎利亚尔他们一致的结论无效。

我们分析了马克思对宗教的解释，认为它反映了受压迫的、神秘的社会生活。幻觉是客观的。马克思不像弗洛伊德那样把神秘的意识归因于主观的、无意识的、精神上的投射（而帕文-奎利亚尔则纵容）。马克思不接受弗洛伊德的概念世界，即心理产生或投射的真相，把我们归结为人的心灵、心理因素和无意识的星座。任何人也不应该接受它，因为它是错误的，正如对弗洛伊德案例的客观分析所证明的，也正如莱恩和埃森（Laing and Estersom, 1970）所证实的那样。

帕文-奎利亚尔并不是简单地宣称马克思和弗洛伊德之间的一致，而这种一致并不存在，但他试图创造它。他扭曲了马克思，使其符合弗洛伊德的幻觉模型。这是一切不拘一格地试图把对立的观点同马克思主义结合起来的结果。帕文-奎利亚尔的整合正朝着它应该是相反的方向发展。他没有用文化历史和唯物主义的术语重新构架精神分析的幻觉概念；相反，马克思主义的弗洛伊德主义已经退化为弗洛伊德的马克思主义。马克思主义被精神分析所俘虏，从而失去了它的马克思主义。[①]

这种错误也发生在心理人类学中。罗伯特·莱文（Robert LeVine）是一位精神分析文化心理学家，他试图将精神分析过程嵌入文化环境中。他在《人类发展》（*Human Development*）杂志上写道："精神分析旨在研究一个持续的发展过程，即成年期移情神经症的生长和解决过程"（LeVine, 1971, p.105）。这将文化从一个心理学的组织来源还原为一个外部环境，在这个外部环境中，个体内部的、普遍的、精神分析机制发挥自己的作用。

（六）精神分析、马克思主义和维果茨基文化心理学的适当整合

必须扭转马克思主义和文化心理学对精神分析（和其

[①] 我把帕文-奎利亚尔的分析评价为弗洛伊德—马克思主义的这种思路的一个例子，但我并不是说这是他对这个问题的全部立场。

维果茨基和马克思：迈向马克思主义的心理学

他非文化方法）的典型从属地位。正如维果茨基所言，"正是因为精神分析所阐述的领域是用不充分的手段阐述的，所以马克思主义必须征服它。"这是穿越整个社会必须发生的理论变革：劳动、社群、自我概念、思维、性、爱、宗教都必须被马克思主义或社会主义所征服。马克思主义社会理论和心理学阐明了这种转变的必要性、可能性和必须采取的形式。这就是为什么马克思主义必须征服社会理论。

少数学者成功地征服了马克思主义的精神分析，而不是相反。

米里埃尔·达蒙（Muriel Darmon，2016，p.124）解释说：

> 对精神分析的布尔迪厄式方法更好地理解为精神分析的社会学化——通过对其某些概念的社会学处理，对精神分析结构进行了合并——而不是作为精神分析和社会学概念的补充或整合合并。

法农（Fanon）在理解被殖民的阿尔及利亚人方面采取了这种精神分析的观点。德里克·胡克（Derek Hook）解释说：

> 在使用精神分析的解释方法时，法农指出，这种"情感的病态"，即使曾经通过无意识的过程"连接"到性领域，**最终还是源于更广泛的社会结构中存在的**

不平等，不能因此还原为个体主体的内部心理活动。（2004, p. 117）

对法农来说，黑人主体的种族神经症的基础**在于黑人儿童暴露在压迫性殖民环境的种族主义价值观下所造成的婴儿创伤**。（ibid, p. 120）

这与弗洛伊德的神经官能症在个体与父母关系中的基础形成对比——例如，儿子爱他的母亲。

同样地，

> 法农版本的"欧洲集体无意识""纯粹是一个特定群体的偏见、神话、集体态度的总和"（1986, 188）。正如麦卡洛克（McCulloch, 1983）所说，法农的尝试是"将这种集体无意识概念从位于遗传的大脑物质中的非历史性机制转变为一种历史上特定的心理结构，这种结构对连续性社会强化持开放态度"。（ibid, p. 126）

法农将殖民主体的文化神经症描述为被迫选择殖民者的异己身份：

> 当我开始认识到黑人是罪恶的象征时，我发现自己恨黑人。但后来我意识到我是一个黑人……这是一种神经质的情况，我被迫选择一种不健康的、充满冲

维果茨基和马克思：迈向马克思主义的心理学

突的情况，这种情况的根源是充满敌意和不人道的幻想。（Hook，2004，p.128）

身份形成的过程是神经质的、矛盾的、模糊的、可恶的、罪恶的、不道德的，并以敌对的幻想为滋养，然而，这些神经质的因素都与文化有关。它们不是个人或人际关系或心理物理因素。

法农探讨了殖民者与被殖民者在性方面的模糊性。这种性的模糊不是自然的、普遍的、无意识的过程的产物，这种过程本身的心理物理学将殖民地对被殖民者的仇恨扭曲为它的对立面，并产生对这个被鄙视的主体的性崇拜。相反，这种性的模糊性和复杂性是殖民者强加给深色皮肤的黑人文化角色、神话和黑人性象征的直接再现。被压迫的阿尔及利亚人被用作体力劳动，因此，殖民者认为他们主要是身体上的和性的。这种强加的文化角色在殖民者中产生了某种崇拜和嫉妒，其中包含了对黑人性能力的恐惧："强奸黑人"（ibid,132）。对黑人的恐惧也使白人对黑人的侵略性怀疑和压迫合理化，这是基于政治经济需要，而不是心理需要。

胡克对法农精神分析的揭示表明，法农的精神分析与维果茨基的马克思主义心理学是一致的。积极的、冲突的、令人不安的、仇恨的、暧昧的、情感的、幻想的、身份的、性过程被强调为文化过程，被剥夺了弗洛伊德的、个体的、想象的、自然的、心理物理的、普遍的品质。文化心理学和马克思主义心理学通过纳入这些充满活力的主观过程，然后拓展文化分析来解释、描述、预测和改造它们而得到丰富。这正是马丁·巴罗（Martín-Baró）处理宿命论的方式（Ratner, 2011, 2014, 2015b, 2017; Clark, 1965/1989）。相对于心理物理学，这种"心理政治学"（法农的术语，from Hook, 2004）强化了对殖民主义的批判，包括其有害的心理影响。精神分析的假设通过将批判转向个体受害者来钝化社会批判，就像弗洛伊德那样。

胡克（ibid, p. 135）得出结论，法农

> 借用了精神分析的概念，但把它们放在一个非常精确的历史和政治背景下使用。正如我在与弗洛伊德的关系中提到的，似乎法农对荣格思想的使用与他们最初的概念化是如此强烈地背离，以至于他们成为了完全不同的概念。

这体现了马克思主义心理学对精神分析概念的征服，是一门解放的心理科学。

参考文献

Ahmed Said Okasha, "Interview with Judith Butler", *Sexualities*, Vol. 19, No. 4, 2016, pp. 482 - 492.

Ahmed Said Okasha, AhmedSaad, Afaf Hamed Khalil, A. S. el Dawla and Najat Yehia, "Phenomenology of Obsessive-compulsive Disorder: A Transcultural Study", *Comprehensive Psychiatry*, Vol. 35, No. 3, 1994, pp. 191 – 197.

Aleksandr R. Luria, *The Making of Mind: A Personal Account of Soviet Psychology*, Cambridge, MA: Harvard University Press, 1979.

Alexei Nikolaevich Leontiev, *The Development of Mind: Selected Papers of A. N. Leontiev*, Available at: www. marxists. org/admin/books/activity-theory/leontyev/development-mind. pdf (accessed December 1, 2016).

Andy Clarkand David J. Chalmers, "The Extended Mind", *Analysis*, Vol. 58, No. 1, 1998, pp. 7 – 19.

Arnold Hauser, *The Social History of Art. Volume 4: Naturalism, Impressionism, the Film Age*, London: Routledge & Kegan Paul, 1968.

Arthur M. Kleinman and Byron J. Good, *Culture and Depression: Studies in the Anthropology and Cross-cultural Psychiatry of Affect and Disorder*, Berkeley, CA: University of California Press, 1985.

Bruce Franklin (n. d.), The Lumpenproletariat and the Revolutionary Youth Movement. *Encyclopedia of Anti-revisionism on-line*. Available at: https://www. marxists. org/history/erol/ncm-1/red-papers-2/franklin. htm (accessed December 1, 2016).

Carl Ratner and El-Sayed El-Badwi, "A Cultural Psychological Theory of Mental Illness, Supported by Research in Saudi Arabia", *Journal of Social Distress and the Homeless*, Vol. 20, No. 3 – 4, 2011, pp. 217 – 274.

Carl Ratner and Lu Hui, "Theoretical and Methodological Problems in Cross-cultural Psychology", *Journal for the Theory of Social Behavior*, Vol. 33, No. 1, 2003, pp. 67 – 94.

Carl Ratner, "A Cultural-psychological Analysis of Emotions", *Culture and Psychology*, Vol. 6, No. 1, 2000, pp. 5 – 39.

Carl Ratner, "Classic and Revisionist Sociocultural Theory, and Their Analyses of Expressive Language: An Empirical and Theoretical Assessment", *Language and Sociocultural Theory*, Vol. 2, No. 1, 2015a, pp. 51 – 83.

Carl Ratner, "Culture-centric vs. Person-centered Cultural Psychology and Political-Philosophy", *Language and Sociocultural Theory*, Vol. 3, No. 1, 2016, pp. 11 – 25.

Carl Ratner, "Macro Cultural Psychology, the Psychology of Oppression, and Cultural Psychological Enrichment", in P. Portes and S. Salas (eds.), *Vygotsky in 21st century society: Advances in Cultural Historical Theory and Praxis with Non-dominant Communities*, New York: Peter Lang, 2011, pp. 87 – 112.

Carl Ratner, "Recovering and Advancing Martin-Baro's Ideas About Psychology, Culture, and Social Transformation", *Theory and Critique of Psychology*, Vol. 6, 2015b, pp. 48 – 76.

Carl Ratner, "The Generalized Pathology of Our Era: Comparing the Biomedical Explanation, the Cultural-political Explanation, and a Liberal-humanistic-postmodernist Perspective", *International Critical Thought*, Vol. 7, No. 1, 2017.

Carl Ratner, "The Psychology of Oppression", in T. Teo (ed.), *The Encyclopedia of Critical Psychology*, New York: Springer, 2014.

Carl Ratner, *Cultural Psychology and Qualitative Methodology: Theoretical and Empirical Considerations*, New York: Plenum, 1997.

Carl Ratner, *Cultural Psychology: A Perspective on Psychological Func-*

tioning and Social Reform, Mahwah, NJ: Lawrence Erlbaum, 2006.

Carl Ratner, *Cultural Psychology: Theory and Method*, New York: Plenum, 2012a.

Carl Ratner, *Macro Cultural Psychology: A Political Philosophy of Mind*, Oxford: Oxford University Press, 2012b.

Carl Ratner, *Vygotsky's Sociohistorical Psychology and its Contemporary Applications*, New York: Plenum, 1991.

Catherine Lutz, *Unnatural Emotions*, Chicago: University of Chicago Press, 1988.

Claudio Sica, Caterina Novara and Ezio Sanavio, "Religiousness and Obsessive-compulsive Cognitions and Symptoms in an Italian Population", *Behaviour Research and Therapy*, Vol. 40, No. 7, 2002, pp. 813 – 823.

Cristine H. Legare and Paul L. Harris, "The Ontogeny of Cultural Learning", *Child Development*, Vol. 87, No. 3, 2016, pp. 633 – 642.

David E. Stannard, *Shrinking history: On Freud and the Failure of Psychohistory*, New York: Oxford University Press, 1980.

David Pavón-Cuéllar, "The Metapsychology of Capital", *Annual Review of Critical Psychology*, Vol. 12, 2015, pp. 53 – 58.

David S. Holmes, "The Evidence for Repression: An Examination of 60 Years of Research", in J. Singer (ed.), *Repression and Dissociation*, Chicago: University of Chicago Press, 1990, pp. 85 – 102

Derek Hook (ed.), Fanon and the Psychoanalysis of Racism, in *Critical Psychology*, Lansdowne, South Africa: Juta Academic Publishing, 2004, pp. 114 – 137.

E. J. Bader, "As Public Funding of Universities Dwindles, Faculty are Unionizing", www.truth-out.org/news/item/34102-as-publicfunding-of-universities-dwindles-faculty-are-unionizing (accessed December 1, 2016).

Eduardo Bericat, "The Sociology of Emotions: Four Decades of Progress", *Current Sociology*, Vol. 64, No. 3, 2016, pp. 491 – 513.

Erich Fromm, "Character and social process", https://www.marxists.org/archive/fromm/works/1942/character.htm (accessed December 1, 2016).

Frank J. Sulloway, "Reassessing Freud's Case Histories: The Social Construction of Psychoanalysis", *Isis*, Vol. 82, No. 2, 1991, pp. 245 – 275.

Frank J. Sulloway, *Freud, Biologist of the Mind: Beyond the Psychoanalytic Legend*, Cambridge, MA: Harvard University Press, 1992.

Frank Engster, "Subjectivity and its Crisis: Commodity mediation and the Economic Constitution of Objectivity and Subjectivity", *History of the Human Sciences*, Vol. 29, No. 2, 2016, pp. 77 – 95.

Frederic C. Sir Bartlett, *Remembering: A Study in Experimental and Social Psychology*, New York: Cambridge University Press, 1967.

Frederick Crews, "The Revenge of the Repressed", *The New York Review of Books*, Vol. 41, No. 19, 1994, pp. 49 – 58.

Frederick Crews, "The Unknown Freud", *The New York Review of Books*, Vol. 40, No. 19, 1993, pp. 55 – 66.

Friedrich Engels, "Letter to Lavrov", Available at: https://www.marxists.org/archive/marx/works/1875/letters/75_11_12.htm (accessed December 1, 2016).

Gail Steketee, Sara E. Quay and Kerrin White, "Religion and OCD Patients", *Journal of Anxiety Disorders*, Vol. 5, No. 4, 1991, pp. 359 – 367.

Georg Wilhelm Friedrich Hegel, *Science of Logic*, New York: Humanities Press, 1969.

Georg Wilhelm Friedrich Hegel, *The Logic of Hegel*, New York: Oxford University Press, 1965.

György Lukács, *Lenin: A Study on the Unity of His Thought*, N. Jacobs (trans.), London: New Left Books, 1970

Harry Daniels, *Vygotsky and Sociology*, London: Routledge, 2012.

Herbert Marcuse, *Five Lectures*, Boston: Beacon Press, 1970.

Herbert Marcuse, *Herbert Marcuse's 1974 Paris Lectures at Vincennes University*, Charleston, SC: CreateSpace, 2015.

Herbert Marcuse, *Negations: Essays in Critical Theory*, Boston: Beacon Press, 1968.

Herbert Marcuse, *One-dimensional Man: Studies in the Ideology of Advanced Industrial Society*, Boston: Beacon Press, 1964.

Isaak Il'ich Rubin, "Abstract Labour and Value in Marx's System", *Capital and Class*, Vol. 2, No. 2, 1978, pp. 109 – 139.

Jaime R. DeLuca and David Lawrence Andrews, "Exercising Privilege: The Cyclical Reproduction of Capital Through Swim Club Membership", *Sociological Inquiry*, Vol. 86, No. 3, 2016, pp. 301 – 323.

Janez Mayer, *Dark Money: The Hidden History of the Billionaires Behind the Rise of the Radical Right*, New York: Doubleday, 2016.

Jennifer M. Silva, *Coming Up Short: Working-class Adulthood in An Age of Uncertainty*, New York: Oxford University Press, 2015.

Jonathan S. Abramowitz, Brett J. Deacon, Carol M. Woods and David F. Tolin, "Association Between Protestant Religiosity and Obsessive-compulsive Symptoms and Cognitions", *Depression and Anxiety*, Vol. 20, No. 2, 2004, pp. 70 – 76.

Joseph Wolpe and Stanley Rachman, "Psychoanalytic "Evidence": A Critique Based on Freud's Case of Little Hans", *Journal of Nervous and Mental Disease*, Vol. 131, No. 2, 1960, pp. 135 – 148.

Justin Miller, "Hedge Funds Underwrite Political Networks to Privatize K-12 Public Education", *Alternet*, May 10, 2016.

Karl Levitin, *One is not Born A Personality*, Moscow: Progress Publishers, 1982.

Karl Marx and Friedrich Engels, *Karl Marx Frederick Engels Collected Works: Volume 3*, New York: International Publishers, 1975.

Karl Marx and Friedrich Engels, *Karl Marx Frederick Engels Collected Works: Volume 6*, New York: International Publishers, 1976.

Karl Marx andFriedrich Engels, *The German Ideology*, Moscow: Progress Publishers, 1968.

Karl Marx, "Letter to Lassalle, January 16, 1861", in *Karl Marx Frederick Engels Collected Works: Volume 41*, New York: Lawrence & Wishart, 2010, pp. 245 – 247.

Karl Marx, *A Contribution to the Critique of Hegel's Philosophy of Right*, Available at: https://www.marxists.org/archive/marx/works/1843/critique-hpr/intro.htm (accessed December 1, 2016).

Karl Marx, *Capital, Volume 1*, Moscow: Foreign Languages Press, 1961.

Karl Marx, *Capital, Volume 1*, New York: Vintage, 1977.

Karl Marx, *Capital, Volume 3*, Moscow: Foreign Languages Press, 1962.

Karl Marx, *Grundrisse: Foundations of the Critique of Political Economy*, London: Penguin Books, 1973.

维果茨基和马克思: 迈向马克思主义的心理学

Karl Marx, On the Jewish Question, Available at: https://www.marxists.org/archive/marx/works/1844/jewish-question/ (accessed December 1, 2016).

Karl Marx, *The Poverty of Philosophy*, H. Quelch (trans.), New York: Cosmio, 2008.

Karl Marx, Value, Price and Profit. Speech to the First International Working Men's Association, Available at: https://www.marxists.org/archive/marx/works/1865/valueprice-profit/ch03.htm (accessed December 1, 2016).

Kate Taylor, "She Can Play That Game, Too", *New York Times*, July 14, 2014.

Kenneth Bancroft Clark, *Dark ghetto: Dilemmas of Social Power*, Hanover, NH: Wesleyan University Press, 1989.

Leslie Brody Follow, "Just 37% of US High School Seniors Prepared for College Math and Reading", *Wall Street Journal*, April 27, 2016.

Lev Vygotsky and Aleksandr R. Luria, Introduction to the Russian Translation of Freud's Beyond the Pleasure Principle, Available at: https://www.marxists.org/archive/vygotsky/works/reader/p010.pdf (accessed December 1, 2016).

Lev Vygotsky and Aleksandr R. Luria, *Studies on the History of Behavior: Ape, Primitive, and Child*, Hillsdale, NJ: Lawrence Erlbaum, 1993.

Lev Vygotsky, "Cultivation of Higher Forms of Behavior", in *The Collected Works of L. S. Vygotsky*, Volume 4, New York: Plenum, 1997c, pp. 221 – 230.

Lev Vygotsky, "The Problem of the Environment", in R. van der Veer and J. Valsiner (eds.), *The Vygotsky Reader*, Oxford: Blackwell, 1994a, pp. 338 – 354.

Lev Vygotsky, "The Socialist Alteration of Man", in R. van der Veer and J. Valsiner (eds.), *The Vygotsky Reader*, Oxford: Blackwell, 1994b, pp. 175 – 184.

Lev Vygotsky, *Educational Psychology*, R. Silverman (trans.), Boca Raton, FL: St. Lucie Press, 1997b.

Lev Vygotsky, *The Collected Works of L. S. Vygotsky. Volume 1: Problems of General Psychology*, in R. W. Rieber and A. S. Carton (eds.), N. Minick (trans.), New York: Plenum, 1987.

Lev Vygotsky, *The Collected Works of L. S. Vygotsky. Volume 3: Problems of the Theory and History of Psychology*, in R. W. Rieber and J. Wollock (eds.), R. van der Veer (trans.), New York: Plenum, 1997a.

Lev Vygotsky, *The Collected Works of L. S. Vygotsky. Volume 5: Child Psychology*, in R. W. Rieber (eds.), M. J. Hall (trans.), New York: Plenum, 1998.

Lev Vygotsky, *The Psychology of Art*, Cambridge, MA: The MIT Press, 1971.

Lori Higgins, "Michigan's Black Students Lag behind the Nation", *Detroit Free Press*, December 10, 2015.

Malcolm Gladwell, Outliers: *The Story of Success*, New York: Little, Brown, 2008.

Manlio Graziano, "The Long Crisis of the Nation-state and the Rise of Religions to the Public Stage", *Philosophy and Social Criticism*, Vol. 42, No. 4 – 5, 2016, pp. 351 – 356.

Marcel Mauss, "Techniques of the Body", *Economy and Society*, Vol. 2, No. 1, 1973, pp. 271 – 293.

维果茨基和马克思：迈向马克思主义的心理学

Marcel Mauss, *The Gift*, New York: Norton, 1967.

Margaret Wilson, "The Re-tooled Mind: How Culture Re-engineers Cognition", *Social Cognitive and Affective Neuroscience*, Vol. 5, No. 2 – 3, 2010, pp. 180 – 187.

Maria Ramas, "Freud's Dora, Dora's Hysteria", in C. Bernheimer and C. Kahane (eds.), *In Dora's case: Freud-Hysteria-Feminism*, New York: Columbia University Press, 1990, pp. 149 – 180.

Maureen E. Angell, Why be a parent? *New York Review of Books*, November 10, 2016, pp. 8 – 10.

Max Horkheimer, *In Between Philosophy and Social Science*, Boston: MIT Press, 1993.

Michael Howe, *The origins of exceptional abilities*, Oxford: Blackwell, 1990.

Michael Howe, *The psychology of high abilities*, New York: New York University Press, 1999.

Michael Kosok, "The Formalization of Hegel's Dialectical Logic", in A. MacIntyre (ed.), *Hegel: A Collection of Critical Essays*, New York: Doubleday Anchor, 1972, pp. 237 – 288.

Michael Massing, "Reimagining Journalism: The Story of the one Percent", *The New York Review of Books*, December 17, 2015.

Michael Tomasello, "Cultural Learning Redux", *Child Development*, Vol. 87, No. 3, 2016, pp. 643 – 653.

Michel Foucault, *Security, Territory, and Population*, New York: Palgrave Macmillan, 2007.

Michel Foucault, *The history of Sexuality*, New York: Pantheon, 1978.

Morton Schatzman, *Soul Murder: Persecution in the Family*. New York:

Random House, 1973.

Mujgan Inozu, David A. Clark, and Ayse Nuray Karanci, "Scrupulosity in Islam: A Comparison of Highly Religious Turkish and Canadian samples", *Behavior Therapy*, Vol. 43, No. 1, 2012, pp. 190 – 202.

Muriel Darmon, "Bourdieu and Psychoanalysis: An Empirical and Textual Study of a Pas de Deux", *The Sociological Review*, Vol. 64, No. 1, 2016, pp. 110 – 128.

Noël Bonneuil, "Arrival of Courtly Love: Moving in the Emotional Space", *History and Theory*, Vol. 55, No. 2, 2016, pp. 253 – 269.

Orçun Yorulmaz, Tulin Gençöz and Sheila R. Woody, "Vulnerability Factors in OCD Symptoms: Cross-cultural Comparisons Between Turkish and Canadian Samples", *Clinical Psychology and Psychotherapy*, Vol. 17, No. 2, 2010, pp. 110 – 121.

Pierre Bourdieu (ed.), *La Misère Du Monde*, Paris: Seuil, 1993. (Translated as *The Weight of the World: Social Suffering in Contemporary Society*, Stanford, CA: Stanford University Press.)

Pierre Bourdieu, *Distinctions: A Social Critique of the Judgment of Taste*, Cambridge, MA: Harvard University Press, 1984.

Renzo Llorente, "Marx's Concept of "Universal Class": A Rehabilitation", *Science and Society*, Vol. 77, No. 4, 2013, pp. 536 – 560.

Richard A. Shweder, "Cultural Psychology-What is It?", in J. Stigler, R. Shweder, and G. Herdt (eds.), *Cultural Psychology: Essays on Comparative Human Development*, New York: Cambridge University Press, 1990, pp. 1 – 43.

Richard E. Bailey, "Learning to be Human: Teaching, Culture and Human Cognitive Evolution", *London Review of Education*, Vol. 1, No. 3,

维果茨基和马克思：迈向马克思主义的心理学

2003, pp. 177 – 190.

Richard Lichtman, *The Production of Desire: The Integration of Psychoanalysis into Marxist Theory*, New York: Free Press, 1982.

Robert Alan Levine, "The Psychoanalytic Study of Lives in Natural Social Settings", *Human Development*, Vol. 14, No. 2, 1971, pp. 100 – 109.

Robert R. Holt, "A Review of Some of Freud's Biological Assumptions and Their Influence on His Theories", in R. Holt (ed.), *Freud Reappraised*, New York: Guilford Press, 1989, pp. 114 – 140.

Ronald David Laing and Aaron Esterson, *Sanity, Madness and the Family: Families of Schizophrenics*, New York: Pelican, 1970.

Roy F. Baumeister, Karen Dale and Kristin L. Sommer, "Freudian Defense Mechanisms and Empirical Findings in Modern Social Psychology: Reaction Formation, Projection, Displacement, Undoing, Isolation, Sublimation, and Denial", *Journal of Personality*, Vol. 66, No. 6, 1998, pp. 1081 – 1124.

Sigmund Freud, *Civilization and Its discontents*, T. Dufresne (ed.), G. C. Richter (trans., Peterborough, Ontario: Broadview Press, 2015.

Sigmund Freud, *Group Psychology and the Analysis of the Ego*, J. Strachey (trans.), Greensboro, NC: Empire Books, 2012.

Sigmund Freud, *New Introductory Lectures on Psychoanalysis*. New York: Norton, 1965.

Sigmund Freud, *Psychopathology of Everyday life*, NewYork: MacMilllan, 1914.

Uwe P. Gielen and Samvel S. Jeshmaridian, "Lev Vygotsky: The Man and the Era", *International Journal of Group Tensions*, Vol. 28, No. 3 – 4,

1999, pp. 273 – 301.

Walter Benn Michaels, "Against Diversity", *New Left Review*, 52, July/August, 2008, pp. 33 – 36.

Wendy Brown, *Undoing the Demos: Neoliberalism's Stealth Revolution*, New York: Zone Books, 2015.

William M. Reddy, *The Navigation of Feeling: A Framework for the History of Emotions*, Cambridge: Cambridge University Press, 2001.

第二部分

维果茨基心理学的马克思主义认识论和方法论维度

第二章
维果茨基著作中的马克思主义方法论基础

利吉亚·马西娅·马丁斯（Lígia Múrcia Martins）

本章试图找出作为主要倡导者维果茨基（1896—1934）、列昂季耶夫（Leontiev，1903—1979）的历史文化理论和马克思主义方法论体系之间存在的内在联系，也就是说，马克思（1818—1883）政治经济学批判所依据的科学方法。

在本文中，我们的目标是推进对维果茨基著作片面解释的挑战，这种片面解释是自20世纪90年代以来由巴西倡导的国际理想主义运动提出的，它试图将维果茨基的著作与其马克思主义根源分离开来，有效地重新解释、编辑和审查维果茨基的著作，并试图将他的理论屈从于占主导地位的新自由主义利益（Duarte，2001）。因此，我们做出澄清方法论运动的根本基础的政治承诺，该运动构建了马克

维果茨基和马克思：迈向马克思主义的心理学

思主义心理学所遵循的轨迹，对这一运动的压制掩盖了历史文化理论给研究领域带来的重大进展。

一、心理学马克思主义科学的探索

作为我们努力的起点，我们将重点放在维果茨基投身于为建设马克思主义心理学合理性而斗争的历史时刻，同时批判俄罗斯心理学从这一点出发所走过的轨迹。根据维果茨基的观点，后者把自身局限于机械论的方法，并试图把心理学和马克思主义之间的联系严格形式化，而不是以一种能够创造出真正科学心理学的方式来质疑马克思的哲学。也就是说，不让心理学服从马克思方法的假设。因此，有必要确定历史唯物主义和辩证唯物主义的核心要素，这些要素将指导心理学的认识论和方法论。因此，维果茨基并不把建构马克思主义心理学的过程理解为仅仅是形容词的罗列和对马克思主义理论碎片的引用，这些碎片与心理概念机械地联系在一起；相反，他认为让传统心理学的基本范畴遵循马克思在研究古典经济学范畴时所使用的同一方法过程是至关重要的。在马克思主义对资产阶级社会经济范畴的个案研究中，资产阶级社会经济范畴一直发展到基本矛盾出现为止，相互依存和相互联系得以证明，其独特的配置能够产生更高形式的生产方式。这样，通过研究符合社会本质的范畴状态，马克思将社会与社会组织先例的资本区分开来，揭示了资本的起源、一般规律及其暂时性。

关于这一运动和心理学的关系,维果茨基断言他应该写自己的《资本论》,就像马克思对资产阶级社会的研究一样,这就意味着要发展心理学范畴,考虑到它们的相互依存和基本矛盾,并设法定义使得人类心理、一种独特的心智形成的过程本质。从这个意义上说,历史文化心理学在人类高级心理功能的发展中发现了人类更高级别的心理机能,它将人类心理与动物心理区别开来,揭示了人类心理功能的一般原理,这些原理使人类变得可理解,并对其采取相应的行动。

因此,通过马克思的视角分析一种现象就预设了激进批判的领域,通过激进批判来揭示资产阶级社会的辩证法。从这个意义上说,历史—文化心理学的任务就是简单机械地应用马克思的理论来理解心理学;除此之外,它还预设了心理研究服从于马克思提出的范畴发展的方法论运动。要做到这一点,就必须理解这位德国思想家所描述的以历史唯物主义和辩证唯物主义的方法论为前提的范畴演绎的过程。

二、马克思心理学根源中的历史唯物主义和辩证唯物主义

根据历史辩证唯物主义的方法论基础,对直接表现出来的现实的占有并不能为分析现实的一般规律提供必要的

维果茨基和马克思：迈向马克思主义的心理学

条件；这种方法只能从现实最简单的测定出发，在综合过程中经过无数次的迭代，逐步重建现实，而不忽视其内在矛盾的逻辑，才能达到现实的具体细节。

在此基础上，维果茨基建构的马克思主义心理学基础是这样一个假设：人类的心理不能把客观现实当作一个机械的复制品来学习，不能完全相信主体所处的环境。掌握和捕捉现实的能力是通过一种心理过程系统而成为可能的，反过来，又通过重要的人类活动——社会工作——作为人与自然之间关系的中介而达到。这样，人的心理是由一个由认知—情感心理功能组成的多功能系统构成的，这些功能用于创建客观现实的主观形象；这在多大程度上符合现实将取决于个人发展的教育轨迹和社会地位（Martins, 2011）。

与把客观现实作为摹本的观点相一致，并与古典经济学的阐述相对比，马克思认为，具体事物在思想的多重规定中得以再现，是对范畴要素的抽象辨析；以直接呈现的具体事物为出发点，就意味着基于整体的混沌表征的分析。因此，在《资本论》中构建的概念发展的逐级层次的建筑结构，是从最高的抽象层次走向多重决定的具象，遵循经济范畴的递进呈现的辩证运动，克服了古典经济学近乎线性形式的逻辑。

有鉴于此，维果茨基（1999）在其《心理学危机的历史内涵》（"The Crisis of the Historical Meaning in Psychology"）一文中指出了重拾马克思主义方法基本前提的重要性,这种方法侧重于在更发达和更多样化的历史生产组织中识别资产阶级社会的结构;这样,构成其结构的范畴使我们能够理解所有以前的社会组织的生产关系,"残片和因素建立起来,其中一部分是还未克服的遗物,继续在这里存留着,一部分原来只是征兆的东西,发展到具有充分意义,等等"(Marx,2011,p.58)①。

因此,尽管抽象范畴表现为明显的反稀释性,也就是说,适用于所有时代,但抽象范畴"就这个抽象的规定性本身来说,同样是历史关系的产物,而且只有对于这些关系并在这些关系之内才具有充分的意义"(Marx,2011,58;译者注:《马克思恩格斯全集》第46卷上,北京:人民出版社1979年版,第43页)。从这个意义上说,即使经济范畴在以前的社会组织中有其本质,"在一切社会形式中都有一种一定的生产决定其他一切生产的地位和影响,因而它的关系也决定其他一切关系的地位和影响"(Marx,2011,p.59)②。

因此,马克思揭示了尽管资本主义社会是根据以前的社会组织形式的经济范畴来配置的,但他的分析总是强调当前生产方式的主导地位,这种生产方式使那些先前的范畴服从于它自己的特定功能。因此,对资产阶级社会的理

---

① 《马克思恩格斯全集》第46卷上,北京:人民出版社1979年版,第43页。
② 《马克思恩格斯全集》第46卷上,北京:人民出版社1979年版,第44页。

维果茨基和马克思：迈向马克思主义的心理学

解不能忽视它的特殊性，在这种特殊性中，资本征服了其他的各类关系。

因此，维果茨基（1999，p. 206）在他关于心理学危机的分析中，恢复了那些马克思主义的断言，将其作为这门科学发展的"可能的方法论路径"①。同样地，他们认为资产阶级社会组织是生产方式的高级形式，人的意识是心理的高级形式；尽管在其他形式的动物心理中也有相应的范畴，但与以前的心理形式相比，这种心理达到了新的高度。这是因为它根据生物的、但主要是历史—社会规律而发展的特殊性。人类心理发展的这种特殊性在如下引文中得到了清晰阐释：

> 关于这一点，黑格尔说道："某物由于它的本质乃是它现在这个样子，同时如果它失去了它的本质，它便不再是现在的样子。"因为，行为由动物发展到人的阶段，导致了新质的产生，**我们的主要思想就在这里**。这种发展并不限于动物心理学已经给我们提供的那些刺激与反应之间的关系的单纯复杂化。它同样也不是沿着这些联系的量的增加与途径的扩大而进行的。其中人的心理是辩证的飞跃，从而导致刺激与反应之间的关系本身的质变。人的行为——我们想可以这样来表述我们的基本结论——较之于动物的行为所具有的质的

---

① 《维果茨基全集》第2卷，合肥：安徽教育出版社2016年版，第106页。

特点，是由人的适应与发展的整个类型不同于动物的适应与发展的类型所具有的质的特点决定的，因为人的心理发展过程乃是人类历史发展的一般过程的一部分。(Vygotsky, 1995, p.62)[①]

也就是说，就像马克思主义理论试图确定资产阶级社会组织功能的一般规律，这是一种更发达的生产方式的特征——克服了消除历史差异和资本社会永久化的经典经济学倾向——马克思主义心理学致力于克服对心理的线性和非历史性的分析，确定特殊性和它更发达的表现形式——人类意识的特征和支配其发展的历史—文化规律。

三、遵循马克思主义的范畴运动的心理历史发展

在阐述了马克思主义心理学方法论路径的基础上，有必要从马克思著作的历史—辩证逻辑出发，对范畴发展进行更深层次的理解。在这个意义上，有必要挽救马克思理论呈现的双重性；这存在于对资本主义社会的同时阐述和批判中，这种阐述和批判源于马克思试图用一种新的方法论论证来超越古典经济学家所发展的肤浅的概念表述。在这一过程中，马克思进行了重新创造和逆转，在建构的批判中寻找内在的概念联系。

[①] 《维果茨基全集》第2卷，合肥：安徽教育出版社2016年版，第64页。

维果茨基和马克思：迈向马克思主义的心理学

在给拉萨尔的一封信中，马克思指出他的工作"是对**经济学范畴的批判**，或者，也可以说是对资产阶级经济学体系的批判"①。在这句话中他已经向我们表明，那些描述资产阶级经济制度的批判，会因其本身的阐述而变得不堪重负。因此，我们同时有两个重要的过程需要表达：马克思发展了古典经济学范畴，这些范畴根据系统的内在动力暴露了系统自身无法解决的局限性和矛盾；此后，他对其基本概念进行了重新梳理和赋予新的意义，从辩证的阐述发展为批判。因此，马克思揭示古典经济学理论范畴的方法显示了它的不一致性，这种不一致性在他的批判中是一个特点，并让他对资产阶级社会运动和变迁的一般规律提出了新的理解。

在维果茨基那里也可以观察到同样的过程。就像古典经济学接近资产阶级社会的核心范畴一样，直到那个历史时刻，传统心理学才以原子论的、表达不清晰的方式来研究资产阶级社会的现象。因此，维果茨基揭示了传统心理学方法论上的不足，证明了二分法的局限性，它的碎片化以及它理解心理的非历史尝试，这导致他重新组织并赋予了这门科学的基本概念新的意义。因此，维果茨基所阐述的批判论述转化为一种新的关于心理研究的建议，这种建议认为心理是跨功能的，需要从整体上加以检验。对于维果茨基（2000，p.8）来说，

---

① 《马克思恩格斯全集》第29卷，北京：人民出版社1972年版，第531页。

致力于研究复杂单位的心理学，必须从将其分解成元素的方法转向将其分解成单位的分析方法。找到那些不能分解的，但却普遍存在的，作为一个统一的给定的整体所固有的属性，并发现这些属性以相反的方面表现出来的单位，是极其重要的，试图通过这种分析，来解决所提出的问题。

我们研究的首要基本形式就是分析各种高级的行为方式……它的基本任务并不是把心理的整体分成各个部分，或者甚至分成许多小块，而是要在每个心理整体之中分出保留这一整体的主要意义的具有一定特点的元素，在这里，我们认为关于心理学中的结构观点与分析观点相结合的思想的提法是明确的。（Vygotsky, 2000, p.8）[①]

在上述引文中，我们可以看出维果茨基在寻找心理学的分析单位时，与马克思主义方法的内在对应。维果茨基停留在古典经济学范畴的表面上，就会得出关于资产阶级功能的错误结论，因为根据马克思的研究原则，他的目的是找到"一般资本"的具体规定，并理解这一抽象领域的内在倾向。为此，《资本论》首先肯定："资本主义生产方式占统治地位的社会财富，表现为'庞大的商品堆积'，个体的商品表现为这种财富的元素形式。"（Marx,

---

[①] 《维果茨基全集》第2卷，合肥：安徽教育出版社2016年版，第107、110页。

维果茨基和马克思：迈向马克思主义的心理学

1995，p.27)①

因此，作者在劳动产品的商品中发现了资产阶级经济增长的能力，并把它作为阐述资产阶级经济的起点。这一出发点的正当性仅在于，马克思的研究是建立在社会和历史基础上的，是有指导意义的；他所采取的一切步骤都是由这样一种特权所维持的，即资产阶级经济的发展道路受制于某种生产方式和一种特定的历史财富形式，而不受资产阶级思维方式的静态和自然主义性质的限制，在这种思维方式中，范畴关系表现为外在的、支离破碎的，因而局限于其表面表现。在《资本论》中，正是资本主义社会的这种基本的和基本的表现形式——商品——所固有的逻辑和历史的矛盾，勾勒出了马克思的范畴发展，这将有助于我们从本质上理解这种"庞大的商品堆积"的一般功能规律。

在解释作为上述道路选择基础的科学和方法论因素时，马克思保证经济学"既不能用显微镜，也不能用化学试剂。二者都必须用抽象力来代替"（Marx, 1995, p.6）②。因此，抽象是分析经济细胞形式的工具。为了理解资本主义生产方式及其相应的生产和流通，有必要从范畴中更深入地观察，"在保证过程以其纯粹形态进行的条件下"（Marx,

---

① 《马克思恩格斯文集》第5卷，北京：人民出版社1958年版，第47页。

② 《马克思恩格斯全集》第23卷，北京：人民出版社1972年版，第8页。

1995，p. 6）①。因此，马克思在资产阶级社会的**细胞**——商品的形式——中寻找其他经济方式的建构，而这种经济方式曾经是包含所研究现象的全部文明趋势的最小分析单位。

马克思主义心理学遵循这些方法步骤来研究心理的特定历史和社会形式，从而确定构成人类心理的基本和代表性心理过程的细胞。根据维果茨基（2000）的说法，这个最小的分析单位存在于词义中，它包含了意识发展过程中所有内容的综合。

> 词义是该词不可分割的部分，它属于语言范畴，同样也属于思维范畴。一个没有意义的词不是词，而只是一个空洞的音。丧失了意义的词不再属于言语王国。因此，就本质而言词义可以被视为一种语言现象，同样也可以被看作思维领域的现象。关于词义，我们不能像以前那样将语言分解为语音和语义两种不同元素来谈论。词是什么？是言语还是思维？它是言语，但同时也是思维，因为它是言语思维的单元。（Vygotsky，2000，p. 10）②

根据马丁斯（Martins，2011）的观点，维果茨基明确指

---

① 《马克思恩格斯全集》第23卷，北京：人民出版社1972年版，第8页。
② 《维果茨基全集》第4卷，合肥：安徽教育出版社2016年版，第10页。

维果茨基和马克思:迈向马克思主义的心理学

出,高级心理功能的发展是基于一个动态系统,该系统假设不断的运动和跨功能的重建。这一运动是通过使用下列标志来实现的,这些标志

> 是超出每个功能特定范围的运行的转换。所提到的工作不会以私人的方式复杂化,因此不会引发跨功能的转换——它不是关于转换,例如,从自然记忆到逻辑记忆、从自然注意力到自愿注意力、从实用智力到抽象思维等等。每个功能的具体转换决定了它们所参与功能组合的更改,也就是说是一个整体的心灵。(Martins,2011,p.58)

因此,在心理发展的过程中所达到的转变并不是在每个心理功能中以一种孤立的方式给出的,而是在关系和跨功能中,当它们达到新的发展水平时,这些关系和跨功能表达了新的构成。

历史—文化心理学再次证明了它与辩证唯物主义和历史唯物主义的内在联系。因为维果茨基认为,正如马克思对资产阶级社会经济范畴的研究一样,他对每一种心理功能的研究,从它最简单的表现形式发展到它的基本矛盾时,就会产生其他功能,并在这些功能中得到充分发展;同样地,如果不理解那些先于它们的事物,就无法理解它们的本质。

马克思在批判古典经济学时也描绘了同样的轨迹。从

资产阶级社会的最小分析单位——商品出发，当每一种经济范畴在本质上被细分时，论证了各种经济范畴之间的内在联系。例如，通过遵循资产阶级社会内部结构范畴演绎的规律，"商品"范畴的内在矛盾细分为"价值"范畴，而价值以"货币"为前提，来源于"资本"。

通过这种方法论的阐述，马克思主义的分析是唯一能够研究和揭示这些以前从未揭示过的经济范畴之间的相互依存和变化关系的方法，从这些关系中找出资本主义生产过程基本运动的内在规律。

按照这种方法，维果茨基把他对高级功能过程发展史的研究定位在马克思主义的思想中，以发展心理范畴直至他揭示它们的内在联系，从而了解构成它们的基本规律。因此，他是理解社会和心理层面之间存在的相互依存关系的先驱，实现了他所说的"文化发展的一般遗传规律"。根据这一规律，儿童文化发展中的任何功能都表现为两个层次：首先是社会层面（心理间范畴），然后是儿童内部的心理层面或心理内范畴（Vygotsky，1995）。因此，维果茨基运用历史唯物主义和辩证唯物主义对人的心理进行的研究，把马克思在关于费尔巴哈的第六篇论文中已经指出的东西放在了心理科学的角度上；也就是说，人的本质不是抽象的东西，不是每个孤立的个体内在的东西。在他自己的现实生活中，人的本质是关系、是社会性的结合（Marx and Engels，1984）。

维果茨基（2001）保持着与马克思主义前提条件相同

的方法论联系，也致力于研究知识建构中隐含的心理过程。语言符号为理解内在抽象关系中的真实事物提供了复杂性。这一智力过程能够形成概括和推理的逻辑操作，例如：分析或综合、比较、概括和抽象。

复杂思维应该有助于有效的抽象思维，而这一任务必然屈服于文化符号的内化，屈服于个人在整个历史过程中对具体现实的抽象再编码工作的产物的挪用。这就必然需要抽象和理论，需要从表象上捕捉现实，以便为本质的理解提供空间。只有通过理论的、概念性的思维，意识对象才能具体性地表现为多种关系和各种规定的综合。

四、最后的思考

维果茨基对马克思主义心理学的发展并不在于从马克思的著作中寻找一种理解人类心理的理论，因为马克思主义理论的研究对象最终是资本主义社会。因此，对历史—文化心理学的马克思主义方法论基础的认定，绝不能局限于在作者的著作中寻找引文，或仅仅局限于概念之间关系和并列的描述。

除此之外，我们认为，要确定这种心理学的马克思主义基础，就必须对支撑其假设的方法论运动进行严格分析。从这个意义上说，我们本章的目的是要证明：正如马克思采用历史唯物主义和辩证唯物主义来对资本主义社会进行激进的批判并发现资本主义社会的一般运行规律一样，维果茨基也在马克思主义的道路上寻找马克思主义心理学在研究人类心理时应该遵循的类似道路,从而为马克思主义心理学勾勒出具体的方法论基础。

总之,在这一努力中,我们看到维果茨基在社会历史发展规律的庇护下研究人类心理。他在综合了意识形成的社会特征后,在词义上找到了精神生活的最小单位;他揭示了心理过程的本质,抓住了它们在发展过程中的相互依赖和结构重组。

因此,马克思主义方法论原则的应用通过证明意识高级形式的特殊性,彻底改变了人类意识的研究。在这一过程中,它克服了使其发展原子化的二元论和碎片化的概念,从而失去了对指导其发展的总原则的复杂观点。总而言之,将意识作为历史和辩证研究的对象,有助于克服逻辑—线性形式的限制,构建一门能够理解历史性的人的综合辩证运动的科学。

参考文献

Karl Marx and Friedrich Engels, *A Ideologia Alemã* [*The German Ideology*], São Paulo: Moraes, 1984.

Karl Marx, "Letter toLassale, February 22, 1858", in Lawrence & Wishart (org.), Karl Marx Frederick Engels Collected Works: Volume 40, Moscow: Progress Publishers, 1984, pp. 268 – 271.

Karl Marx, Capital: A Critique of Political Economy-Book One: The Process of Production of Capital, 1995, Available at: https://www.

维果茨基和马克思:迈向马克思主义的心理学

marxists. org/archive/marx/works/1867-c1/ (accessed March 22, 2016).

Karl Marx, *Grundrisse: Manuscritos Econômicos de 1857 – 1858: Esboços da Crítica da Economia Política* [*Grundrisse: Economic Manuscripts 1857 – 1858: Foundations of the Critique of Political Economy*], São Paulo: Boitempo, 2011.

Lev Vygotsky, "O Significado Histórico da Crise da Psicologia: Uma Investigação Metodológica. [The Historical Meaning of the Crisis in Psychology: A Methodological Investigation]", in Teoria e Método em Psicologia (2nd ed.), C. Berliner (trans.), São Paulo: Martins Fontes, 1999.

Lev Vygotsky, *A Construção do Pensamento e da Linguagem* [*Thought and Language*], São Paulo: Martins Fontes, 2000.

Lev Vygotsky, *Obras Escogidas: Tomo II* [*Selected works: Volume II*], Madrid: Visor, 2001.

Lev Vygotsky, *Obras Escogidas: Tomo III* [*Selected Works: Volume III*], Madrid: Visor, 1995.

Lígia Márcia Martins, "O Desenvolvimento do Psiquismo e a Educação Escolar: Contribuições à Luz da Psicologia Histórico-cultural e da Pedagogia Histórico-crítica [The Development of Psychology and School Education: Contributions of Historical-cultural Psychology and Historicalcritical Pedagogy]", Thesis in Educational Psychology, Department of Psychology, Universidade Estadual Paulista, Bauru campus, 2011.

Newton Duarte, *Vigotski e o Aprender a Aprender: Críticas às Apropriações Neoliberais e Pósmodernas da Teoria Vigotskiana* [*Vygotsky and Learning to Learn: Criticism of the Neoliberal and Postmodern Appropriations of Vygotskian Theory*], Campinas: Autores Associados, 2001.

第三章
人类发展中工作、意识和符号问题

达妮埃尔·努内斯·恩里克·席尔瓦
(Daniele Nunes Henrique Silva)
伊莲娜·莱莫斯·德·派瓦 (Ilana Lemos de Paiva)
拉维尼亚·洛佩斯·萨洛芒·马乔利诺
(Lavínia Lopes Salomão Magiolino)

与动物行为相比，心理学领域热衷于理解人类是如何发展、如何学习的以及人类特殊心理的解释机制是什么。受西方哲学的影响，心理学的解释努力集中于寻求研究感觉器官与环境刺激的关系。这源于许多心理学家一致认为，人类较高级的心理功能源于他们与自然建立的复杂联系。

然而，我们仍然观察到这样一种认识论范式，把自然和文化的关系一分为二，作为一种在系统发育和个体发育层面上理解更高级心理功能、起源及其构成的方式（See

维果茨基和马克思:迈向马克思主义的心理学

Damasio, 1994, 1999, 2003; Edelman, 1989, 2006; Tomasello, 1999, 2003 etc.)

人类意识与语言、文化、工具和符号使用之间的关系贯穿于当代学者的作品之中,并具有不同的侧重点。例如,我们可以在安东尼奥·达马西奥(Antonio R. Damasio, 1999)的书中看到,他在解释意识时省略了语言,并强调了根植于身体的形象和标记过程,以标识精神状态。这实际上是对意识的机械和功能主义的解释(Magolino and Smolka, 2013)。在杰拉尔德·埃德尔曼(Gerald M. Edelman, 1989)的著作中,大脑形态与意识的理解息息相关。在迈克尔·托马塞洛(Michael Tomasello, 2003)的著作中,对人类和动物过程的不同解释强调了文化的包容、工具的使用以及语言支撑的合作动态。

这种范式引发了经典哲学和心理学中关于意识问题的讨论。在维果茨基时代,这是一个核心问题,如下所示。

受约翰·洛克(John Locke, 1632—1704)、埃蒂耶纳·博诺·德·孔狄亚克(Etienne Bonnot de Condillac, 1715—1780)等影响的唯心主义者和以勒内·笛卡尔(René Descartes, 1596—1650)、伊曼努尔·康德(Immanuel Kant, 1724—1804)等思想为代表的机械唯物主义者之间的讨论,影响了19世纪心理学中的这个问题。那个时期的问题(至今仍在回响)受制于启蒙运动以真理为核心的观念、自然科学与人文科学之间的观念以及对新建立的心理学的**科学使命**的不同理解。

以斯普兰格（E. Spranger，1882—1963）和伊万诺维奇（C. Ivanovich，1862—1936）等人为代表的唯心主义心理学主张，人类产生的知识完全由印象和相关的想法构成——从简单的形式到更复杂的结构。尽管它关注的是意识的解释基础，唯心主义心理学未能发展出一种方法论，以满足科学研究的要求，而是避难于唯心论的庇护。

在相反的方向上，由机械论概念所支持的批判指出，需要以自然科学为基础，以伊万·彼得罗维奇·巴甫洛夫（Ivan Petrovich Pavlov，1849—1936）和弗拉基米尔·米哈伊诺维奇·别赫捷列夫（Vladimir Mikhailovich Bekhterev，1857—1927）等人的工作为基础，来研究人类行为。科学、自然的方法试图通过推断高级功能的基本过程来理解人类的心理现象。意识是不可能获得的，因此在这些实验中被忽略了。

在维果茨基（1997a[①]，1997b）的表述中，我们遵循他对这些方法的批判，因为这些方法在科学心理学和方法客观性的领域中压制或排斥了高级过程，因此也排斥了意识。

所以，在维果茨基看来，与他交谈的反射学家和反应学家将行为及其所有组成部分解释为局限于反射的总和："感觉是什么？这是一种条件反射。什么是语言、手势、哑剧？它们也是条件反射。而本能、失误、情绪呢？它们也是条件反射"（Vygotsky，2001，p. 61）。

[①] 见第13章。

维果茨基和马克思：迈向马克思主义的心理学

维果茨基在很年轻的时候就报告说，二元论作为分析和研究人类心理的一种方式，只能通过认识论和方法论的审查得以解决。他在理论和研究上坚决反对反射学的还原论。他想知道如何可能在两种根本不同的存在上建立一门科学（Vygotsky，1999，p.362）[①]。他的回答是建立一种以历史唯物主义和辩证唯物主义为基础的一般心理学。

总之，我们可以肯定，在维果茨基的所有著作（Vygotsky，1997a，1997b，1997c，1998，1999）中，他都在质疑认识论分离主义的创伤。他敦促研究人员将精神起源的问题从自然主义和主义（或主义）的基础转移到社会和历史的维度。

为了成功地完成这一任务，他求助于马克思主义思想，使这一领域的研究发生了革命性的变化。因为他不再以孤立的方式对待心理现象，而是将其视为一个整体。因此，他捍卫了一种社会—心理心理学，能够辩证地运用主观性和客观性（Sawaia and Silva，2015）。

历史—文化链条为理解人与环境的关系开辟了一条新途径，揭示了历史和文化在高级心理功能形成中的根本作用——其中，语言因其在心理中的地位和在意识发展中的作用而地位突出。维果茨基讨论了借助于媒介和符号过程的人类思维起源及社会结构，而这些深受马克思哲学思维的影响。

[①] 我们在这里只讨论这个问题的方法论方面：是否存在一门关于两种根本不同的存在的科学？

一、人类世界组成中的工作：卡尔·马克思和格奥尔格·卢卡奇

依据马克思主义的理论，工作范畴是维果茨基著作的本体论基础之一，是构成人类世界的核心时刻。值得记住的是，马克思对人的历史性持激进的观点，他捍卫人是社会动物的观点。维果茨基遵循这一原则，认为集体劳动是人类文化建构中意识活动的起源，而对高级心理形成的解释也由此而来。

马克思《资本论》（2002，pp. 211 - 212）中的引文说明了这一观点：

> 蜘蛛的活动与织工的活动相似，蜜蜂建筑蜂房的本领使人间的许多建筑师感到惭愧。但是，最蹩脚的建筑师从一开始就比最灵巧的蜜蜂高明的地方，是他在用蜂蜡建筑蜂房以前，已经在自己的头脑中把它建成了。劳动过程结束时得到的结果，在这个过程开始时就已经在劳动者的表象中存在着，即已经观念地存在着。他不仅使自然物发生形式变化，同时他还在自然物中实现自己的目的，这个目的是他所知道的，是作为规律决定着他的活动的方式和方法的，他必须使他的意志服从这个目的。（From Vygotsky，

维果茨基和马克思：迈向马克思主义的心理学

1978, p. xiii)[①]

依据马克思和恩格斯的观点（2009）：

> 人们为了能够"创造历史"，必须能够生活。但是为了生活，首先就需要衣、食、住以及其他东西。因此第一个历史活动就是生产满足这些需要的资料，即生产物质生活本身。[②]

在法布里西奥·桑托斯·迪亚斯·德·阿布瑞尤（Fabrício Santos Dias de Abreu, 2015）看来，人类的生存依赖于生活所必需的物质产品的生产，而物质产品是通过工作对自然的有目的改造而产生的。在这一过程中，人不仅生产了生活的资源，而且从社会关系中发展了自己的意识。正如马克思和恩格斯所说，"那些发展着自己的物质生产和物质交往的人们，在改变自己的这个现实的同时也改变着自己的思维和思维的产物。不是意识决定生活，而是生活决定意识。"[③]

基于这一前提，席尔瓦（Silva, 2012）解释说，人类创

[①] 《维果茨基全集》第3卷，合肥：安徽教育出版社2016年版，第81页。

[②] 《马克思恩格斯全集》第3卷，北京：人民出版社1960年版，第31页。

[③] 《马克思恩格斯全集》第3卷，北京：人民出版社1960年版，第30页。

造了自己的生计,并间接地创造了其物质性。通过工作(社会活动),他在自然史过程中的存在条件成为一个本质上的文化故事,在这个故事中自然(构成人类生存的生物条件)受到文化的影响。

因此,我们必须强调,**我们在现实中的活动与现实本身所给予的物质条件有着内在的联系**。因此,构成社会现实矩阵基础的不是意识的产物,而是人们之间建立的物质关系,这些关系解释了他们所创造的思想和制度。现代马克思主义最重要的理论家之一卢卡奇(1885—1971)认为,作为社会存在的本体论基础,工作范畴是一切再生产过程的不可排除的基础。同时,只有在社会再生产的背景下,工作才能存在(Lukács, 1976)。

从这些角度来看,拯救卢卡奇所恢复的马克思主义的工作概念是很重要的,以便指出马克思工作的本体论维度,它宣布了人类本质的历史性,正如维果茨基所讨论的那样。

卢卡奇认为,社会再生产体系是通过历史决定的具体过程形成的,这些过程总是矛盾的,它把人建构为社会存在,在本体上与自然不同,但与自然保持着不可分割的代谢关系。正是在这种具体的历史过程的背景下,社会存在的普遍本体论范畴通过工作而产生。

因此,社会再生产作为一个本体论范畴,指的是在每一个历史时刻,让人类达到更高、更复杂的社交水平的私人中介。与此同时,具体的存在形式正在形成,社会存在

维果茨基和马克思：迈向马克思主义的心理学

的普遍范畴也在发展。简而言之，继马克思之后，卢卡奇将社会再生产的标签应用于规范范围所形成的范畴体系，这些范畴是人类创造的真实的和历史的时刻（Lukács, 1976；Lessa, 2004）。

对于卢卡奇来说，人的世界是一种新的实体，纯粹的社会性的、与自然规律无关的，尽管需要与自然进行永不停息地有机交换（Lessa, 1995, p. 13）。

因此，有必要在社会存在中寻找它的特定逻辑，寻找把自然存在和社会存在区分开来的本体论程序，并在此范围内寻找使越来越多的社会总体逐步地从人与自然的原始直接关系中区别出来的特定范畴。在社会存在的再生产向复杂和高级社交水平提升的过程中，人类的世界越来越多地受到纯社会范畴的影响。

对马克思主义思想家来说，人的个体化进程只有通过历史才能实现。根据卢卡奇主义的本体论，人作为一种普遍存在、部落动物、群居动物，是复杂生产关系的结果（Hobsbawn, 2011）。劳动的这种特性，即"生产超出劳动者再生产所必需的东西"，是整个人类历史的"客观基础"（Lessa, 1995）。

在阶级社会，特别是资本主义社会中，工人越是通过自己的劳动占有外部世界，他就越是失去生活资料（Marx, 2004, p. 86）[①]。从这个角度来看，工人开始把他的工作产

[①] 《马克思恩格斯全集》第42卷，北京：人民出版社1979年版，第92页。

品视为一个陌生的对象。

工作是一种必要的**有机产品**（Lukács，1976），同时也构成了对社会化进程的影响，要求立即发展以前在自然界中不存在的系统。实践图式（构思—行动—评价）之所以可能，是因为维果茨基所倡导的意识的存在，它是为了工作的需要而在本体论维度中被创造出来的。

这种本体论的情况不是简单的同一的连续，而是在永恒的、不间断的变化中建立自己的连续性。根据卢卡奇的观点，这种连续性的器官和媒介是意识（Lessa，1995，p.34）。

在这一点上，我们可以肯定：没有意识的工作是不可能的，尽管经过一定的历史发展后，它成为有意识的社会，完成了"对人类自为存在的充分解释"（Lukács，1976，p.183），并克服了它最初的沉默。① 这样，卢卡奇把语言的本体论起源放置于工作之中，作为创造客体和主观创新的能力，只要它保留了意识，使人类的成就得以传播。

沿着这条论证路线，在卢卡奇的本体论中，语言对于社会存在再生产的连续性是不可或缺的。考虑到社会活动的需要、人与自然的关系以及人与人之间的关系，象征性体验（symbolic experience）完成了捕捉和确定特殊性及普

---

① 卢卡奇认为，在社会再生产中语言是一种本能反应；因此，对于其连续性而言，语言表现为必需的复杂中介。同时，它是一种赋予了人类不再默声本质力量的中介。它指的是由于自然界中没有语言而产生的沉默、终被人类所克服。

遍性（singular and the universa）的双重任务。语言的社会功能意味着它很快就会成为一种普遍的社会系统，因为没有中介，人类实践的任何方面都无法完成（Lessa, 1995）。

语言允许先前的思想，能够协调基本抽象的关系——维果茨基将其作为高级心理功能的特殊性来探索。这样，就有可能在意识领域中以具象的方式运作，这种具象不是直接呈现给人类的，而是工作活动及其衍生（艺术、哲学、科学等）的基础。

在社会背景下，一旦语言在二阶目的论介入中有了中心地位，它就可以调解其他社会再生产系统诸如意识形态；换句话说，人类的行为通过一个人对另一个人的行为间接地改变了自然。

二、维果茨基和米哈伊尔·巴赫京-沃洛奇诺夫（Mikhail Bakhtin-Volochinov）的意识及语言问题

正如我们前面所探讨的，对于马克思主义思想家来说，工作是解释人类物种的核心范畴。维果茨基意识到了这一点，从这个前提出发，他开始理解意识和高级心理系统；但他避免将这些归结为主观现象和/或机械描述。他的观点似乎与卢卡奇所阐述的观点非常接近，但重点有所不同，如下所示。

对于维果茨基（1989）来说，工作的定义就是人类对

转化自然界的需要。事实上，如果自然景观对物种的延续没有表现出任何挑战，人类可能就不需要创造新的社交和生存形式。正是这种不足产生了新行动的创造，这源于生存的需要（Vygotsky, 2004）。

从进化的角度来说，这意味着通过中介，自然景观可以成为一种文化建构。进化过程中的这一质的飞跃导致有机体转变为社会主体。根据鲁利亚（1902—1977）的说法，由于两个因素才有可能：a）工具的使用和b）语言的诞生。

事实上，根据我们下面的探索，正是通过符号系统和工具，人们使用它们来改变世界，社会实践才开始变得更加复杂。由于工具的改进而产生的通信和技术进步使新的企业安排得以实现，从而改变了思维、感觉和行动的方式。也就是说，在动植物种类史中，符号和工具的使用标志着从动物人到文化人的过渡，这成为精神上理解高级秩序的基础。

恩格斯（p.272）肯定了这一点：

> 首先是劳动，然后是语言和劳动一起，成了两个最主要的推动力，在它们的影响下，猿的脑髓就逐渐地变成人的脑髓；后者和前者虽然十分相似，但是就大小和完善的程度来说，远远超过前者。[1]

---

[1] 《马克思恩格斯全集》第20卷，北京：人民出版社1971年版，第513页。

维果茨基和马克思：迈向马克思主义的心理学

为了以更具体的人类术语来处理这些系统，维果茨基（1978）提出了符号和工具之间的近似性，将它们隶属于一个更一般的概念：中介活动及其在心理构成中的作用。与其他动物世界发生的事情不同（例如，前面引用的蜘蛛蛛网的本能），意识活动是由仪器（工具）、心理工具（符号）和人类社会关系来调节的。

从生物系统发育的角度来说，这种工具的发明使外部活动的转变成为可能。在这里，我们指的是文化制品（如鱼竿、锤子等）的产生，它们促使人类利用自然生产物质产品的方式发生了根本性的变化。

工具的使用——由于其对自然的直接作用而被置于人类之外——主要与活动水平有关。然而，席尔瓦（2002）警告说，这种外部工具也是一种共同的社会标志，它将自己引导到心理内部层面，将自己带入整个意义的历史、集体实践的文化方面和人们对这些工具使用的整个历史。因此，"斧头同时是自然领域的工具，也是符号，是指定对象本身的词语。根据文化构成的人际游戏，它承载着行动的历史及其意义"（Silva, 2002, p.35）。

通过这种方式，对工具使用（和周期性的企业动态）的研究激励我们发展语言的作用。在历史文化领域的研究中，工作形式和社会实践的发展与工具的使用和符号的生产之间存在着相似之处，因此我们假设与当代机械和生物学或神经生物学的观点不同。

对于维果茨基来说，语言的产生——文字作为一种符号的地位——允许人类通过心理机制来运作，从而增强了解决问题的潜力。语言——被理解为人类的产品和生产，在社会关系中使之成为可能的东西，超越了符号化的机械观点、符号解码和交流——构成了思维、情感、感知和记忆。这就是为什么我们根据维果茨基的观点断言，没有语言，人类的意识就不可能存在。

维果茨基（2014，pp. 346 - 347）认为：

> 意识反映在词中就像太阳反映在一滴水中一样。词与意识的关系就像小世界与大世界、有生命细胞与整个肌体、原子与宇宙的关系一样。它是意识的小世界。理解了的词是人类意识的小宇宙。[①]

根据鲁利亚（1991）的说法，通过开始使用符号，人类出现了三个基本变化：a）区分物体并将其保存在记忆中的能力；b）抽象和概念概括的能力；c）传播和保存信息的可能性；使人类能够吸收经验并支配人类在历史上产生和积累的知识。

语言作为理解他人和自己的一种方式而产生，同时也是对世界和自己采取行动的方式。内化一词作为一种心理工具、一种符号，构成了思维。在这个过程中，语言开始

[①] 《维果茨基全集》第 3 卷，合肥：安徽教育出版社 2016 年版，第 384 页。引自 Lev S. Vygotsky, Thought and language, Cambridge, MA：MIT Press, 1986, p. 256.

维果茨基和马克思：迈向马克思主义的心理学

指导行动，并为构成人类意识的复杂过程提供形式。维果茨基（1999）对心理过程起源的研究表明，意志操作涉及心理间性维度。

在这里，我们可以理解清晰的语言对知识和意识的作用。从个体发生的角度来看，语言是一种在孩子和他周围的人之间建立联系的方式。渐渐地，他开始用自己的社会动态中分享的语言来设计自己的行为（Vygotsky，1999）。我们可以看到，在维果茨基看来，个体意识意味着共情，因为高级心理功能发展的基本规律之一，来自人际关系中的功能及其在一个人身上综合展开的想法。

同样值得注意的是，在文化发展史上被认为具有重大意义的符号最初是一种联系手段，一种对他人采取行动的手段。当我们把符号的真正起源看作是一种联系方式时，我们可以说，从更广泛的意义上讲，符号是一种社会特征的某些心理功能之间的联系方式。传递到自身，它们也提供了一种结合自身内部功能的手段，我们将能够证明，如果没有符号和语言，大脑和原始连接就无法形成如此复杂的关系。

反应问题（回到巴甫洛夫和反射学家）被批判性地重新阐述，内在地与维果茨基在《思维与言语》中阐述的心理系统、符号和意义的交叉功能问题联系在一起。

对于维果茨基来说，词作为**意识的缩影**——正如我们在巴赫京（1895—1975）中看到的——是最高秩序的标志。此外，符号不是来自人类所占据的自然世界，而是来自社会世界中的人类秩序。它不是一种反射，不只是一种自然有机秩序的机制，用来构成精神和指导人类行为，而是通过社会关系和历史文化领域形成的东西——它是人类的产物。因此，人类优越的心理功能不是从生物机制中产生的，也不是由物种生物器官的复杂性所表征的；相反，它反映了人类心理嵌入自己的历史和文化之中，并影响和重新设计这种功能的工具、符号的创造。

安娜·路易莎·什莫尔卡（Ana Luiza Smolka, 2004）在讨论意义生产的条件和方式时指出，在维果茨基的概念发展中，我们从表征（形象的表述、有机领域）过渡到意义（符号和感觉的生产、文化领域）。什莫尔卡（2004, p.42）帮助我们理解单词或**动词**的问题：

> 符号，作为在人际关系中产生和稳定的东西，在主体中行动、共鸣、回响。它具有浸渍性和可逆性等特点，即它影响着关系（及其历史）中的主体。此外，作为卓越标志的词在这里被强调为一种更纯粹、更敏感的社会关系方式，同时也是内心生活的符号学材料。构成人类的特性——允许人类不仅指示，而且通过语言命名、强调和引用；通过语言，他能够指导、计划、（相互）调节行动；认识世界，认识（他自己），并成为一个主体；它使人能够引领和创建现实。**言语**的出现构成了一个不可逆转的事件。

维果茨基和马克思：迈向马克思主义的心理学

总之，我们可以肯定，维果茨基在他的历史文化视角中，为理解意识，特别是人类心理功能的设计带来了一系列元素，这不是二分的、唯心主义的或机械的。对维果茨基来说，在沉浸于历史和文化的过程中、在意义的过程中，生物器官被重新设计并通过这一过程而转变。然而，他对符号的阐述仅限于符号的心理和中介作用。

在巴赫京（2002）的著作中，我们发现了深化和推进这一讨论的元素，因为这位俄罗斯语言学家开始把维果茨基提出的心理工具——符号——视为深深纠缠于生产方式的社会关系中的意识形态事实。

对于巴赫京来说，这种符号在社会交往中是共享的，社会交往是由社会环境中的思维方式和行为方式构成的。词与上层建筑和基础设施之间的联系反映了生产关系和社会斗争。需要强调的是，根据这一论述路径，意识形态产品也与确定的现实相结合，无论是自然的还是社会的，但它与其他的产品不同，因为它反映了另一个外在的现实。在这个意义上，这种现象或意识形态的产物隐含着一种超越自身的意义和范围。

例如，在理解语言意义的过程中，巴赫京（2002）指出了问题的难度和复杂性，并指出了考虑两个概念的重要性：主题和意义。第一种语言不仅包括构成语言部分的语言形式（单词、形状、声音等），还包括情境的非语言元素，因为情境的所有元素对理解表达都很重要。根据巴赫京（2002，pp. 128 – 129）的观点："话语的主题是具体的——就像话语所属的历史时刻一样具体。**只有在作为历史现象的完整而具体的范围内，话语才具有主题**。"①

意义是对话者之间结合的痕迹，它只在积极、有反应的理解过程中进行。对于巴赫京（2002，p.123）而言，

> 意义并不存在于词语中，也不存在于说话者的灵魂中，也不存在于听者的灵魂中。意义是**说话者和听者之间通过特定的声音复合材料产生的相互作用效果**，就像电火花一样。……只有口头交流的流行，才能赋予一个词以意义之光。②

他认为，"符号只能在个体间的领地上出现"（2002）③。符号产生于个体意识之间的相互作用过程。个体意识并不能解释意识形态和社会环境，它最初也不是从意识形态和社会环境中消除自己而构成的。相反，在巴赫京看来，这的确是一种社会意识形态的事实，这是在这种环境下形成的现象。换句话说，意识在其社会关系过程中组织起来的

---

① 引自 Valentin Nikolaevič Vološinov, Marxism and the philosophy of language, L. Matejka and I. R. Titunik (trans.), Cambridge, MA: Havard University Press, 1986, p.100, original emphasis.

② 引自 Valentin Nikolaevič Vološinov, Marxism and the philosophy of language, L. Matejka and I. R. Titunik (trans.), Cambridge, MA: Havard University Press, 1986, p.100, original emphasis.

③ 引自 Valentin Nikolaevič Vološinov, Marxism and the philosophy of language, L. Matejka and I. R. Titunik (trans.), Cambridge, MA: Havard University Press, 1986, p.100, original emphasis.

维果茨基和马克思：迈向马克思主义的心理学

群体所创造的符号中并通过这些符号获得形态和存在。文字、手势、形象、感觉和意义构成了人类的意识。没有这种意识形态的符号学材料，就只有简单的有机的和生理的现象，被剥夺了只有符号才能提供的感觉。

巴赫京（2002，p. 49）证实了这一点：

> **内在心灵的实在与符号的实在是同一实在**。在符号材料之外，没有心灵；有生理过程，神经系统中的过程，但没有主观心理作为一种特殊的存在性质从根本上区别于发生在有机体内部的生理过程和从外部包围有机体的现实……主观心理应该定位于有机体和外部世界之间的某个地方，在分隔这两个实在领域的边界上。有机体与外界的相遇就发生在这里，但这种相遇不是物理上的：**有机体与外界在符号这里相遇**。心理体验是有机体与外界环境接触的符号学表达。①

对这位作者而言，所有的手势或有机现象——呼吸、血液循环、身体运动或内心语言——都可以成为表达和执行精神活动的材料。毕竟，任何能够获得符号学价值的东西都具有意识形态的特征。

正是在这个意义上，巴赫京（2002，p. 38）认为：

---

① 引自 Valentin Nikolaevič Vološinov, Marxism and the philosophy of language, L. Matejka and I. R. Titunik (trans.), Cambridge, MA: Havard University Press, 1986, p. 100, original emphasis.

> 意识形态创造力的所有表现形式——所有……非语言符号——都沐浴在语言之中，悬浮在语言之中，不可能完全与语言元素分割或分离。
>
> ……然而，与此同时，每一个意识形态的符号，虽然不能被文字所取代，却都有文字的支持和陪伴，就像唱歌和音乐伴奏一样。[①]

正如我们在维果茨基著作中所看到的，作为符号的最高表达，文字不受生物器官或机制的限制。相反，它赋予人类意识形态和物质实在，它产生意识。因此，我们理解了语言、文字和符号在他的著作中的地位和核心性，这是唯心主义和机械主义方法所缺少的。

通过这种方式，维果茨基和巴赫京提出了工作、语言和意识之间的相互构成关系，这是解释人类特殊性的关键。因此，维果茨基坚持认为人从根本上来说是一种历史—文化的存在。

三、最后的思考

维果茨基和他的合作者提出了历史—文化视角，并坚持从该视角研究人类最典型的最复杂的心理过程：语言、

[①] 引自 Valentin Nikolaevič Vološinov, Marxism and the philosophy of language, L. Matejka and I. R. Titunik (trans.), Cambridge, MA: Havard University Press, 1986, p. 100, original emphasis.

维果茨基和马克思：迈向马克思主义的心理学

记忆、情感等。他们把历史唯物主义和辩证唯物主义作为一种哲学—方法论原则，目的是为了探索克服旧的心理学方法。

在本文中，我们旨在展示维果茨基思想在他的时代所代表的认识论断裂，这种断裂至今依然存在。通过展示这位白俄罗斯心理学家的科学计划，我们认为该计划不能脱离历史的辩证唯物主义，正如一些当代作者所忽视的那样（See Ratner and Silva）。

为了根据马克思主义思想来追溯维果茨基的科学计划，我们诉诸工作范畴。在建构我们的论点时，卢卡奇的工作至关重要，它在作者之间建立了联系，强化了这一论点，即人类意识只能通过来自自然领域中人类活动的物质和符号生产来理解。

如果维果茨基打破了他那个时代的还原论和机械论观点，提出了一种一元论、辩证论和唯物主义的心理学，这是因为他成功地——即使是以一种未完成的方式——从理论上发展了符号在心理形成中的作用。换句话说：我们在人际环境中产生和争论的东西转化为构成我们个体的东西。他的重点是从社会关系、辩证关系和矛盾关系中产生的意义过程，以及标志着人格构成的戏剧性过程（Vygotsky, 1989）。

然而，在我们看来，维果茨基提出的关于符号核心作用问题的表述，在与巴赫京-沃洛奇诺夫提出的观点相结合时，似乎获得了更多的力量。这里有一个很有前景的理论交锋，因为巴赫京同样得到马克思主义特权的支持，捍卫了符号的意识形态维度。我们同意巴赫京（2002，pp. 98-99）的说法："实际上，我们从来没有说过或听过什么话，我们说和听到的是真的或假的、好的或坏的、重要的或不重要的、愉快的或不愉快的，等等。词语总是充满了从行为或意识形态中获得的内容和意义。"①

在这些条件下，符号不能仅仅被认为是对外部刺激的物理反应，正如唯物主义和机械主义学者的认知传统所认为的那样；同样，它也不能被理解为非物质的东西，就像唯心主义者所认为的那样。正如我们从巴赫京和维果茨基那里看到的，符号是人类的产物，是社会意识形态的事实，它依赖于具体的事物，依赖于社会关系的实践。

当代心理学不应该忽视这些理论规则，因为它们让我们明白人类的意识不能与我们生活的历史分离。历史告诉我们，我们是什么、我们可以成为什么。

参考文献

Aleksandr R. Luria, "A Atividade Consciente do Homem e suas Raízes Histórico-sociais [Cognitive Development: Its Cultural and Social Foundations]", in Curso de Psicologia Geral: Introdução Evolucionista à

---

① 引自 Valentin Nikolaevič Vološinov, Marxism and the philosophy of language, L. Matejka and I. R. Titunik (trans.), Cambridge, MA: Havard University Press, 1986, p. 100, original emphasis.

维果茨基和马克思:迈向马克思主义的心理学

Psicologia, Vol. 1, 1991, pp. 71 – 4, Rio de Janeiro: Civilização Brasileira.

AnaLuiza B. "Smolka, Sobre Significação e Sentido: uma Contribuição à Proposta de Rede de Significações [About Meaning and Sense: A Contribution to the Proposed Network of Meanings]", in M. C. Rossetti-Ferreira, K. S. Amorim, A. P. S. Silva, and A. M. A, 2004.

Ana Maria Almeida Carvalho (Orgs.), "Rede de Significações e o Estudo do Desenvolvimento Humano [Net of Meanings and the Study of Human Development]", Porto Alegre: Artes Médicas, Vol. 1, pp. 35 – 49.

Antonio R. Damasio, *Descartes' Error: Emotion, Reason and the Human Brain*, New York: G. P. Putnam, 1994.

Antonio R. Damasio, *Looking for Spinoza, Joy, Sorrow and the Feeling Brain*, Orlando, FL: Harcourt, Inc, 2003.

Antonio R. Damasio, *The Feeling of What Happens: Body and Emotion in the Making of Consciousness*, Orlando, FL: Harcourt, nc, 1999.

Bader Sawaia and Daniele Nunes Henrique Silva, "Pelo Reencantamento da Psicologia: em Busca da Positividade Epistemológica da Imaginação e da Emoção no Desenvolvimento Humano. [For the Re-enchantment of Psychology: In Search of the Epistemological Positivity of Imagination and Emotion in Human Development]", *Cadernos Cedes*, Vol. 35 (spe), 2015, pp. 343 – 360.

Daniele Nunes Henrique Silva, *Como Brincam as Crianças Surdas [How Deaf Children Play]*, São Paulo: Plexus Editora, 2002.

Daniele Nunes Henrique Silva, *Imaginação, Criança e Escola [Imagination, Children and School]*, São Paulo: Summus, 2012.

Eric Hobsbawm, *How to Change the World*, New Haven, CT: Yale University Press, 2011.

Fabrício Santos Dias de Abreu, *Experiências Linguísticas e Sexuais não Hegemônicas: um Estudo das Narrativas de Surdos Homossexuais* [Non-hegemic Linguistic and Sexual Experiences: A Study of Gay Deaf Narratives], Master's Dissertation, Institute of Psychology, University of Brasil, 2015.

Friedrich Engels (n. d), "Sobre o Papel do Trabalho na Transformação do Macaco em Homem [On the Part Played by Labor in the Transition from Ape to Man]", in Karl Marx and Friedrich Engels, *Obras Escolhidas* [Selected works], Rio de Janeiro: Alfa-Ômega.

Gerald M. Edelman, Second Nature: Brain Science and Human Knowledge, New Haven, CT: Yale University Press, 2006.

Gerald M. Edelman, The Remembered Present: A Biological Theory of Consciousness, New York: Basic Books, 1989.

György Lukács, *Ontologia dell'essere sociale*, Alberto Scarponi (trans.), 2 volumes, Rome: Riuniti, 1976.

Karl Marx and Friedrich Engels, *A Ideologia Alemã* [The German Ideology], São Paulo: Expressão Popular, 2009.

Karl Marx, *Manuscritos Econômico-filosóficos* [Economic and Philosophic Manuscripts], São Paulo: Boitempo, 2004.

Karl Marx, *O Capital: Crítica da Economia Política-Livro Primeiro: o Processo de Produção do Capital* [Capital: A Critique of Political Economy. Volume 1: The Process of Production of Capital], Rio de Janeiro: Civilização Brasileira, 2002.

Lavínia Lopes Salomão Magiolino and Ana Luiza Smolka, "How Do Emotions Signify? Social Relations and Psychological Functions in the Dramatic Constitution of Subjects", *Mind, Culture, and Activity*, Vol. 20, No. 1, 2013, pp. 96–112.

维果茨基和马克思：迈向马克思主义的心理学

Lessa, S., Sociabilidade e individuação [Sociability and Individuation], Alagoas: Edufal, 1995.

Lev S. Vygotsky, "Concrete Human Psychology", *Soviet Psychology*, Vol. 27, No. 2, 1989, pp. 53 – 77.

Lev S. Vygotsky, "Consciousness as A Problem for the Psychology of Behavior", in *The Collected Works of L. S. Vygotsky. The History of the Development of Higher Mental Functions. Vol. 4.* (*pp.* 63 – 79), Robert W. Rieber (eds.), M. J. Hall (trans.), New York: Plenum, 1997b.

Lev S. Vygotsky, "Imagination and Creativity in Childhood", *Journal of Russian and East European Psychology*, Vol. 42, No. 1, 2004, pp. 7 – 97.

Lev S. Vygotsky, *A Construção do Pensamento e Linguagem* [Thought and language], São Paulo: Martins Fontes, 2001.

Lev S. Vygotsky, *Mind in Society: The Development of Higher Psychological Processes*, Cambridge, MA: Harvard University Press, 1978.

Lev S. Vygotsky, *Obras escogidas II – Pensamiento y Lenguaje: Conferencias sobre Psicología* [Selected Works II: Thought and Language. Conferences on Psychology], Madrid: Machado Libros, 2014.

Lev S. Vygotsky, *The Collected Works of L. S. Vygotsky. Vol.* 1: *Problems of General Psychology*, Robert W. Rieber and Aaron S. Carton (eds.), Norris Minick (trans.), New York: Plenum, 1997a.

Lev S. Vygotsky, *The Collected Works of L. S. Vygotsky. Volume* 3: *Problems of the Theory and History of Psychology*, Robert W. Rieber and M. J. Hall (eds.), René van der Veer (trans.), New York: Plenum, 1997c.

Lev S. Vygotsky, *The Collected Works of L. S. Vygotsky. Volume* 5:

Child Psychology, Robert W. Rieber (ed.), M. J. Hall (trans.), New York: Plenum, 1998.

Lev S. Vygotsky, *The Collected Works of L. S. Vygotsky. Volume 6: Scientific Legacy*, Robert W. Rieber (ed.), M. J. Hall (trans.), New York: Plenum, 1999.

Michael Tomasello, *Constructing A Language: A Usage-based Theory of Language Acquisition*, Cambridge, MA: Harvard University Press, 2003.

Michael Tomasello, *The Cultural Origins of Human Cognition*, Cambridge, MA: Harvard University Press, 1999.

Mikhail Bakhtin-Volochinov, *Marxismo e Filosofia da Linguagem* [*Marxism and the Philosophy of Language*], São Paulo: Hucitec, 2002.

Sergio Lessa, "Identidade e Individuação [Identity and Individuation]", *Katálysis*, Vol. 7, No. 9, 2004, pp. 147 - 157.

第四章
维果茨基科学的胚胎细胞

安迪·布伦登(Andy Blunden)

"心理学需要有自己的《资本论》。"维果茨基在1928年(1928a/1997, p.330)[①]写道,他观察到"整部《资本论》就是用这个方法写成的"[②],马克思运用这种方法确定了资产阶级社会的"细胞"——商品交换——然后从分析这个单个细胞内的矛盾,展开了对资产阶级社会整个过程的研究。维果茨基是第一个以这种方式把握《资本论》的人,他对"单位分析"方法的恢复和运用是其最重要的遗产。

---

① 《维果茨基全集》第1卷,合肥:安徽教育出版社2016年版,第5页。

② 《维果茨基全集》第1卷,合肥:安徽教育出版社2016年版,第156页。

维果茨基所做的是进行**一项**作为心理学研究范例的探索,这一探索解决了思维和语言之间关系这一古老的问题,并通过典范的方式解决了**这一**问题。他为心理学的所有领域、事实上为**所有**科学领域的研究创造了一个范式。实际上,维果茨基给我们留下了多达**五种**不同的单位分析范例。

但首先让我们回顾一下这个想法的历史渊源。

一、作为一种分析方法"细胞"概念的起源

"细胞"概念源于历史哲学家约翰·戈特弗里德·赫尔德(Johann Gottfried Herder, 1744—1803)。在努力理解不同民族之间的差异时,赫尔德提出了"**引力中心**"(Schwerpunkt)概念。这一观点在今天更广为人知的可能是马克思的提法:

> 在一切社会形式中都有一种一定的生产决定其他一切生产的地位和影响,因而它的关系也决定其他一切关系的地位和影响。这是一种普照的光,它掩盖了一切其他色彩,改变着它们的特点。(1857/1993, pp. 106 – 107)[①]

1786年,赫尔德的朋友约翰·沃尔夫冈·冯·歌德

[①] 《马克思恩格斯全集》第46卷上,北京:人民出版社1979年版,第44页。

维果茨基和马克思：迈向马克思主义的心理学

（Johann Wolfgang von Goethe，1749—1832）在他的意大利之旅中，为了理解在意大利不同地区发现的植物之间的连续性和差异，试图在他的植物学研究中运用这一想法。

歌德提出了"**元现象**"（Urphänomen）概念——不是一个定律或原则，而是一种简单的本原现象，在这个现象中，整个复杂过程的所有基本特征都得到了体现。用歌德自己的话来说：

> 元现象并不是一个导致各种后果的基本定理，而是作为一种基本的表现形式为观者提供了形式规范。(1795/1988，106)
>
> 经验观察首先必须告诉我们，所有动物都有哪些共同的部分，这些部分又有什么不同。思想必须支配整体，它必须以一种遗传的方式抽象出总体的图景。一旦建立了这样一个元现象，即使只是暂时的，我们也可以通过应用习惯的比较方法来充分地测试它。(From Naydler，1827/1996，p.118)

这意味着，为了将一个复杂的过程理解为一个完整的**整体**或**格式塔**，我们必须识别和理解它最小的部分——这与基于发现无形力量和隐藏规律的"牛顿"科学方法截然不同。

人们普遍认为，歌德所研究的是生物体的细胞，但直到显微镜变得足够强大，可以揭示生物体的微观结构，马蒂亚斯·雅各布·施莱登（Matthias Jakob Schleiden）和西奥多·施旺（Theodor Schwann）才能够在1839年阐明生物学的细胞理论。细胞是生物学分析的单位，与达尔文的自然选择进化思想一起构成了生物学的基础。

哲学家黑格尔继承了歌德的思想，并在他的《逻辑学》一书中为这种思想奠定了坚实的逻辑基础。在《逻辑学》一书中，细胞的位置现在被概念取代了。在三卷《逻辑学》书中描述了概念的形成和发展。第一卷被称为《存在的逻辑》，描述了一个过程，在这个过程中，基本规律以大量度量的形式从直接知觉流中抽象出来。第二卷《本质的逻辑》描述了试图理解这些数据的各种理论的产生，每一种理论都被相反的理论所争论，然后两种理论都被其他理论所超越，不断地深入挖掘，并建立起现象的理论图景，直到……第三卷《概念的逻辑》开始于，啊哈！瞬间，一个抽象的概念出现了，它在最简单和最抽象的层面上捕捉了整个现象。从细胞这一抽象概念开始，通过揭示细胞与其他细胞相互作用时所固有的矛盾，这种现象被重构为**格式塔**。

请注意，每一个阶段都有从抽象到具体（抽象指的是简单和孤立）**和从具体到抽象（具体指的是直接和真实）的运动形式。"存在"：从知觉到度；"本质"：从度到概念；"概念"：从一个简单概念到一个丰富而具体的整体概念。

马克思在《政治经济学批判》的著名段落"政治经济学的方法"中，将这一观点阐释得特别清楚。

维果茨基和马克思：迈向马克思主义的心理学

> 在第一条道路上，完整的概念消失了，产生了抽象的规定；在第二条道路上，抽象的规定通过思维方式导致具体的再生产在第一条道路上，完整的表象蒸发为抽象的规定；在第二条道路上，抽象的规定在思维行程中导致具体的再现。(1857/1993, 100)①

马克思把这门科学所依据的资料的集合看作是给定的，他在这里指的是黑格尔在本质逻辑和概念逻辑方面所代表的科学发展的两个阶段。这些阶段中的第一个阶段对应于马克思花在政治经济学理论的"内在批判"上的几十年，这导致了细胞的发现；第二阶段是《资本论》政治经济学的"辩证重建"，从第一章对商品交换的分析开始。任何读过维果茨基的人都不能不注意到，他也是如何从历史的角度来研究每一个问题的。他研究了迄今为止用来理解现象的各种理论，并从这种内在的批判中推导出一个统一的概念，而各个理论家似乎一直在研究这个概念。和马克思一样，维果茨基并没有把自己的理论与别人的理论对立起来，而是从科学史中提取出他认为是基本趋势的东西。

马克思在《评阿·瓦格纳的"政治经济学教科书"》中说："我不是从……'价值概念'出发……我的出发点是劳动产品在现代社会所表现的最简单的社会形式，这就是

---

① 《马克思恩格斯全集》第46卷上，北京：人民出版社1979年版，第38页。

'商品'。"（1881/2010，p.544）① 商品是价值的一种形式，但"价值"是一种无形的，不具有"几何的、化学的或其他的天然属性"（Marx，1867/2010，p.47）②，而是一种超感性的商品品质，因此不适合**元现象**的角色。价值是一种只能从概念上把握的"社会关系"。尽管如此，商品是一种价值形式，由于日常经验，**可以发自内心地把握**。这意味着，对商品概念的批判所涉及的关系，读者和作家都能发自内心地理解。马克思从商品（概念）开始，调动了读者对商品的本能理解，当他把我们引向每一种连续的关系时，只要这种关系存在于社会实践中，那么作者的直觉不仅因这种关系的**存在**而得到证实，而且还能使读者有把握地把握逻辑阐述。马克思决定不从"价值"开始，而是从"商品"开始，这说明马克思欠歌德和黑格尔的债。

应当指出，《资本论》的前三章只涉及简单商品生产。在第四章中，马克思提出了第一个抽象的"资本"概念，这个概念将成为本书的真正主题。资本是商品的总和，但它是一个单独的单位，它本身包含简单的商品生产，因此资本积累给经济生活的发展指明了新的方向。《资本论》的其余部分，在黑格尔的意义上，是《资本论》的"第二卷"。

---

① 《马克思恩格斯全集》第19卷，北京：人民出版社1979年版，第412页。

② 《马克思恩格斯全集》第23卷，北京：人民出版社1972年版，第50页。

维果茨基和马克思：迈向马克思主义的心理学

马克思能够采用黑格尔的方法，但无论是自然主义诗人歌德、还是哲学家黑格尔，抑或是共产主义马克思，都无法对十九世纪自然科学活动的进程产生重大影响。德国古典哲学的这一成就如何转化为解决科学各分支问题的方法呢？

科学的发展是零敲碎打的，并非依据黑格尔的《哲学科学百科全书》的宏伟计划进行。自然科学总体上能够通过解决个别学科的问题来取得进展，偶尔会有意想不到的突破，但没有指导其工作的总体概念。然而，事实证明，文化和政治生活抵制这种零敲碎打的方式。从黑格尔于1831年去世起，经过德国自然科学、法国社会理论和美国实用主义的努力，花费了将近一个世纪的时间，列夫·维果茨基才最终完成了一种实用的、实验室的方法，用来理解个体如何利用当时的文化实践，这要感谢黑格尔和马克思在方法论上的征服，以及俄罗斯革命后创造的文化条件。

二、双重刺激法

这一关键洞见开创了心理学能够适应人类丰富而复杂的文化生活的可能性，形成了一个基本的分析单位或文化学习的胚胎细胞。这是迄今为止被证明难以解决的问题。

在维果茨基取得突破之前，心理学一直被分成两派，一派是赫姆霍尔兹（Helmholtz），他们用"铜管乐器"来研究心理学，仿佛它是自然科学的一个分支；另一派是像威廉·狄尔泰（Wilhelm Dilthey）这样的人，他们把心理学视为"人文科学"的一个分支。威廉·冯特（Wilhelm Wundt）认识到心理是由生理和文化共同作用形成的，他甚至提出存在两种独立的心理学：一种是在实验室中通过内省进行的，另一种是借助文学和艺术的研究。在20世纪，心理学分裂为否认意识的存在，从反射的角度看待心理学的行为主义者和通过内省的方法研究心理的"经验主义心理学家"。迄今为止，在心理学实验室中使用的"铜管仪器"方法只能研究人类和动物共有的最基本和最原始的反射，而内省无法提供科学发展所需的客观数据。与行为主义相反，意识不仅存在，而且是心理学的主题，没有意识人类的行为是无法理解的，例如，意识——就像历史一样——不能**直接**观察，而只能通过它与生理和行为的联系作为中介，这两者都是客观的。

维果茨基用双重刺激的实验方法解决了这些问题。

这是维果茨基在1928年与亚历山大·鲁利亚共同提出的（See Luria, 1928/1994, Vygotsky, 1928b/1994）。实验对象通常是一个孩子，孩子会面临一个问题，比如记忆一系列单词。当孩子们试图解决这个问题时，研究人员会给他们一个人工制品，可能是一张图片卡片，作为解决问题的手段。在这个简单的场景中，我们拥有文化发展和活动的胚胎细胞。

图4.1中，**A**代表一个人面对一个物体或问题，**B**、**X**是一个符号，是合作者引入到场景中的人工物，作为解决

维果茨基和马克思：迈向马克思主义的心理学

问题的一种手段。这个简单的胚胎细胞抓住了人类与其文化的本质联系：由另一个人设置的问题，通过使用从文化环境中获取的人工物（在本例中是一个符号）来解决。在适当地使用给定人工物的过程中，被试者的心理会因为将 **B** 和 **X** 联系起来的新反射的产生而增强。维果茨基在这里设置了一个极其简单的场景，可以通过感官体验，因此可以从内心把握，而不需要预先存在的总体理论。但在这个简单的设置中，我们既有个人面对问题的直接情况，也有在人工物解决方案所代表的主体环境的整个文化历史。它是一个分析单位，是个人心理和整个文化史的统一。

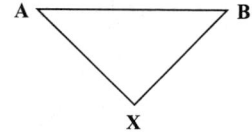

图4.1 双重刺激法

"双重刺激"一词的含义见图表。A 同时受到两个刺激，一个是物体本身，**A→B**，另一个是辅助刺激，**A→X**，它与物体 **X→B** 相关联。因此，主体同时以两种方式对客体 **B** 作出反应，对物体 **A→B** 和符号 **A→X** 的直接感知。每一种反应都是一种完美的自然反射。**A→X→B** 是中介反应，是社会构建的，赋予了对象 **B** 意义，这是从文化中获得的意义，要感谢与另一个人的合作，在这种情况下，是研究人员。例如，**X** 可能是卡片上的图像，提醒被记忆者要记住的单词，也可能是给出被记忆对象名称的书面单词。这种认为人与环境的一切关系都是经过中介的观念，与黑格尔的《逻辑学》有直接的联系。"没有什么"，黑格尔说，"在天堂、自然界、心灵里或者在其他任何地方，没有什么不是同时包含直接性和中介性的。"（1816/1969，p.68）正是通过使用文化符号和工具，与他人合作，解决生活中出现的问题，人们学习并成为他们社区中有文化的公民，将中介符号和其他人工物引入他们与直接环境的关系之中。

通过这个实验设置，维果茨基能够观察不同年龄的儿童是否以及如何能够使用哪种记忆卡来提高他们在记忆任务方面的表现，并通过这种方法证明了，例如，儿童和成年人在记忆方面的质的差异。通过吸收他们在自身发展中的文化元素，他们的意识得以完全重组。

第一个分析单位"人工物中介行为"，是维果茨基为心理学研究开发的第一个胚胎细胞。

三、词的意义

1931年，维果茨基得出结论，人们用来挪用他们社区文化的原型文化制品不是任何一种人工物，而是**口语**。毕竟，每个生理上有能力的孩子都能自发地学会说话，而许多孩子从未掌握读写能力。在人类物种的进化过程中，语言是与劳动（使用工具—人工物）同时出现的。符号，如书写的文字是后来的发明，对应着向阶级社会和文明的过渡。于是在1934年，维果茨基创作了他最后一部也是最具

维果茨基和马克思：迈向马克思主义的心理学

决定性的著作《思维与言语》（1934a/1987）。

在《思维与言语》的第一章中，维果茨基提出了一个且唯一的单位分析阐述，在这个例子中，他选择的单位是"词的意义"——言语和思维、声音和意义的统一。单词是声音和意义的统一，因为没有意义的声音不是单词，没有声音的意义也不是单词——单词必须两者都有。词义同样是概括与社会互动、思维与传播的统一。一个词是一个单位，因为它是这个单位的最小的离散实例。

这个单位必须被理解为"以符号为中介的行动"（sign-mediated action），尽管维果茨基坚持认为，词义不是以媒介人工物行动（artifact-mediated actions）这一更大类别的子集。相反，使用工具和使用符号之间的关系是遗传的。维果茨基认为，"符号"的原型是一种便于记忆的符号，比如手帕上的一个结或信息棒上的缺口，而这些符号在几千年前就演变成了文字。以符号为中介的行为，如使用书面文字，在历史上是作为工具中介行为的延伸而出现的。然而，在人类进化的过程中，语言是与劳动的发展密切相关的。因此，符号人工物的使用，如写作，必须被理解为与作为劳动过程的一部分共同进化的语言在系统发育和个体发育上不同的东西，恩格斯（1876/1987）认为，劳动过程标志着人类物种的进化。

在维果茨基对工具使用的讨论中，他区分了"技术工具"和"心理工具"。通常意义上的工具技术工具，是用来对物质进行操作的，而心理学工具是用来对思维进行操作的，这些工具包括"语言、各种形式的计数法、记忆术、代数符号、艺术作品、书法、图表、卡片、图纸、图例，形形色色约定的符号，等等"（Vygotsky，1930/1997，p.85）①。使用（技术）工具具有深远的心理影响，因为工具的使用扩大了一个人的活动范围，扩展了他们的经验视野，但它不像心理工具那样"对思想起作用"。心理学工具是随着技术工具的发展而发展起来的，也是技术工具发展的延伸。

重要的是要强调，言语，也就是用一个词的行动，是一种行动；意义，也就是词的意思，也是一种行动。"词义"不是指字典中的词条，它是用一个有意义的词作为手段来实现意图的行为。正是因为这个原因，在最终的翻译中，这本书的标题是《思维与言语》（Thinking and Speech），而不是第一个英文译本的《思维与语言》（Thought and Language）。

正如马克思早在1843年就分析了商品，但直到1859年才意识到必须将商品作为分析单位一样。维果茨基在他的第一部出版著作（1924/1997）中指出了分析言语的重要性，但又花了10年时间才确定口语——最简单的"心理交换"行为——作为他主要著作的分析单位。

用这个分析单位，维果茨基分析了智力的发展，也就是说言语思维。"实践智力"的单位是工具的使用，它与以

---

① 《维果茨基全集》第3卷，合肥：安徽教育出版社2016年版第36、37页。

维果茨基和马克思：迈向马克思主义的心理学

词义为单位的（语言）智力有着不同的发展路径。

尽管词义是智力的基本单位，但要理解智力的结构和发展，还需要一个更大的"摩尔"单位。这个摩尔单位是概念，它是许多单词意义的集合。维果茨基在《思维与言语》中分析的中心是概念的形成，而概念只有在青春期后期才能达到完全发展的形式。维果茨基当时的任务是通过观察语言的发展来追踪智力从婴儿期到成年期的发展。

维果茨基对幼儿言语出现的研究总结如下：

1. 在思维和言语的个体发生中我们找到了两个过程的不同根源；

2. 在儿童的言语发展中，我们能毫不怀疑地确定"智力前时期"，同样地，在思维发展中确定"言语前时期"；

3. 在一定阶段前两种发展按不同路线进行，互不依从；

4. 在一定点上两条路线相交之后，思维成为言语的，而言语则成为理智的。（1934a／1987，p. 112）[1]

维果茨基追溯了词汇意义的变化，从第一次以"无意识的""表达性的"言语形式出现，到"交流性的"言语、向成年人寻求帮助，再到"自我中心"言语，孩子给自己发出可听到的指示或评论，孩子代替成年人指挥自己的行为，再到以自我为中心的言语，这种言语变得越来越少，越来越具有预言性，过渡到"内在言语"，然后——正如他在《思维与言语》的最后一章中所指出的——用最发达的

---

[1] 《维果茨基全集》第4卷，合肥：安徽教育出版社2016年版，第106页。

思维**超越**了言语，不再局限于一个字接一个字。词义的变化形式使维果茨基得以追溯言语智力的产生和建构，从而理解其本质。

思维和言语的发展采用双螺旋的形式（见图4.2）。

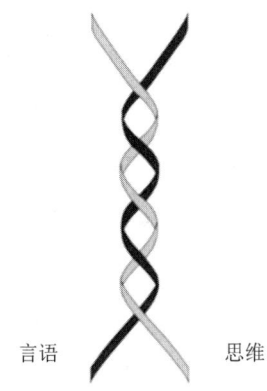

言语　　　　　思维

图4.2　言语和思维的双螺旋

我用他的共同发展模型来代表维果茨基对人类获得的所有高级活动形式的复杂发展的理解。

维果茨基利用一种可以观察到的胚胎细胞，并在它逐渐转变为私人的、无法观察到的东西的过程中追踪它的内化，为文化心理学创造了客观的科学基础。这是维果茨基一项惊人的成就。

四、概念的形成

在《思维与言语》第五章和第六章中，维果茨基对概

维果茨基和马克思：迈向马克思主义的心理学

念的形成进行了研究，他描述了使用双重刺激的方法进行的实验，即设置儿童分类任务：要求孩子们请将各种大小、形状和颜色不同的积木分成"相同"的组。这个问题可以通过观察写在积木底部的无意义单词来解决。孩子们只是逐渐地接触到这些线索，这样研究人员就可以在参考这些迹象的帮助下，观察孩子们在形成越来越好的小组时的行为。维果茨基能够根据孩子们对积木进行分类的不同方式，描述出许多离散类型的概念。这些概念中的每一个都被定义为一**种行为方式**，而不是黑格尔将它们归类为一种逻辑结构；维果茨基并没有把它们具象化为精神功能或能力——它们只是行为的方式。因此，通过使用符号中介的行为作为他的单位，维果茨基能够研究概念的产生、言语智力单位。这些概念是在实验室里根据被分类对象的特征构造出来的，它们还不是真正的概念；但它们表现出了在儿童中产生的那种概念，而这些儿童还没有离开家庭、步入成人关注的世界。

真正的概念是在现实世界的教育机构中获得的，而实际的概念是通过参与日常生活和职业生活而形成的，这两者是不同方式的活动。维果茨基通过言语实验进行了调查。通常情况下，年轻人会被要求用"因为……"或"尽管……"来完成一个叙述句子，研究人员会观察他们在有意识地表达他们已经习惯的因果关系时所做的努力。从这些实验中得出的结论是，一个孩子，甚至是一只驯养的动物，可以学会对某种情况做出理性反应，表现出对事件之

第四章 维果茨基科学的胚胎细胞

间相关因果关系的隐性理解。然而，将这种关系孤立在一种思维形式中，并在有意识的意识下，使用思维形式（概念）作为推理单位的能力是人类特有的——概念思维。真正的概念，通过文化机构、职业等等代代相传，无一例外地是由作为真正言语一部分的词语所承载的。因此，概念是围绕单词组织的一种活动形式的有意识的意识。

维果茨基以这种方式将概念定性为人工物中介活动的方式，为跨学科科学奠定了基础。社会形态是由各种各样的活动形式组成的，每一种活动形式都被理解为一个概念，这些概念共同构成了特定社区的文化。然而，维果茨基给了我们一种脚踏实地的实验室方法来研究人们是如何获得这些概念的。

请注意，正如马克思没有把"价值"看作某种无形的品质，而是从一种特定类型的社会行动——交换开始，维果茨基也没有把"概念"看作某种无形的精神实体，而是一种特定类型的社会行动。维果茨基的所有分析单位都是如此——它们是具体的、可观察到的活动方式。

请注意，在上面我们看到了**两个**单位：词义和概念。"更大的"或"摩尔单位"的概念，是在"更小的"或"分子单位"的基础上产生的。只有作为它们所唤起的概念所构成的意义系统的一部分时，词语才能表现出它们的全部意义。相反，概念只存在于并通过大量的词语意义以及与之相关的其他人工中介行为中。尽管如此，维果茨基指出，儿童在掌握概念思维之前很久就学会了使用词语，在概念思维之后,他们的言语活动就发生了转变。

这个过程,即在分子单位作用的基础上产生一个摩尔活性单位,是单位过程分析的一个共同特征。这是马克思发现的:先是对商品而后是对资本的政治经济学的批判之中,以及活动理论之中。而活动理论中的分子单位是一种人工物中介的行为,摩尔单位是一种活动。按单位分析的方法允许研究者一步一步地追踪比较发达的单位是如何从基本单位的活动中产生的。

五、胚胎细胞和单位分析

马克思用于"细胞形式"概念的术语在文化历史活动理论(cultural-historical activity theory,CHAT)中被称为两个不同的术语:"单位分析"和"胚胎细胞"。这是对同一个概念的两种不同表达方式,但它们却表示了同一个概念的两个不同方面。

胚胎细胞指的是能形成更复杂形态的胚芽,就像胚胎长成为成熟的有机体一样。例如,在现代资本主义社会中,商品的实际交换很少,一切都是买卖,而不是字面上的交易。但马克思指出,从历史上看,一旦一个社会开始为交换而生产,也许是在它的边界上,或者是与路过的商人进行交换,它就或多或少不可避免地被卷入世界市场,并因此需要一种普遍的价值尺度。于是,一种普遍的商品(C)就产生了——黄金、纸币、信贷等等都从最初的简单交换中"展开"了自己。这第一个单位，CC，通过货币（M）的中介，发展成为CMC。在CMC中，一个人为买而卖；但从这个中介元素中产生了一整个阶层的人，他们为了赚钱而买，这就是MCM，从而产生了**资本**，一种新的价值单位，一种新的社会关系，这种社会关系是在**交换**这一简单关系的逻辑基础上产生的。随着资本的出现——人们为了获利而购买——经济生活得到了重组，商品生产现在被纳入资本之下，重新面向资本的积累，而不仅仅是合作地提供人类需求。资本的"胚胎细胞"MCM在胚胎中展示了这一发展过程。

同样，在心理学中，简单的词义在话语过程中得到发展，就会产生更发达的思维和言语形式，即概念。"胚胎细胞"强调**发展**的这一方面，即一方面是简单的未发展的关系，另一方面是成熟的具体的关系。

维果茨基从社会科学中借用了"单位分析"这个术语，它的意思是"分析显微镜的分辨率"，也就是说，在一个给定的理论中所考虑到的最小的实体。在主流社会科学中，分析单位通常是个人，有时是群体、阶级甚至国家。维果茨基使用这个术语的不同之处在于，对他来说，单位分析已经代表了**一个整体的概念**。也就是说，他将这个分析概念与歌德作为**格式塔**表现的"**元现象**"概念相结合。

我将说明单位分析的观念是如何在马克思的著作中产生的。年轻的马克思对穷人的待遇、审查制度和其他社会问题感到愤怒，但他意识到自己对这些现象的根本原因一

维果茨基和马克思:迈向马克思主义的心理学

无所知。因此,他转向了政治经济学的研究。25 年后当他写《资本论》时,"资产阶级社会"现在被认为是一个完整的整体,一个市场——只有数以百万计的商品交换,没有别的;其他现象,如审查制度、政治腐败、残酷,现在都被视为**无关紧要**和偶然的。以商品交换为单位,作为整体,**格式塔**现在被重新定义,不再与他原来的整体概念共延。这是细胞概念的另一个方面——它意味着把整个过程看成是千百万种简单的关系,这种关系可以直观地把握,而不需要抽象的理论和力量等等。单位分析以整体与部分之间的关系来表达分析的结果,整体**不过是**千百万相同的分析单位。我们可以看到水循环——雨水、河流、海洋、蒸发、云层,然后再降为雨水——是一个完整的过程、一个**格式塔**,因为所有这些都是数十亿个相同的单位:H_2O 分子。

所以当我们对一个复杂的过程有了一定的了解时,啊哈!当我们认识到过程只是这样或那样一个简单的动作或关系时,这就是对过程进行真正科学理解的起点,这种理解使我们不只是把过程理解为具有这样或那样的特征,而是把它理解为一个整体,理解为一种**格式塔**。

因此,胚胎细胞和单位分析是一个东西、同一事物——无论它是商品交换还是一个有意义的词语——但在一种情况下强调发展的维度,而在另一种情况下强调分析的维度。

六、单位分析方法的五种应用

"单位分析"是一个相对的术语：分析什么？单位分析总是用于分析一些具体的问题或现象。通常情况下，学者们只分析一种现象，并将毕生精力都投入到这个问题上。例如，罗伯特·布兰顿（Robert Brandom）认为，康德把判断作为经验的单位，弗里德里希·路德维希·戈特洛布·弗雷格（Friedrich Ludwig Gottlob Frege）用的是能附加语用力的最小表达，路德维希·维特根斯坦（Ludwig Wittgenstein）用的是能在语言游戏中产生动作的最小表达。按照这一分析传统，布兰顿以命题为分析单位。黑格尔在他的《哲学科学百科全书》中对每本书的分析单位都使用了不同的概念。

维果茨基的研究涵盖了心理学研究的五个不同领域。他用符号中介行为这个单位来分析一系列不同的心理功能，比如意志、注意力、记忆等等。他用词义来研究言语智力和概念形成。除了这些，维果茨基还为其他三个研究领域找到了一个分析单位。

Perezhivanie 是一个无法翻译的俄语单词，意思是"一种经历"，以及在这种经历中生存和处理这种经历所需的"宣泄"。同一个事件对每个人来说并没有相同的意义，所以 perezhivaniya 是一种"生活经历"，不仅取决于事件本身的特征，还取决于个人的特征。维果茨基写道，除了遗传，

维果茨基和马克思：迈向马克思主义的心理学

perezhivaniya 形成了人格，将人格理解为一个过程而不是产物，他声称 perezhivaniya 是人格的单位。Perezhivaniya 从一般的经历背景中脱颖而出，有开始有结束，在整个经历过程中，具有统一性和某种强烈的情感色彩。Perezhivaniya 有一个非常明确的心理形式。反思你自己的生活，记住那些重要的经历，那些你侥幸逃脱的大胆举动，你在公众面前遭受的羞辱，你受到的斥责、不公正或赞扬——你的性格是所有这些"perezhivaniya"的集合，对它们进行分析可以让治疗师或精神科医生深入了解你的个性。正是这些 perezhivaniya 构成了你告诉自己的关于你自己的生活和身份的故事。

维果茨基在一场名为"环境问题"的讲座中，只简单地提到了"perezhivanie"，在这一点上，他将 perezhivanie 定义为"环境和个人特征的统一"（1934b/1994，343）。这个表达方式引起了一些困惑。个人特征可能是孩子的年龄，环境特征可能是入学的年龄。这些特征本身都不能塑造一个孩子的个性，但综合起来，它们显然是形成孩子个性的因素。此外，perezhivanie 通常被翻译为"生活经验"，这在当代社会科学中被认为是完全主观的，而 perezhivaniya 有客观和主观两方面。Perezhivanie 并不是"经验"的意思——俄语中这个词是 opit——因为 perezhivaniya 是从经验背景中脱颖而出的情节，包括主体的积极贡献及其美学特征。

维果茨基把他的大部分精力都花在了帮助患有各种残疾的儿童上。在那些日子里，苏联政府把各种各样的残疾都归在"缺陷学"的标题下,但是维果茨基并不认为这种缺陷归因于主体;相反,缺陷在于主体与文化环境之间的关系,包括社区未能提供主体充分参与社会生活的机会。每一个缺陷都有补偿,这种补偿是社区方面为促进主体参与而采取的措施和主体方面为克服参与障碍而进行的心理调整的结合。维果茨基把缺陷学的分析单位看作缺陷与补偿的统一——缺陷—补偿。维果茨基关于缺陷学的著作载于他的《维果茨基全集》第2卷,他在很大程度上借用了阿尔弗雷德·阿德勒(Alfred Adler)关于"自卑情结"的研究。

在他关于儿童发展的研究中,维果茨基提出了"社会发展状况"的概念。维果茨基坚持认为,社会状况不仅仅是一系列因素——母亲的年龄、父亲的工资和职业、兄弟姐妹的数量等——而是一种具体的情况。每种情况在特定文化中都有明确的名称,如"婴儿"或"小学生"等。每一种情况都对孩子有一定的期望,他们的特定需求会以相应和适当的方式得到满足,孩子或多或少有义务适应这个角色。然而,在正常发展的过程中,在某一时刻,儿童的需求和欲望在当前的社会情况下无法得到满足,家庭群体、包括儿童及其照顾者就会出现危机,孩子可能变得难以相处和叛逆。如果家人和照顾者做出回应,孩子和整个情况将发生转变,一个新的社会情况将建立起来,孩子将占据一个新的社会地位。儿童的发展是由这一系列特定的情况构成的,家庭和孩子都经历了一系列特定的文化转变,在这些转变中，孩子最终发展成为一个独立的成年人。发展的社会状况是儿童及其照顾者在特定照顾关系中的统一。

在维果茨基钻研的每一个心理学研究领域中，他的目标都是建立一个分析单位。但维果茨基并不总是成功，例如，在他1934年去世之前，他对情感的研究未能形成一个分析单位。但他确实发现了五个单位：人工物中介行动、有意义的词、perezhivaniya、缺陷—补偿和社会发展状况。

七、维果茨基对社会理论的重要性

黑格尔、马克思和维果茨基都对歌德发明的方法论做出了重要的发展。黑格尔用抽象的概念取代了**元现象**，而抽象的概念可以成为推理的对象，而不仅仅是直觉。马克思坚持认为，真正的主体是社会实践而不是思想，批判只能重建社会实践中所给予的东西。因此，胚胎细胞不是一个抽象的概念，如"价值"，而是一个实际的行为，如商品交换。维果茨基在他的心理学批判中指出，胚胎细胞必须是一种离散的、有限的、可观察到的相互作用。马克思只给我们留下了这个方法的一个实例，而维果茨基把这个方法应用于解决五个不同的问题，并提供了五个不同的"胚胎细胞"的实例。他使这个思想变得更明确，方法也变得可复制。

维果茨基是一位心理学家，尤其是一位文化心理学家，而不是社会理论家。他通过研究源自更广泛的文化，在某些社会状况中也是更广泛文化产物的人工物的协作使用，来探讨心理的文化形成（如上所述）。但他没有考察社会状况本身的形成过程，这些问题都是活动理论家们在维果茨基之后提出的。虽然活动理论家取得了重要的发展，但他们中没有人能够始终如一地保持维果茨基的单位分析方法。

尽管如此，通过单位分析方法，特别是通过人工物中介行为单位，维果茨基为社会理论家提供了一种方法，可以将个体和社会以及历史科学充分结合起来。维果茨基为我们提供了一门真正跨学科的科学，而不是一方面是心理学，一方面是社会理论。概念既是一种文化的单位，也是智力的单位。维果茨基在《思维与言语》中对概念的研究告诉我们，我们如何不把概念理解为无形的思想形式，而是理解为活动方式。维果茨基的方法是对马克思主义社会理论中常见的"意识形态批判"的有力替代，他提出了一种可以对当今复杂的社会问题产生新见解的方法。

参考文献

Aleksandr R. Lúria, "The Problem of the Cultural Behavior of the Child", in R. van der Veer and J. Valsiner (eds.), *The Vygotsky Reader*, Oxford: Blackwell, 1928/1994, pp. 46–56.

Friedrich Engels, "ThePart Played by Labor in the Transition from Ape to Man", in *Marx and Engels Collected Works: Volume* 25, London: Lawrence & Wishart, 1876/1987, pp. 452–464.

Georg Wilhelm Friedrich Hegel, *Science of logic*, A. V. Miller (trans.),

维果茨基和马克思：迈向马克思主义的心理学

London: George Allen & Unwin, 1816/1969.

Jeremy Naydler (ed.), *Goethe on Science: An Anthology of Goethe's Scientific Writings*, Edinburgh: Floris Books, 1827/1996.

Johann Wolfgang von Goethe, "Outline for aGeneral Introduction to Comparative Anatomy", in *Goethe: The Collected Works. Volume 12: Scientific Studies*, D. Miller (trans.), Princeton: Princeton University Press, 1795/1988.

Karl Marx, "Capital: Volume 1", in *Marx and Engels Collected Works: Volume 35*, London: Lawrence & Wishart, 1867/2010.

Karl Marx, *Grundrisse*, M. Nicolaus (trans.), London: Penguin, 1857/1993.

Karl Marx, MarginalNotes on Adolph Wagner, in *Marx and Engels Collected Works: Volume 25*, London: Lawrence & Wishart, 1881/2010, pp. 531 – 559.

Lev S. Vygotsky, "The Historical Meaning of the Crisis in Psychology: A Methodological Investigation", in *The Collected Works of L. S. Vygotsky: Volume 3*, R. W. Rieber and J. Wollock (eds.), R. van der Veer (trans.), New York: Plenum Press, 1928a/1997, pp. 233 – 344.

Lev S. Vygotsky, "The Instrumental Method in Psychology", in *The Collected Works of L. S. Vygotsky: Volume 3*, R. W. Rieber and J. Wollock (eds.), R. van der Veer (trans.), New York: Plenum Press, 1930/1997, pp. 85 – 90.

Lev S. Vygotsky, "The Methods of Reflexological and Psychological Investigation", in *The Collected Works of L. S. Vygotsky: Volume 3*, R. W. Rieber and J. Wollock (eds.), R. van der Veer (trans.), New York: Plenum Press, 1924/1997, pp. 35 – 50.

Lev S. Vygotsky, "The Problem of the Cultural Development of the Child", in R. van der Veer and J. Valsiner (eds.), *The Vygotsky reader*, Oxford: Blackwell, 1928b/1994, pp. 57 – 72.

Lev S. Vygotsky, "The Problem of the Environment", in R. van der Veer and J. Valsiner (eds.), *The Vygotsky Reader*, Oxford: Blackwell, 1934b/1994, pp. 338 – 354.

Lev S. Vygotsky, "Thinking and Speech", in *The Collected Works of L. S. Vygotsky: Volume* 1, R. W. Rieber and A. S. Carton (eds.), N. Minick (trans.), New York: Plenum Press, 1934a/1987, pp. 39 – 288.

第五章
是什么让维果茨基的心理学理论成为马克思主义理论？

彼得·费根鲍姆（Peter Feigenbaum）

20世纪20年代末，维果茨基写了一篇题为"理学危机的历史内涵：方法论调查"（1997a）①的未发表文章。他对主要心理学学派使用的方法进行了广泛而深入的分析，其结论是，作为一门科学心理学具有致命的缺陷，因为在方法论问题上存在内部分歧，在基本哲学问题上也存在分歧。他断言，本质上有两种心理学：一种是基于唯物主义哲学的"自然科学"方法，另一种是基于唯心主义哲学的"唯心主义"内省方法。他令人信服地指出，只有唯物主义的方法能够为心理学提供适当的基础，因为它的方法是客观

---

① 《维果茨基全集》第1卷，合肥：安徽教育出版社2016年版。

的(尽管是间接的);而唯心主义方法的主观方法最有效地应用于艺术和美学活动。他声称,从本质上讲,如果心理学希望成为一门真正的科学(ibid, p.324),就必须抛弃作为基本哲学的唯心主义。

在同一篇文章中,维果茨基致力于创建一门马克思主义心理学,它不仅包括唯物主义,还包括辩证法哲学,并有可能描述和解释发展过程及涌现的品质,这是基于机械原理的心理学理论(如行为主义和反射学)根本无法做到的。他提出,建立马克思主义心理学的第一步,是建立在辩证唯物主义原理基础上的心理学一般理论。正如马克思恩格斯(1848/1976)将辩证唯物主义的原则和方法应用于社会历史,创造了"历史唯物主义"理论一样,马克思主义心理学家必须将辩证唯物主义的原则和方法应用于心理历史,创造"心理唯物主义"理论。① 此外,他坚持认为,建立一个心理学的一般理论至关重要的是建立适当的方法,因为只有通过方法,理论才能与经验事实直接接触。维果茨基写那篇文章的时候,心理学的一般理论和相应的方法都只是作为历史目标存在的。

在维果茨基1934年过早去世之前,我们要用什么方法来评价心理学一般理论的马克思主义性质和维果茨基(1934/1987)几年后提出的单位分析(即一般方法)?简单地把马克思的政治经济学发展理论(Marx and Engels, 1848/

---

① 《马克思恩格斯全集》第4卷,北京:人民出版社1958年版。

维果茨基和马克思：迈向马克思主义的心理学

1976）与维果茨基的言语思维发展理论放在一起并比较它们的内容是不够的，马克思主义的本质不在于研究某一特定内容的领域，而在于将辩证唯物主义哲学应用于该内容领域。另一方面，尽管政治经济学和言语思维之间有相当大的具体差异，但这两种现象都具有共同的特点，即一种文化上普遍的人类社会活动，其特征涉及人造交换对象的人际交易。因此，在形式上比较这两种理论可能是有好处的。最终，从辩证唯物主义在其建构过程中运用得如何的角度来评价维果茨基的理论，我认为最好的证据应该是：主题的选择（即分析的焦点和单位）；辩证的分析综合方法对既定事实的一致性；理论与方法的一致性。

　　本章的目的是评价维果茨基（1934/1987）关于儿童言语思维发展理论的马克思主义特征。必须小心行事，以避免落入维果茨基的一些批评者的同样的陷阱，维果茨基批评他们过分概括了马克思主义的概念（Vygotsky，1997a）。还警告说，心理唯物主义理论只能由在战壕里工作的马克思主义心理学家创造出来；这门科学的外行人没有任何有用的成就，他们聪明地把马克思的名言串在一起，集中在一个高度的概括上，然后把这些概括应用到心理学上。因此，因为维果茨基的理论必须先被描述和解释，然后才能被评估，所以我扮演了导游的角色。我的资历主要在于我是一名马克思主义者，后来又成为一名发展心理学家，同时也是维果茨基的追随者。当然，即使我指出了客观证据，我对事实的选择也必然反映了我个人对马克思主义和维果

第五章 是什么让维果茨基的心理学理论成为马克思主义理论?

茨基主义心理学的理解。

最后一个题外话:不管维果茨基的使命是否成功,可以肯定的是,建立一门与马克思理论一致、以马克思方法为模型的心理学是他的意图。维果茨基自称为马克思主义者,并在许多段落中表达了他对马克思主义原则和其真实性的承诺。例如,他献身于真理:"我们要使我们的科学研究达到正确的、科学的程度,也就是说达到马克思主义所要求达到的程度。"(ibid, p. 341)[①] 他还相信历史唯物主义理论的正确性:

> 我们都是辩证论者。我们根本没有想过科学发展道路是笔直的,认定它会有曲折、反复,会走弯路。因此,我们就会明白这些挫折的历史意义,就会认为这些挫折是我们整个链条中必需的一环,是我们前进的必经阶段,正如资本主义是走向社会主义必经的一个阶段一样。(ibid, p. 336)[②]

此外,他还洞悉了马克思方法的精髓所在。关于一般理论的创造,维果茨基指出:

[①] 《维果茨基全集》第1卷,合肥:安徽教育出版社2016年版,第195页。
[②] 《维果茨基全集》第1卷,合肥:安徽教育出版社2016年版,第185页。

维果茨基和马克思：迈向马克思主义的心理学

> 为创建这种中间型的理论方法论、普通学科，我们必须揭示该领域各种现象及其变化规律的实质、它们在质量和数量上的特征及它们之间的因果关系、创建这种学科所特有的范畴和概念，一句话，就是创建自己的"资本论"。(ibid, p. 330)①

在为他的新科学建立中心焦点方面，维果茨基紧跟马克思的方法：

> 整部《资本论》就是用这个方法写成的。马克思分析了资本主义社会的"细胞"——商品价值的形式，并指出，研究充分发育的身体比研究细胞容易。他通过分析社会"细胞"，弄清了整个社会制度和所有经济形态的结构。(ibid, p. 320)②

抓住这一关键概念，维果茨基随后为心理学这门新科学设定了一个类似的目标："谁能解开心理学细胞之谜，谁就能找到整个心理学的关键。"(ibid, 320)③

---

① 《维果茨基全集》第1卷，合肥：安徽教育出版社2016年版，第174页。

② 《维果茨基全集》第1卷，合肥：安徽教育出版社2016年版，第156—157页。

③ 《维果茨基全集》第1卷，合肥：安徽教育出版社2016年版，第157页。

一、概述

维果茨基（1934/1987）关于儿童发展的理论在他的最后一本书《思维与言语》中得到了概括，但也有许多其他的著作和讲座作为补充。[①] 这一理论既全面又深刻。它基于对历史的复杂分析；包含了个体心理发展的生物学和社会文化来源；它将概念的发展与口语（人际言语）的发展联系起来；描绘了生物阶段和社会文化参与及发展的交错时期；它把词语的**主观意义**放在考察的中心；承认自言自语的现象（私人言语）是发展"高级心理功能"的关键；它甚至深入研究了发展的细节，对"私"语（个人言语的发声形式）在结构转变为"内在"言语（个人言语的无声、默念形式）过程中发生的特定语言变化提出了非常具体的主张。

我将维果茨基理论之旅分为五个主题领域。首先是维果茨基对历史的分析，它区分了历史的人类学、社会和个人轨迹。个体心理发展的生物学和社会文化来源接下来介绍。从第二个主题——"思维"与"言语"的统一与冲突的角度，这一理论的全貌首次被揭示出来。我描述了思维和言语之间的紧张关系是如何在一系列不同的生物阶段和不同的发展阶段中发挥作用的。"词义"是维果茨基研究言

[①] 《维果茨基全集》第4卷，合肥：安徽教育出版社2016年版。

维果茨基和马克思：迈向马克思主义的心理学

语和思维发展的单位分析方法，是第三个话题焦点。我将描述这个分析单位是如何应用于语言思维的不同的发展阶段，以及不同的分析规模。私人言语是第四个方面，是言语思维个性化的过程。"私人"说话（大声对自己说话而不是对别人说话）的现象代表了儿童语言交流"内化"或个人化的第一步。私语是言语思维**功能**内化的过渡阶段。我们旅程的第五站，也是最后一站，是回顾维果茨基提出的关于私人言语**结构**内化的具体主张——也就是说，它的外在转化为默念或沉默的"内在"言语。内心言语对话通常以大脑内部叙事的形式进行，是自我控制和高级心理功能发展的基础心理活动。最后，我要指出发展过程与马克思为政治经济学所概述的时期序列（See Marx and Engels, 1848/1976）和维果茨基为言语思维所描述的时期序列之间在形式上的相似性。

二、维果茨基的历史分析

西尔维娅·斯克里布纳（Scribner, 1997）认为，维果茨基用历史作为一种手段，从多个角度来想象人类的心理发展。首先，他区分了系统发育（基于自然选择的生物进化）和通史（人类历史）。通史包括人类的人类学起源（始于几百万年前原始人类的出现）和近代史（始于大约 1 万年前文明的出现）。维果茨基对心理发展的社会历史分析部分基于恩格斯（1927/1940）关于人类学起源的论述，部分

第五章 是什么让维果茨基的心理学理论成为马克思主义理论?

基于马克思、恩格斯(1848/1976)关于政治经济学和阶级分化社会发展的理论。维果茨基认为,现代人类的心理过程,如自愿的注意力和逻辑推理,与大多数动物所拥有的基本的、生物进化的心理过程是非连续的。他坚持认为,人类的高级心理功能不能仅用自然法则来解释;相反,它们的根源在于遵循人类文化发展规律的具体人类劳动活动。

恩格斯(1927/1940)断言,当我们的原始人类祖先越来越依赖石器的制造和使用来生存时,他们无意中开始了选择性繁殖的过程,偏爱手更适合使用石器的后代。因此,石器技术——一种文化发展——被视为猿向人的生理转变的主要原因。根据斯克里布纳(Scribner,1997)的观点,维果茨基接受了马克思主义关于人类起源的观点,认为自然选择逐渐让位于人为选择:他同意人类开始为自己的发展创造条件。马克思的理论(Marx and Engels,1848/1976)描述了在过去一万年的社会历史中这些人为条件的持续发展,这一时期的特征是社会被划分为敌对的社会阶层。维果茨基(1934/1987)关于文化在人类心理发展中作用的理解让他提出:在阶级斗争的条件下,同样的心理过程会依据一个人的社会阶层而**不同地**发展。

维果茨基采用的第二层次的历史分析与个人在社会中的生活史有关(Scribner,1997)。在通史中,生物的发展最终被文化的发展所取代,而在个人的历史中,这两种发展系统是同时发生和融合的。儿童在获得独特的文化工具(最重要的是语言交流)的同时,也在生理上成长和发育。

维果茨基和马克思：迈向马克思主义的心理学

交换言语的规则是通过与语言能力强的成年人或大一点的孩子进行对话互动来学习的。将儿童生理遗传的心理功能系统转化为心理功能的文化系统需要成年人发挥主导作用——维果茨基的弟子们充分证明了这一事实（Karpov, 2005）。这是儿童发展过程的最终产物，也就是说，一个有能力的成年演说家和思想家——是每个幼儿学习情况的必要组成部分，这使得分析的个体发生水平与系统发育水平形成了鲜明的对比。更重要的是，文化发展的路线在每个人的历史上出现过**两次**：第一次以**社会**经验的形式出现，然后以**个人**经验的形式出现。维果茨基（1934/1987）非常重视心理间性功能向心理内功能的转化，将其提升到一种心理规律的地位。

维果茨基在他的理论建构中应用的历史方法的第三个用途是，当不同时间线进行比较时，特定心理系统的发展方式是不同的（Scribner, 1997）。例如，他对不同历史背景下记忆发展过程的差异进行了假设：在社会个体的历史中，在人类社会历史中，在人类物种的演化史中。维果茨基认为，对不同年龄（如儿童和成人）、不同社会（农民和工业化）、不同历史时期（原始和现代）的人的特定心理功能进行比较是卓有成效的。尽管政治上有争议，但他还是认为，研究受教育人口和未受教育人口之间的心理差异可提供有用的信息（Luria, 1976）。

简而言之，维果茨基提供了一种理论建构的方法，它能够将历史的各个层面整合并协调成一个对人类思维的生物学—社会学形成的总体解释。人们可能会认为这个宏伟的设计配得上"维果茨基理论"的称号，这是理所当然的。然而，本章的范围仅限于他的个体发生理论，特别是关于儿童个体语言思维发展的理论。至少，对维果茨基的全面历史观的短暂接触为理解和欣赏他的个体发生理论创建了一些背景。

在结束这个话题之前，我想指出维果茨基历史分析的马克思主义特征。他如此强调和重视历史在建立心理发展的一般理论中的作用，最大限度地利用了唯物主义哲学的潜力来提供具体的证据。物质对象（包括人）随着时间的推移相互作用和发展，并在其内部带有其历史的具体痕迹——这些痕迹构成了经验证据。因此，通过使用所有的历史（无机的、有机的、进化的、人类的、社会文化的和个体的）作为建立心理学一般理论的物质基础，维果茨基极大地拓展了可用于检验这一理论的经验证据的范围。

三、思维和言语

维果茨基（1934/1987）理论的一个主要假设是，生物学上继承的思维系统和文化上继承的言语系统，这两个最初在新生儿生活中是独立的系统，在婴儿期联合起来形成一种新的心理活动："言语思维"。这种团结是如何产生的？当婴儿将这两种功能结合在一起，**有意地向成年人说出他或她的第一句话，作为相互有意义的对话交流的一部分时**，

维果茨基和马克思：迈向马克思主义的心理学

就会发生这种情况。随着时间的推移，儿童的 naïve 言语思维经历了一个发展转变，因为思维和言语系统处于不同的发展轨迹上：思维最初是整体的，倾向于清晰表达；而言语最初是碎片化的，倾向于细化。维果茨基写道："言语的内部语义方面和外部的声音形态方面虽然能形成真正的统一，但它们各有其特殊的运动规律。"（ibid, 250）① 更具体地说：

> 这一发展是在对立的方向中进行的。言语的意义方面在发展中是由整体走向部分，由句子走向单词，而言语的外部方面则是由部分走向整体，由单词走向句子。（ibid, p. 250）②

这种对立，使得它们的统一难以管理，是推动言语思维发展的马达。用辩证法的术语来说，这种现象是"对立面的统一与冲突"的典型例子。

鉴于言语思维的实际和社会重要性——具体来说，它如何使成年人通过语言进行交流和组织思想及活动——发育中的儿童面临着巨大的挑战。他们必须学会驾驭潜在系统的对立运动，以便流利地使用母语，胜任地参与这一关

---

① 《维果茨基全集》第 4 卷，合肥：安徽教育出版社 2016 年版，第 323 页。

② 《维果茨基全集》第 4 卷，合肥：安徽教育出版社 2016 年版，第 323 页。

键的公共活动。要掌握成人语言交流，儿童不仅要掌握产生和理解复杂语言结构的单词排序规则，还要掌握在对话中适当部署和识别这些相同语言结构的意义生成规则。在发展过程中，儿童所习得的每一种语言结构都会引发一种认知重组，其目的是理解新结构如何在交流中有意义地使用。随着时间的推移，习得和理解的循环不断循环，导致了在婴儿期到青春期之间一系列日益发展的言语思维形式——在这个阶段，大多数儿童都达到了语言流利的程度。

根据《思维与言语》（Vygotsky，1934/1987）第 5 章、第 6 章和第 7 章的几个关键讨论，言语思维的发展可以被理解为主要由四个不同的发展阶段组成。就语言系统而言，四种独立但相关的**语言**结构是按照以下时间顺序获得的：单词、短语、句子和（因为没有更好的术语）叙述。每个新结构都建立在之前的结构之上，而之前的结构是嵌套在其中的。它们一起形成了一个层次结构或倒立的树形结构，叙事是四种语言结构中最发达的，占据了层次结构的最高节点。就思维系统而言，四个独立但相关的**语义**结构（"泛化结构"）按以下时间顺序发展："融合堆""综合体""前概念"和"概念"。这些结构中的每一个都建立在以前开发的结构的基础上并加以合并。现在最有趣的部分来了：当思维和言语在婴儿期汇合形成语言思维系统时，这两个子系统之间就建立了一种**时间上**的对应关系：第一个单词的习得与融合思维联系在一起；几个月后，婴儿获得短语结构，成为参与复杂思维的手段；再过一段时间，孩子们掌

维果茨基和马克思：迈向马克思主义的心理学

握了句子语法，为前概念思维提供了命题基础；最后，在大约7岁的时候，大多数儿童获得叙事结构，为掌握概括和概念思维提供了一个论述基础。

这些发育阶段的时间由阿罗·托梅拉（Aaro Toomela，2003）确定得相当精确。在生物发育方面，他报告说维果茨基确定了一个人中枢神经系统成熟的六个不同的关键阶段：第一个阶段是出生时，其他阶段发生在一岁、三岁、七岁、十三岁和十七岁。托梅拉引用了最近关于遗传变异、大脑生长和电生理成熟的研究，以及行为发育数据，确认了这些生物阶段的时间，并在列表中增加了两个阶段，一个在6个月，另一个在18个月。在每一个阶段之间，相对稳定的时期发生在生长高峰期之间，在此期间存在适当的条件，使成人—儿童的社会互动日益复杂，并使发育中的儿童内化这些社会互动，且将其转化为个人经验和理解。综上所述，在言语思维的发展过程中产生四种不同性质结构的四个发展时期相继发生在：12至18个月（第一个单词或融合思维）；18个月至3年（短语或复杂思维）；3至7年（句子或前概念思维）；7到12年（叙事或概念思维）。

马克思关于政治经济学发展的理论（Marx and Engels，1848/1976）与维果茨基（1934/1987）关于言语思维发展的理论有相似之处。首先，这两种理论都建立在这样一个概念上：所研究的现象由两个最初分离和对立的系统组成，它们合并成一个，形成一个不稳定的统一，其中每个子系统导致另一个子系统的发展。对马克思来说，在冲突中统一起来的两种体系是政治和经济；而对维果茨基来说，是思维和言语。这两种理论的第二个相似之处是，它们都认为各自的现象是经过一系列不同的时期发展起来的，每一个时期的特征都是不同的发展形式，其性质比以前的形式更加复杂。一旦恰当地介绍了个人言语现象及其在发展中的特殊作用，这种比较就会得到更充分的探讨。

四、词的意义

"词义"是维果茨基（1934/1987）研究儿童语言思维发展的分析单位和一般方法。"词"指的是言语思维活动的外在的、客观的、文化的、语言的一面，而"意义"指的是内在的、主观的、个人的、语义的一面。语言思维现象的本质不在于它的子系统，而在于它们的统一性——当思考和说话以一种互补的、共生的方式活动并作为一种活动时所产生的特殊品质。它们的统一使词义成为一个不可约的单位。

在创建马克思主义心理学理论时，维果茨基（1997a）的目标是遵循马克思寻找心理学"细胞"的方法，从而揭示整个语言思维系统的结构。他选择了词义作为那个单位，但没有明确说明在哪里以及如何将这个分析单位应用到数据中。此外，词义可以从系统发育、个体发育和微发育等多个角度应用于言语思维过程。例如，人们可以从一门语言的历史，或从个人的个体历史角度，或在一个短期学习

维果茨基和马克思：迈向马克思主义的心理学

情境的背景下，研究一个特定单词的意义的发展。在非常真实的意义上，词义就像一个分形，因为它存在于多个层次的组织中，甚至可以嵌套在自己内部。它同样适用于语言思维过程的所有表现形式，从最特殊的到最一般的表达。因此，如果要将词义有效地运用到儿童发展的每个阶段的语言思维的科学研究中，它必须是一个概念上连贯而又在实践中灵活的单位。

要想象维果茨基试图通过使用词的意义来达到什么目的，我们有必要退一步，更广泛地考虑他的理论。除了把每个人看作是他或她出生和长大的社会（或者更准确地说，是社会阶层）的一个"缩影"之外，维果茨基还把**言语交际**看作是一个社会的缩影——作为成人引导儿童进入语言思维文化世界的重要社会过程。这里强调的不是说话这个**对象**，而是交流这个**过程**。维果茨基（1934/1987）理论认为，为了使个体在言语交际的客观社会过程中成功地与他人建立联系，他们必须将自己的个体的、主观的观点服从于一个中介符号或词，其社会决定的意义是一种可以共享的**概括**。因此，社交交流（言语）和概念概括（思维）只是同一枚硬币的两面。维果茨基（ibid, p.49）认为，"社会互动""沟通"和"语言化"是语言思维的三个特征，对任何词义分析都是必不可少的。

把两个人（指定为 **A** 和 **B**）之间的对话过程比作投掷和接球：**A** 通过说话（投掷）开始对话，**B** 听并理解（接球）；然后 **B** 对理解的话语做出回应，产生第二个话语（返回的投掷），A 听并理解（返回的接球）。这种简单的互惠交换是话语的本质（Stubbs，1983），可以象征性地表示为 A > B > B > A。然而，我们可以从两个截然不同的角度来看待这一过程。一个视角关注人际活动（投掷和接球），或从 A > B 或从 B > A 的运动，在这些活动中，个体的话语充当了从一个人向另一个人传递思想的中介或载体。然而，从相反的角度来看——也就是，在对话中两个话语之间的语言和概念上的联系——是 B > B（接和扔）的个人内部活动充当了中介或黏合剂。简单地说，就是一个人在对话（或文本）中把一个话语连接到另一个话语。在维果茨基看来，正是发展中的儿童占据了分析的中心焦点，从而把词义的发展完全定位在 A > B > B > A 交际交换的中心。孩子的发展任务是内化和个性化这个逻辑公式，通过学习每一个话语如何对前一个话语做出**反应**，并同时**启动**链条中的下一个话语。语言思维的人际过程也可以成为儿童语言思维个人发展的孵化器，这一事实表明维果茨基确实接近于确定他正在寻找的难以捉摸的心理学"细胞"——"一种反应的机制"。

巴赫京（Bakhtin，1986）提出了将对话或交谈解析为"话语"单位或说话回合的有说服力的想法。一个话语和另一个话语之间的界限很容易区分，因为每个话语都是由不同的说话者发出的。因为一个话语不是由它的内容决定的，而是由它在对话中与周围话语的界限决定的，所以它的长度和语言结构可以自由地大不相同。根据巴赫京的定义，一个话语可以小到一个单词，也可以长到一个正式的演讲。因此，从对话的角度看，话语是一个固定的语言单位，但其内部的语言结构却具有极大的弹性。因此，巴赫京的"话语"有可能提供维果茨基从词义中寻求的恒定性和灵活性，作为他的分析单位。

最后，与词义密切而不可分离的是"感觉"现象，它本质上是**交际语境的使用**，说话者和听者必须共同参考，以解释特定的词义。每一种言语交流都由两层组成，话语的**字面**意义构成第一层，**使用的语境**构成第二层，用以限定第一层的意义（例如，当一个语句以讽刺的方式传递来调用其字面意义的反面时）。维果茨基（1934/1987）只提供了一些意义的例子，目前还没有一个公认的衡量意义的标准，研究人员可以用它来评估词义的发展。但因为单词的意思总是与上下文和情境相关的，追踪感觉和追踪单词的意思一样重要。

总之，词义既是思维的一个单位，也是言语的一个单位。因为维果茨基去世前，还没有对他的理论进行足够详细的阐述和阐明，以建立与具体数据的更清晰的联系（这是他留给我们其他人的一项任务），目前还没有就如何将词义或意义应用到儿童言语中、以支持程序性实证研究达成共识。

五、私人言语

为了全面了解维果茨基（1934/1987）的理论，你还需要了解一个方面：私人言语与人际言语的区别。其他心理学家设想儿童思维的发展是从自我中心向社会化发展的（e.g. Piaget，1923/1955），维果茨基则假设思维是从社会化发展到个性化。在所有儿童掌握的人际关系、然后内化或个人化的文化能力中，没有比言语交际能力更重要的了。然而，内化人际话语也需要内化交际视角的集合。为了区分一个人的个人观点——一个人的"我"——与他的（内化的）社区的观点，必然会发生斗争（Vygotsky，1997b）。你可能会说，形成思维需要集体，但要使思维个性化则需要个人。当然，进行这种心理斗争的主要场所是与自己的对话。因此，除了四个发展时期（前面概述的）之外，还有两个可以叠加在它们之上：一个是"私"语的过渡时期（18个月到7岁），一个是"内部"言语的成熟期（7到12岁）。

私人言语是一种挪用：孩子们从与他人交谈的经验中学到的对话惯例，并将其用于个人思维。简而言之，孩子们在需要思考的情况下开始大声自言自语。私语是言语交际个性化的第一阶段，它是夹在人际言语和沉默的内心言语之间的发展过渡阶段。在结构上，私语与人际言语是相同的，因为两者都是发声的，都是听者可以听到的；但在功能上，它与内心言语是相同的，因为两者都是个人心理活动的工具。这种形式与功能的矛盾是私人言语不稳定和短暂的特征。因为私语的目的是思考而不是说话，所以它不像人际言语那样适合在谈话中供他人使用。相反，私语是对私人思想的个人回应，因此不包含共同的谈话话题——它纯粹是评论或预测。因此，作为言语，它是别人无法理解的（Piaget，1923/1955）。

在学前阶段，作为活动的回声或**反映**，私语往往滞后于儿童的行动。然而，在上学期间，当一个孩子在使用语言方面有了一定的掌握时，私人言语开始发挥更高的功能——作为一种**指导**活动的力量。除了服务于文字游戏、幻想游戏的功能以及描述自己的活动，私人言语逐步承担**计划**的功能，在实际行动之前口头上提出问题的解决方案。私人言语从活动**后**到活动**前**的转变标志着一种新的心理系统的开始："高级心理功能"的发展。由于语言思维是人类心理发展的动力，语言思维的个性化带来了其他所有的心理功能。记忆、认知、意志控制、情感等心理功能的逐渐内化始于私语。当一个孩子发展了私人言语，并开始把它作为一种工具来看待事物，客观地理解他或她对事物、事件和社会关系的主观经验时，一个基于言语话语、逻辑推理和意志注意的全新心理系统就产生了。

六、私人言语向内部言语的结构转变

我们学术旅程的最后一站关注的是私人言语的**结构**内化——也就是说，将私人言语转化为无声的内部话语。内部话语是**默念**的，这意味着只有说话的人能听到。在内部言语中，一个人**思考**话语而不是说出话语。与形式完整的

第五章 是什么让维果茨基的心理学理论成为马克思主义理论？

人际言语不同，内部言语是高度缩写的，只包含对特定交流至关重要的关键词。维果茨基（1934/1987）认识到，内部言语的缩写语言结构始于私人言语发展过程的结果——因此，私人言语发展是了解内部言语结构的窗口。他是第一个也是唯一一个提出私人言语和内部言语之间直接发展联系的心理学家；只有他认识到，人类的内部语言能力不是与生俱来的，而是在童年时期发展起来的。这就是为什么他把私人言语的消失（大约在7岁时）称为"地下"运动的标志。

这是维果茨基为数不多的几个提出具体实证主张的领域之一。例如，他假设私人言语的缩写遵循一种特殊的逻辑，即与对话的语义主题（或主体）相关的词不再发声，只留下与语义注释（或谓词）相关的词（ibid, 267）。他还声称，私底下说话的字数会随着年龄的增长而减少。西方最近的研究支持维果茨基关于私人言语发展的这些假说和其他假说（See Winsler et al, 2009）。不幸的是，并不是维果茨基关于私人言语的所有主张都得到了检验，因为缺乏用词义作为衡量标准的实证研究。

私人言语的发展为言语思维增加了什么价值？答案是，它提供了一个重要的学习机会，而这在人际模式的言语中是不存在的。就人际语言的任何单一言语而言，孩子总是被限制在扮演听的角色**或**说的角色——比如问一个问题或回答一个问题——但从不同时扮演两个角色。然而，要发展对语篇的完整理解，儿童需要经历问和回答同一个问题，

·285·

维果茨基和马克思：迈向马克思主义的心理学

因为这个活动包含了对话开始和对话回应之间的相互运动。一个孩子必须积极地参与整个 A > B > B > A 的互动，以便体验完整的对话逻辑。

总结本主题，在私人言语从人际言语中分离出来，从私人言语转化为内部言语后，私人言语又与人际言语结合在一起。之所以会出现这种团聚，是因为内部言语在日常对话中起着至关重要的作用：言语必须适应特定的环境和人，而对他人言语的解读需要思考和反思——这是内部言语精心设计的认知功能。主观上，内部言语对话通常被体验为一种持续的声音，一种渗透到我们个人思维中的叙述，在其中注入分析、反思、评论、影响、评价，甚至自我意识。内部言语是言语思维内化的顶点——终极形式。通过内部言语，新的心理潜能被释放出来。

七、总结和结论

本文旋风式地介绍了维果茨基（1934/1987）的理论，涵盖了大部分亮点，但遗憾的是，我被迫跳过了一些更深入的重要主题。对于那些对维果茨基的理论有兴趣的人，我建议你参考霍尔布鲁克·曼恩（Holbrook Mahn, 2012）的工作，他已经建立了一个相当全面的概念模型。

现在剩下的就是完成对维果茨基（1934/1987）理论的辩证唯物主义特征的评估。为此，我认为，将他的理论的**形式特征**与马克思的理论（Marx and Engels, 1848/1976）

第五章 是什么让维果茨基的心理学理论成为马克思主义理论？

的形式特征进行比较是有启发意义的。

首先，两种理论都假定了一系列的发展阶段，在这些发展阶段中，由于潜在的对立冲突，对所研究的现象采取了越来越复杂的形式。这两种理论的共同之处在于，各自的政治、经济和语言思维体系都有一个初步而短暂的"原始"阶段。对马克思来说，这是"原始的"共产主义时期；对于维果茨基来说，这是"naïve"人际言语（词语或融合思维）的时期。然后，在社会发展道路和私人发展道路之间出现了一个主要的分歧。对马克思来说，一个社会分裂为对立的社会阶层，其特征是"统治者"和"被统治者"，在"被统治者"中财富被私有化并在统治者手中积累；维果茨基认为，儿童的言语思维分裂为对立的言语模式，其特征是私人言语和人际言语，在这种模式中，理解是个性化的，并在儿童发展的心智中积累。在马克思的理论中，这种划分采取了日益发达的奴隶制、封建主义和资本主义形式，而资本主义代表了商品（即货币）价值形式发展的最高阶段；在维果茨基的理论中，这种划分采取短语中的复杂思维、句子中的前概念思维和叙事中的概念思维的连续形式，其中概念思维代表了言语思维发展的最高阶段（即内部言语）。最后，这两种理论都显示了一个阶段，在这个阶段，私人和社会的发展方向是统一的，从而产生了早期阶段不存在的品质。对马克思来说，这是社会主义和先进共产主义的时期，阶级分化已经消除，政治经济发展成果惠及全体人民；在维果茨基看来，这是私人和人际言

维果茨基和马克思：迈向马克思主义的心理学

语模式共生互动的时期，使年轻人能够与社区中的其他成年人进行有能力的交流。

马克思（1847/1976，1867/1967）对资本主义阶段的特殊分析——特别是对"使用价值"和"交换价值"的分析——与维果茨基（1934/1987）的理论也有惊人的相似之处。马克思通过对商品在商业交易中的使用价值和交换价值的分析，揭示了经济价值的本质；维果茨基认为，对交际交易中话语的符号属性（使用价值）和符号属性（交换价值）的分析揭示了符号价值或主观意义的本质。马克思认为，买方将每一种商品视为满足某种实际消费需求的使用价值，而卖方将每一种商品视为可以交易的交换价值；在维果茨基看来，听者将每句话语视为传达对话主题的使用价值（开始），而说话者将每句话语视为传达对话评论（回应）的交换价值。对马克思来说，商品价值的形式是在历史上发展的，从人（奴隶制）到土地（封建制度）、最后到货币（资本主义）；在维果茨基看来，符号价值的形式——词的意义——也在发展，从复杂思维（短语）到前概念思维（句子），最后到概念思维（内在言语叙事）。

最后，请注意这两种理论在最发达的价值形式方面的相似之处。马克思认为价值是金钱；维果茨基认为价值是内部言语。两位理论家都提出了使用价值向交换价值的逐步转化：马克思用公式 $CMC > MCM$ 来代表商品向货币的转化，在这一过程中，货币从作为交换手段的次要作用转变为作为交换目标的主导作用；维果茨基讨论了言语思维中类似的转变，即意义从作为交换手段的次要作用逐渐转变为作为交换目标的主导作用。这个转换可以表示为 **WMW > MWM**。在这两种理论中，发展都是从特殊走向普遍：货币和词义都在各自的流通领域中成熟为广义的价值表达。

总之，马克思和维果茨基的理论之间有充分的形式上的相似之处，这表明在他们的构建中使用了非常相似的哲学方法。在主题的选择上，两种理论都将合作性社会活动，特别是轮替和交换，视为人类发展的基础。两种理论都假定人造物品是被交换的物质：马克思认为是商品，维果茨基认为是词义。在方法上，两种理论都采用辩证分析和综合的方法来解释各自的现象，使得它们在描述内在动力和发展时期方面在形式上有密切的相似性。维果茨基（1934/1987）将辩证方法应用于儿童发展的一致性，可见他对历史的分析，以及他对构成儿童发展过程的许多对立过程的巧妙处理，如思维和言语、言语与意义、社会与个人、内在与外在。至于维果茨基的理论和他的方法之间的一致性，在我们的学术旅行中没有出现明显的矛盾，尽管有必要进行更彻底的检查。

我希望本文至少能对标题所提出的问题提供一个初步的答案。然而，除了马克思主义谱系的问题之外，我认为，关于维果茨基的理论，我们应该问的更重要的问题是：它在多大程度上符合儿童发展的既定事实？它是否准确地预测了有待发现的事实？

维果茨基和马克思：迈向马克思主义的心理学

参考文献

Aaro Toomela, "Development of Symbol Meaning and the Emergence of the Semiotically Mediated Mind", in Aaro Toomela (ed.), *Cultural Guidance in the Development of the Human Mind*, Westport, CT: Ablex Publishing, 2003, pp. 163 – 210.

Adam Winsler, Charles Fernyhough, and Ignacio Montero (eds.), *Private Speech, Executive Functioning, and the Development of Verbal Self-regulation*, New York: Cambridge University Press, 2009.

Aleksandr R. Lúria, *Cognitive Development: Its Cultural and Social Foundations*, Michael Cole (ed.), M. Lopez-Morillas, and L. Soltaroff (trans.), Cambridge, MA: Harvard University Press, 1976.

Friedrich Engels, "The Part Played by Labour in the Transition from Ape to Man", in C. Dutt (ed. and trans.), *Dialectics of Nature*, New York: International Publishers, 1940, pp. 279 – 296.

Holbrook Mahn, "Vygotsky's Analysis of Children's Meaning Making Processes", *International Journal of Educational Psychology*, Vol. 1, No. 2, 2012, pp. 100 – 126.

Jean Piaget, *The Language and Thought of the Child*, M. Gabain (trans.), New York: Meridian, 1955.

Karl Marx and Friedrich Engels, "Manifesto of the Communist Party", in *Karl Marx Frederick Engels Collected Works: Volume* 6, New York: International Publishers, 1976, pp. 477 – 519

Karl Marx, "The Poverty of Philosophy: Answer to the Philosophy of Poverty by M. Proudhon", in *Karl Marx Frederick Engels Collected Works:*

Volume 6, F. Knight (trans.), New York: International Publishers, 1976, pp. 105 – 212.

Karl Marx, *Capital: A Critique of Political Economy, Volume* 1: *The Process of Capitalist Production*, Friedrich Engels (ed.), S. Moore and E-. Aveling (trans.), New York: International Publishers, 1967.

Lev S. Vygotsky, "Conclusion; Further Research; Development of Personality and World View in the Child", in *The Collected Works of L. S. Vygotsky. Volume* 4: *The History of the Development of Higher Mental Functions*, R. W. Rieber (ed.), M. J. Hall (trans.), New York: Plenum Press, 1997b, pp. 241 – 252.

Lev S. Vygotsky, "The Historical Meaning of the Crisis in Psychology: A Methodological Investigation", in *The Collected Works of L. S. Vygotsky. Volume* 3: *Problems of the Theory and History of Psychology*, R. W. Rieber and J. Wollock (eds.), R. van der Veer (trans.), New York: Plenum Press, 1997a, pp. 233 – 344.

Lev S. Vygotsky, "Thinking and Speech", in *The Collected Works of L. S. Vygotsky: Volume* 1. *Problems of General Psychology*, R. W. Rieber and A. S. Carton (eds.), N. Minick (trans.), New York: Plenum Press, 1987, pp. 375 – 383.

Michael Stubbs, *Discourse Analysis: The Sociolinguistic Analysis of Natural Language*, Chicago: The University of Chicago Press, 1983.

Mikhail Bakhtin-Volochinov, *Speech Genres and Other Late Essays*, V. W. McGee (trans.). Austin, TX: University of Texas Press, 1986.

Sylvia Scribner, "Vygotsky's Uses of History", in E. Tobach, R. J. Falmagne, M. B. Parlee, L. M. W. Martin, and A. S. Kapelman (eds.), *Mind and Social Practice*, Cambridge: Cambridge University Press, 1997,

维果茨基和马克思：迈向马克思主义的心理学

pp. 241 – 265.

Yuriy V. Karpov, *The Neo-Vygotskian Approach to Child Development*, Cambridge: Cambridge University Press, 2005.

第三部分

维果茨基马克思主义的心理学应用

第六章
想象力和创造性活动：维果茨基贡献的本体论和认识论原则

卡蒂亚·马黑里（Kátia Maheirie）

安德烈亚·维埃拉·扎内拉（Andréa Vieira Zanella）

过去几年，不同领域的研究者都在阅读和讨论列夫·S. 维果茨基的著作，将其与一些理论参考文献联系起来（Kozulin, 1990; Ratner, 1991; Veresov, 1999; Pino, 2000; Rogoff, 2003; van der Veer, 2007; Valsiner, 2007 etc）。他对心理学、教育和艺术的贡献一直存在于本体论、人类学和认识论的讨论中，拓宽了研究者的范围，他们在维果茨基的著作中找到了当代议题问题化的基础。

从我们的理解来看，维果茨基著作恰当的表现方式以及他贡献中的海量观点，有时可能是相互矛盾的，这些都

维果茨基和马克思：迈向马克思主义的心理学

证明了其思想的重要性。维果茨基一方面展现了他那个时代的印记——例如，他的字典中的一些文本体现了革命前俄国生理学的进步——另一方面，又超越了那个历史时刻的时代，超越了当时科学的进步。他如何创造出自己的思想成为理解这一现实状况的关键因素：当维果茨基与具有各种认识论导向的人交谈时，创造性地阅读使他能够部分或整体地接纳或排斥不同的思想。我们必须理解，这种对话——聚焦和他讨论的每位作者思想中的精华——之所以能够进行，是因为其保持了维果茨基所假定的一个特定的本体论和认识论：历史唯物主义和辩证、开放、非本质的世界概念。

尽管维果茨基并没有在他的著作中直接引用马克思的原著，但却体现出他接受了马克思的思想。根据范德维尔和瓦尔西纳（van der Veer and Valsiner, 1991）的观点，在维果茨基于1926年完成的《心理学危机的历史内涵》（Vygotsky, 1991）中，他对建立在历史唯物主义和辩证法原则基础上的新心理学的建设方面所取得的成就进行了分析，批判了其前辈们机械地挪用马克思的著作，这一点可以从他们执着使用马克思的引文中看出来。因此，他的作品具有这样的特点：创造性地使用并提出了对主体和世界相互构成的理解，这对那些间接而非直接研究马克思著作的人提出了挑战。

维果茨基建立的与马克思著作创造性联系的一个例子见于他改写的一句话："人的心理本质是社会关系的总和。"

(Vygotsky，2000，p.27）通过阅读他的许多著作，我们可以理解，这是关于每个人的一系列特性，这些特性总是多种多样的，具有不同的特色并创造性地形成，赋予了同时作为一个单独的人和集体的人的条件，这些特性局限于这个人生活的时期和条件，同时也受制于它的巧计。而社会环境又是人类的产物；历史带来了其他时代的印记，并总是在不断的重塑过程中自我更新，尽管这可能是紧张而错综复杂的。

对人类创造性维度的关注，促使我们开展了社会心理学与艺术对话的研究（Zanella and Maheirie，2010；Zanella，2013a，2013b；Zanella and Wedekin，2015；Maheirie，2003，2015；Maheirie et al，2015 etc.），因为维果茨基的重要文本是关于艺术（Vygotsky，1971，1995）、美学教育（Vygotsky，2001）以及儿童的想象力和创造力的（Vygotsky，2009）。我们认为维果茨基自己选择的本体论、人类学和认识论基础是其著作不可或缺的根源，因为这是理解主体和社会之间相互构成的根本，也因为其交叉引用并支撑着维果茨基的理论框架。

我们知道有些作者严厉批判维果茨基的著作严格遵循了马克思的著作，以及对与他交谈过的其他各方也表示了无视（Veresov，2005）。当然，马克思的著作并不是他唯一的参考文献；然而在我们看来，支撑他思想的本体论、人类学和认识论原则都是建立在这个谱系中的。我们的目的是与遵循这一方向的研究——如图尔明（Toulmin，1978）、

维果茨基和马克思：迈向马克思主义的心理学

马塔·舒亚尔（Marta Shuare，1990）、纽曼和赫兹曼（Newman and Holzman，1993）、安必诺（Pino，2000）以及参与本文集的作者所开展的研究——一起做出贡献，是让人们看到维果茨基关于想象和创造性活动的讨论体现了马克思著作中的本体论、人类学和认识论原则。

一、过程

为了揭示维果茨基著作中存在的马克思主义框架以及对其进行处理的创造性方式，我们选择了《童年的想象力和创造力》(*Imagination and Creativity in Childhood*)为分析重点。在这本写于1930年的书中，维果茨基向教育家和公众披露了他对这些过程的想法。根据索亚·普雷斯特斯和伊丽莎白·图内斯（Zoia Prestes and Elizabeth Tunes，2012）的观点，维果茨基在此书中简明介绍了五年前他的《艺术心理学》一书中提出的主要讨论。由于这是一部以某种非正式叙述为标志的作品，作品为我们的工作提供了一个重要来源，因为本体论、人类学和认识论的基本要素都体现在文字和讨论中。与维果茨基对那些直到那时还试图以马克思著作的引文为基础建立马克思主义心理学的作者的批评一致，维果茨基没有直接引用马克思的历史唯物主义和辩证法；然而，这些基本要素在维果茨基的概念和论证的发展中却是根深蒂固的。

在《艺术心理学》中，维果茨基探讨了幻想和想象的

第六章 想象力和创造性活动：维果茨基贡献的本体论和认识论原则

概念；想象和现实之间的关系；书中所提到的创造性活动如何进行或周期性问题；预期的困难；想象和创造性活动在婴儿期、青春期和成年期中的特点；文学和戏剧创作以及童年时期的绘画。尽管是在各章中提出来的，但上述这些都是相互关联的主题，如果寻找论证所依据的对话者的蛛丝马迹，就会发现它们之间有着无穷的联系。

意识到这项任务的复杂性，我们选择分析该书的最初几章，这些章节强调每个人的创造性活动的潜力是改造世界和自己的根本。维果茨基通过将心理学、生理学、社会学、哲学和人类学的讨论交织在一起，以一种通俗易懂的方式传递复杂的问题，从而得出这一认识。虽然看起来很简单，但这部著作特别是这一章展示了维果茨基的总体价值。

根据韦列索夫（Veresov, 2005）的观点，从不同的角度和马克思主义作家看来，维果茨基的思想和马克思的思想之间的联系是显而易见的。我们知道这种多样性意味着对同一部作品有多种可能的解读，这本身就是对任何规定或终结的尝试性挑战。这就是为什么有必要回到马克思的著作中去，这也是我们选择去做的事情。

一些问题标志着我们在维果茨基和马克思之间建立的心理分析、联系，在这里提出这些问题是合适的。当某个作者肯定了某存在（在这里是指人类）出现的条件时，他是在描述这个存在的本体论方面。换句话说，他是在描述使这个存在成为具体的人的条件。因此，人的本体论概念的指导性方面围绕着诸如以下问题展开：这一存在的特点

维果茨基和马克思：迈向马克思主义的心理学

是什么？是什么使这种存在与世界上的其他存在不同？它的特殊性是什么？人的存在、物的存在和自然的存在之间有什么共同点和不同点？我们认为，维果茨基著作中的本体论立场与马克思著作中提出的立场相同，其关键方面是与本质主义的存在概念相对立。

一般来说，某个理论的本体论方面是哲学家关注的重点，他们当然会比我们心理学领域的人洞察得更加精确。然而，追踪一个思想或作品的本体论原则与历史唯物主义和辩证法的认识论观点以及维果茨基提出的方法论讨论是一致的。具体情况如下：

> 就像动物学家根据某种古生动物化石的极小的骨骸而复制出它的全身骨骼，甚至复制出它的生活形象。古代的货币虽然没有任何现实价值，但它常常给考古学家揭示出复杂的历史问题。一位历史学家在解释刻画在石头上的象形文字时，他便可以深入到已经过去的各个世纪的内部去。医生根据极微小的症状可以诊断出病情。心理学只有在近来才克服了对各种现象的生活评价的惧怕，并开始学会了对一些极微小的细事进行研究，如果用留心日常生活心理的弗洛伊德的话说，从这些不屑一顾的现象中常常会看到重要的心理学的证据。(Vygotsky, 1995, p.64)[①]

[①]《维果茨基全集》第2卷，合肥：安徽教育出版社2016年版，第67页。

第六章 想象力和创造性活动：维果茨基贡献的本体论和认识论原则

因此，追踪轨迹是寻找联系的重要途径，这有助于理解经常处于分散状态的事实；当它们之间的相互关联方式、它们如何对话以及它们如何为其他路径提供可能性都很明显时，对它们的理解就变得更加清晰了。

从人类学的角度来看，对马克思和维果茨基来说，关于一个存在如何转变为一个人的概念与开放和未完成的观点是一致的，该观点是基于具体生活经验的主体性和对象化过程的。定义人和被人定义的历史概念，考虑了进步和倒退的运动（Sartre，1984），在当前具体条件的基础上，将过去和未来交织在一起，并跳跃性地超越。

这使得两位作者都维护认识论的立场，即知识必须超越结果而主要考虑过程。反过来，结果本身是过程的凝结，过程是可以被探索出来的。

二、想象力和创造性活动的本体论痕迹

在《童年的想象力和创造力》一书的开头，维果茨基（Vygotsky，2009，p. 13）就提出了这样一个观点：人脑具有巨大的可塑性，因为它能够通过刺激改变其结构，同时还能保存过去的经验，从而促进其再生产：

> 如果大脑的活动仅仅局限于保留以前的经验，那么人类将只是一种主要能够适应熟悉和稳定环境条件的生物。在人以往经历中没有遇到过的环境中，所有

维果茨基和马克思：迈向马克思主义的心理学

新的或意想不到的变化都不能引起人类适当的适应性反应。[①]

通过分析文本第一页的这段摘录，我们看到维果茨基宣称人类有能力超越自然和以往条件对当前经验所施加的限制，就像人类能够模仿一样，他肯定人类自身具有另一种功能的可能性。

在这一讨论中，强调了以前和未来经验之间的关系，以及已经发生、完成的事情和新事物的可能性之间的关系。维果茨基在他的一些著作中使用了大脑的可塑性这一说法，并由鲁利亚（Lúria，1966）加以发展，为神经生理学和心理学领域带来了这样一种观点：无论是与整个社会的历史还是与任何特定的人的历史有关，历史是一个过程，是一种连续性的运动。既然历史是运动的，历史在以前的成就中得到支撑，在其自身重塑的可能性条件中得到支撑，这些条件也是历史上建立起来的。

这种历史观在马克思的著作中极为明显，并为马克思和维果茨基思想之间的联系提供了证据。一方面，过去是作为历史出现的，在社会的发展中，景观、物体、思想构成了具体条件，这些条件预测和决定事件。值得一提的是，这些条件并不仅仅是指经济方面，而是指人类的整个物质和非物质遗产。马克思（Marx，1852）写道：

---

① 引自：Lev S. Vygotsky, "Imagination and Creativity in Childhood", Soviet Psychology, Vol. 28, No. 1, 1990, pp. 84 – 96.

第六章 想象力和创造性活动:维果茨基贡献的本体论和认识论原则

人们自己创造自己的历史,但是他们并不是随心所欲地创造,并不是在他们自己选定的条件下创造,而是在直接碰到的、既定的、从过去承继下来的条件下创造。一切已死的先辈们的传统,像梦魇一样纠缠着活人的头脑。①

因此,过去总是存在于当下之中,并在我们周围的一切事物中留下印记,在我们的身体、我们的思维、感觉、交流和行动方式中指导我们生存的一切东西之中留下印记。然而,人的本体论条件不能被还原为对过去的占有,这就是我们强调的第二点:过去由当前的客观条件组成,并在当前的客观条件中得到更新,这些条件必然通过一个基本的、复杂的过程指向某个未来,这个过程就是预计和预计自身的能力。下面详细描述了一个由马克思概述并由维果茨基假定的人的基本特征。马克思(Marx,2013)写道:

> 蜘蛛的活动与织工的活动相似,蜜蜂建筑蜂房的本领使人间的许多建筑师感到惭愧。但是,最蹩脚的建筑师从一开始就比最灵巧的蜜蜂高明的地方,是他在用蜂蜡建筑蜂房以前,已经在自己的头脑中把它建成了。劳动过程结束时得到的结果,在这个过程开始

---

① 《马克思恩格斯选集》第1卷,北京:人民出版社2012年版,第669页。

维果茨基和马克思：迈向马克思主义的心理学

时就已经在劳动者的表象中存在着，即已经观念地存在着。他不仅使自然物发生形式变化，同时他还在自然物中实现自己的目的，这个目的是他所知道的，是作为规律决定着他的活动的方式和方法的，他必须使他的意志服从这个目的。①

马克思著作中人的本体论特征，指出了通过想象任何主体工作的预计条件——因此不同于任何动物的活动。

基于这种对存在和历史的动态概念，在维果茨基的讨论中，人的大脑呈现出一种创造性特征。大脑不是一个突触储存库，而是一个活跃的器官，能够从社会提出的挑战中，重新安排已经建立好的东西，建立新的联系，为其他的可能性开辟道路："大脑不仅是储存和检索我们以往经验的器官，也是结合和创造性地重塑这些过去经验的元素，并利用它们来产生新的命题和新行为的器官。"(Vygotsky, 2009, p. 14)②

正如在马克思的著作中，我们发现维果茨基对人作为一种创造性存在条件的肯定，由于大脑的创造能力，在今天人们能够将自己的未来建立在自己和集体的经验以及过去的成就上。维果茨基认为，"正是人的创造性活动使人成

---

① 《马克思恩格斯全集》第 23 卷，北京：人民出版社 1972 年版，第 202 页。

② 引自：Lev S. Vygotsky, "Imagination and creativity in childhood", Soviet Psychology, Vol. 28, No. 1, 1990, pp. 84 – 96.

为面向未来的生物，创造未来，从而改变自己的现在。"（Vygotsky, 2009, p.14）①

三、人是一种社会存在，在集体中生产自身：想象力和创造力的人类学维度

尽管创造是人类条件的一部分，但它不是一种个人活动。根据维果茨基（Vygotsky, 2009）的观点，为了创造，我们植根于以前的经验和现在的可用物质，这些同时也是使当前条件得以实现的事件的综合。这些物质和经验通过想象力重新组合，以一种奇特的方式综合成了新的物质。因此，每一个创造都含有社会元素，因为创造所依据的过去经验不只属于进行创作的人。创造是集体产物，是所有人类的工作，体现在创造行为中所使用的所有具体和象征的物质中。

维果茨基指出的关于创造过程的另一个重要方面是：创造出现在每一个人的处境中，由任何一个人产生，从而消除了一般赋予它的本质主义内涵。

> 实际上，创造力不仅存在于伟大历史作品的诞生中，而且也存在于一个人想象、组合、改变和创造新事物时，不管这个新事物与天才的作品相比显得多么

---

① 引自：Lev S. Vygotsky, "Imagination and creativity in childhood", Soviet Psychology, Vol.28, No.1, 1990, pp.84–96.

维果茨基和马克思：迈向马克思主义的心理学

渺小。当我们考虑集体创造力的现象时，它结合了所有这些本身经常是微不足道的个人创造力的点滴，我们很容易理解人类所创造的东西有多大比例是不知名的发明家的匿名集体创造性工作的产物。（Vygotsky，2009，pp. 15-16）[1]

这一概念出现在马克思与恩格斯合作的著作中，他们指出"自觉地把一切自发产生的前提看作是先前世世代代的创造，消除这些前提的自发性，使它们受联合起来的个人的支配"（Marx and Engels，1998，p. 87）[2] 的重要性。

在一个精英主义讨论、市场逻辑、人的本质主义概念以及个人与社会、集体与个体之间的对立占上风的当代世界里，目前的这些主张是革命性的，很难被人们接受。维果茨基（Vygotsky，1995，p. 368）在讨论想象力和创造性活动时强调的是人的存在这种他者条件，即"在某种程度上每个人都是他所属的社会，尤其是他所属的那个阶级的衡量尺度，因为每个人都是各种社会关系的集中反映"[3]。同时，每个人既是他们所参与关系的表达和基础，也是集体

---

[1] 引自：Lev S. Vygotsky, "Imagination and creativity in childhood", Soviet Psychology, Vol. 28, No. 1, 1990, pp. 84-96.

[2] 《马克思恩格斯全集》第3卷，北京：人民出版社1960年版，第79页。

[3] 引自：Lev S. Vygotsky, The collected works of L. S. Vygotsky: Volume 3, R. W. Rieber and J. Wollock (eds.); R. van der Veer (trans.), New York: Plenum, 1997, p. 317.

产生的并在历史上记载的一般社会关系的表达和基础。①

四、关于想象力和创造的过程、结果：认识论维度

维果茨基（Vygotsky，2009）认为想象力是创造性活动的条件。维果茨基模糊地使用了幻想和想象的概念，指出创造力是一个过程，在此过程中，每个人探索自己和他人不同时间、地点的经历片段，并创造性地将这些经历结合起来。在此意义上，创造性活动是想象的对象化，产生了通过一个过程出现的客观结果。把创造性思维方式视为过程性活动，这就需要一个同样是过程性的视角来认识它，也是维果茨基著作认识论方面的特点。

为了描述创造过程，维果茨基（Vygotsky，2009）指出了现实和想象之间的四个基本联系。第一个联系是想象从现实中剔除了构成现实的必要因素。这些要素由于以前的经历而已经存在，但通过想象又重新组合起来。在历史唯物主义和辩证逻辑中可以找到这一思想的踪迹，以下摘录可以证明这一关系：

> 人们是自己的观念、思想等等的生产者，但这里所说的人们是现实的，从事活动的人们，他们受着自己的生产力的一定发展以及与这种发展相适应的交往

---

① 《维果茨基全集》第1卷，合肥：安徽教育出版社2016年版，第151页。

维果茨基和马克思:迈向马克思主义的心理学

(直到它的最遥远的形式)的制约。

……我们的出发点是从事实际活动的人,而且从他们的现实生活过程中我们还可以揭示出这一生活过程在意识形态上的反射和回声的发展。甚至人们头脑中模糊的东西也是他们的可以通过经验来确定的、与物质前提相联系的物质生活过程的必然升华物。(Marx and Engels, 1960, p.19)[①]

通过强调经验在想象力生产中所起的作用,维果茨基借助历史唯物主义引入了复杂性,显示了现实制约因素的转化、作用和相互特性。现有因素是其转化所需的创造性活动的条件,无中生有是不可能的,正如不承认要创造的具体的、历史的和社会产生的条件是不可能创造的一样。因此,每一个想象的行为,即使否认现实和预计可能性,也会维持着它自身。

维果茨基(Vygotsky, 2009, p.22)强调了想象和现实之间的这种联系方式,他最后说,为了理解结果,分析过程是多么重要,"因为这种经验提供了幻想结果被建构的物质的东西"[②]。由此,他认为有必要丰富儿童的经验,以便为创造性活动提供坚实的基础,重申现实和想象力是相互

[①] 《马克思恩格斯全集》第3卷,北京:人民出版社1998年版,第29、30页。

[②] 引自:Lev S. Vygotsky, "Imagination and creativity in childhood", Soviet Psychology, Vol.28, No.1, 1990, pp.84–96.

对立的错误观念，并将其与其他心理过程如记忆和认知交织在一起。

正是从这个想象和现实之间的第一个联系中，衍生出了第二个联系。在这一点上，幻想的结果带来了与主体相关的整个社会背景的放大体验。我们不仅从自己的经历中产生幻想，而且还利用他人的经历，这些经历通过他人的叙述或描述为我们所知。通过这种类型的联系，维果茨基（Vygotsky，2009，p.11）重申："在我们周围的日常生活中，创造力是生存的基本条件，所有超越常规的困境和涉及创新的东西，尽管只是很小的数量，但都归功于人类的创造过程。"[1] 通过这种联系，经验和想象相互得到滋养。

为了解创造的过程，值得注意的是想象中的情感联系，它是想象和现实之间关系的第三种形式。维果茨基（Vygotsky，2009，p.26）肯定了每一种情感都会产生与自身相对应的图像，这些图像的配置会产生相关的情绪符号："想象的图像也为我们的情感提供了一种内部语言。"[2] 因此，如果一方面，情感产生了图像，那么另一方面，图像产生了情感。情感和幻想之间的联系就是这样，通过这一联系，我们不仅在不同的艺术领域产生而且重新创造对象，同时，观众也产生了感觉。

---

[1] 引自：Lev S. Vygotsky, "Imagination and creativity in childhood", Soviet Psychology, Vol. 28, No. 1, 1990, pp. 84–96.

[2] 引自：Lev S. Vygotsky, "Imagination and creativity in childhood", Soviet Psychology, Vol. 28, No. 1, 1990, pp. 84–96.

维果茨基和马克思：迈向马克思主义的心理学

想象与现实之间的第四种结合形式是指过程的对象化，过程转化为结果，其特点是具体化的幻想或创造力本身。这种对象化，物化的想象，把自己放在现实中作为一个新的对象，作为凝结的人类经验，可以以各种方式变得合理。因此，它是想象和创造过程可用的一个新元素。也就是说，结果来自过程，而过程又产生了新的结果，推动了新过程的创造，这表明集体生活在不断地相互哺育着单个生命。

当然，在他关于想象和创造过程的理论中，正如在他关于学习的发展和过程的其他著作中，维果茨基产生了一种唯物主义和辩证法的可理解性。为了这种可理解性，他提出了一种非本质的方法，这种方法不是机械的而是过程性的、开放的、未完成的，并在其不完整性和复杂性中被把握[①]。

马克思更加关注人的人类学和本体论方面（Lukács，1979），他曾在著作中发表过重要的方法论声明，特别是在考虑分析不同的发展形式和这些形式之间的联系时（Marx，2013），或者在研究世界是一个过程的总和时，其中对象性产生于许多因素的综合。

因此，创造力是一种人类境况，发生在特定社会背景下的主体之间的关系网中。创造力是一种复杂的活动，发生在整个过程中，类似于孕育：其产物是一个漫长时期的结果，并必然涉及匿名集体共同参与的生产。

---

① 关于维果茨基的方法问题，参见 Ratner，1997，2002 和 Zanella 等人，2007。

五、最后的思考

在关于费尔巴哈的第六篇论文中，马克思和恩格斯（Marx and Engels, 1998, p. 101）指出："人的本质并不是单个人所固有的抽象物，实际上，它是一切社会关系的总和。"① 维果茨基的著作体现了这一理解。当涉及人类存在的本质时，他反对一切本质主义，因此，每一个从历史中沉淀下来的解释都是复杂多样的现实，人生活在其中并且不可避免地要以其他时代的成就为基础；这些是维果茨基对每个人和他所参与的集体的理解基础。

如果表达的维度指的是以前的经历，那么文化在一般情况下肯定了基础层面，每个人的发明条件，他们创造其他条件的潜力，在与他人的联系中重新发明生活和存在的方式。毕竟，"只有在集体中，个人才能获得全面发展其才能的手段"（Marx and Engels, 1998, p. 101）②。

正如我们在本章中所展示的那样，这些话题是维果茨基对想象力和创造力的讨论的一部分。它们也出现在维果茨基的许多其他著作中——无论是关于艺术、人类心理的发展，还是他那个时代的心理学——都代表了历史文化心

---

① 《马克思恩格斯全集》第3卷，北京：人民出版社1960年版，第5页。

② 《马克思恩格斯全集》第3卷，北京：人民出版社1960年版，第84页。

维果茨基和马克思：迈向马克思主义的心理学

理学的核心。然而，维果茨基作品中关于马克思的本体论、人类学和认识论观点并不能即刻察觉出来，有必要追溯其来源。这项任务需要一个以一种开放的、未完成的和创造性的方式发展的辩证逻辑（Sartre，1984）。我们在本章中介绍了我们在寻找维果茨基的"童年的想象力和创造力"中的马克思踪迹时所能发现的东西，希望这将建立在这位作者的思想遗产之上，并为理解想象力和创造力的过程指明有希望的道路。

参考文献

Aleksandr Romanovich Lúria, *Human Brain and Psychological Processes*. New York: Harper & Row, 1966.

Alex Kozulin, *Vygotsky's Psychology: A Biography of Ideas*, Cambridge: Harvard University Press, 1990.

Andréa Vieira Zanella and Kátia Maheirie (Org.), *Diálogos em Psicologia Social e Arte* [*Dialogues in Social Psychology and Art*], 1st ed, Curitiba: CRV, 2010.

Andréa Vieira Zanella and L. Wedekin, *Visita à Bienal: Diálogos Bakhti (Vigotski) Anos* [*Visit to the Biennial: Bakhti (Vigotski) Dialogues*], Curitiba: CRV, 2015.

Andréa Vieira Zanella, "Youth, Art and City: Research and Political Intervention in Social Psychology", *Revista de Estudios Urbanos y Ciencias Sociales*, Vol. 3, No. 1, 2013b, pp. 105 – 116.

Andréa Vieira Zanella, Alice Casanova dos Reis, Andréia Piana Titon,

Lílian Caroline Urnau and Tais Rodrigues Dassoler, "Questões de Método em Textos de Vygotski: Contribuições à Pesquisa em Psicologia [Method Issues in Vygotsky's Texts: Contributions to Psychology Research]", *Psicologia & Sociedade*, Vol. 19, No. 2, 2007, pp. 25 – 33.

Andréa Vieira Zanella, *Perguntar, Registrar, Escrever: Inquietações Metodológicas* [Ask, Register, Write: Methodological Concerns], 1st ed, Porto Alere: Editora da UFRGS, 2013a.

Angel Pino, "O Social e o Cultural na Obra de Vigotski. (The Social and Cultural Work in Vygotsky)", *Rev. Educação e Sociedade*, Vol. 21, No. 71, 2000, pp. 45 – 78.

Barbara Rogoff, *The Cultural Nature of Human Development*, New York: Oxford University Press, 2003.

Carl Ratner, *Cultural Psychology and Qualitative Methodology: Theoretical and Empirical Considerations*, New York: Plenum, 1997.

Carl Ratner, *Cultural Psychology: Theory and Method*, New York: Kluwer Academic/ Plenum, 2002.

Carl Ratner, *Vygotsky's Sociohistorical Psychology and its Contemporary Applications*, New York: Plenum, 1991.

Fred Newman and LoisHolzman, *Lev Vygotsky: Revolutionary Scientist*, London: Routledge, 1993.

György Lukács, *Ontologia do Ser Social* [Ontology of the Social Being] *Os Princípios Ontológicos Fundamentais de Marx*, São Paulo: Ciências Humanas, 1979.

Jaan Valsiner, *Culture in Minds and Societies*, New Delhi: Sage, 2007.

Jean-Paul Sartre, *Questão de Método* [Method of issue], São Paulo:

维果茨基和马克思：迈向马克思主义的心理学

Abril Cultural, 1984.

Karl Marx and Friedrich Engels, *A Ideologia Alemã* [*The German Ideology*], São Paulo: Martins Fontes, 1998.

Karl Marx, "The Eighteenth Brumaire of Louis Bonaparte, Chapter 1", 1852, https://www.marxists.org/portugues/marx/1852/brumario/cap01.htm (accessed December 1, 2016).

Karl Marx, *O Capital: Crítica da Economia Política. Livro I* [*Capital: A Critique of Political Economy. Book I*], São Paulo: Boitempo, 2013.

Kátia Maheirie, "O Fotografar e as Experiências Coletivas em Centros de Referência em Assistência Social [The Shooting and Collective Experiences in Reference Centers for Social Assistance]", in Aluísio Ferreira de Lima, Deborah Christina Antunes, and Marcelo Gustavo Aguiar Calwegare (Org.), *A Psicologia Social e os Atuais Desafios Ético-políticos no Brasil* [*Social Psychology and Current Ethical and Political Challenges in Brazil*], Porto Alegre: ABRAPSO, 2015, pp. 364 – 374.

Kátia Maheirie, "O Processo de Criação no Fazer Musical: uma Objetivação da Subjetividade, a partir dos Trabalhos de Sartre e Vygotsky [The Process of Creating the Musical: An Objectification of Subjectivity, Based on Sartre and Vygotsky]", *Psicologia em Estudo*, Maringá, Vol. 8, No. 2, 2003, pp. 147 – 53.

Kátia Maheirie, Ana Luiza Smolka, André Lui Strappazzon, Carolina Souza de Carvalhoand Felipe Karpinski Massaro, "Imaginação e Processos de Criação na Perspectiva Histórico-cultural: Análise de uma Experiência [Imagination and Creative Processes in the Cultural-historical Perspective: Analysis of an Experience]", *Estudos de Psicologia* (*PUCCAMP. Impresso*), Vol. 32, No. 1, 2015, 49 – 61.

Lev S. Vygotsky, "A Educação Estética [The Aesthetic Education]", in *Psicologia Edagógica* [*Educational Psychology*], Porto Alegre: Artmed, 2001, pp. 225 – 248. .

Lev S. Vygotsky, "Manuscrito de 1929", *Educação & Sociedade*, Vol. 21, No. 71, 2000, pp. 21 – 44.

Lev S. Vygotsky, *Imaginação e Criação na Infância: Ensaio Psicológico* [*Imagination and Creativity in Childhood: Psychology Essay*], São Paulo: Ática, 2009.

Lev S. Vygotsky, *Obras Escogidas I* [*Selected Works I*], Madrid: M. E. C. /Visor, 1991.

Lev S. Vygotsky, *Obras Escogidas: Vol. 3. Problemas del Desarollo de la Psique* [*Selected works: Volume 3: Problems of the Theory and History of Psychology*], Madrid: Visor, 1995.

Lev S. Vygotsky, *The Psychology of Art*. Cambridge, MA: MIT Press, 1971.

Marta Shuare, *La Psicología Soviética tal cómo Yo la Veo* [*The Soviet Psychology as I See It*], Moscow: Editorial Progresso, 1990.

Nikolaj Veresov, "Marxist and Non-Marxist Aspects of the Cultural-historical Psychology of L. S. Vygotsky", *Outlines*, Vol. 7, No. 1, 2005, pp. 31 – 49.

Nikolaj Veresov, *Undiscovered Vygotsky: Etudes on the Pre-history of Cultural-historical Psychology*, Frankfurt am Main: Peter Lang, 1999.

René van der Veer andJaan Valsiner, *Understanding Vygotsky: A Quest for Synthesis*, Oxford: Blackwell, 1991.

René van der Veer, *Lev Vygotsky: Continuum Library of Educational Thought*, London: Continuum, 2007.

维果茨基和马克思：迈向马克思主义的心理学

Stephen Toulmin, "The Mozart of Psychology", *The New York Review of Books*, Vol. 25, No. 14, 1978.

Zoia Prestes and Elizabeth Tunes, "A Trajetória de Obras de Vigotski: um Longo Percurso até os Originais [The Trajectory of Works by Vygotsky: A Long Journey to the Originals]", *Estudos de Psicologia (Campinas)*, Vol. 29, No. 3, 2012, pp. 327-340.

第七章
维果茨基方法论框架中的唯物辩证法：对应用语言学研究的影响

詹姆斯·P. 兰道夫（James P. Lantolf）

马丁·帕克（Martin Packer, 2008, p.8）指出，当维果茨基的著作首次以英文现世时，文化历史心理学家注意到其与马克思对资本主义社会分析的关联；然而不久之后，除了少数例外（e.g. Toulmin, 1978），大量提及马克思影响的内容从他们的学术中消失了。帕克指出"即使引用马克思得到了承认，但人们对于引用的意义却鲜有共识"（Packer, 2008, p.9）。例如，柴克林（Chaiklin, 2011, p.139）对库尔特·卢因（Kurt Lewin）和维果茨基各自方法论视角的比较分析，简要提到了维果茨基建立马克思主义心理学的目标。然而，显然马克思对维果茨基思维的影响在他的《维果茨基文集》中有着充分的记载，尤其体现在他对马克

维果茨基和马克思：迈向马克思主义的心理学

思分析方法的明显采用中，"心理学危机的历史内涵：一种方法论调查"（Vygotsky，1997a）。

在下文中，我将讨论维果茨基以马克思的分析方法为基础的一般方法论框架的具体特征，以及该框架对维果茨基构想具体研究步骤以及科学解释的界定产生了深远的影响。讨论了在维果茨基分理论和方法论框架影响下的应用语言学（Applied Linguistics，简称 AL）研究。我还考虑了继续遵循硬科学模式的应用语言学研究的后果和影响，这也是维果茨基强烈抵制的研究范式。

一、维果茨基和标准化的科学研究方法论

维果茨基认识到心理学的危机构成了两个相互关联的问题——一个是本体论问题，另一个是认识论问题。本体论危机当然是个棘手的问题，而认识论危机在某些方面，无论是过去还是现在都是一个更为复杂的问题，因为它涉及心理学家从事科学研究的本质是什么的核心问题。

维果茨基指出，归根结底存在着两种大相径庭的心理学：一种是唯物主义心理学，关注"作为一种独特的运动形式"的人类行为；另一种是唯心主义心理学，关注"作为非运动的心理学科"（Vygotsky，1997a，p.315）[1]。对此，他得出结论：为创建一门能够探讨两种根本不同的存在并

---

[1] 《维果茨基全集》第 1 卷，合肥：安徽教育出版社 2016 年版，第 146 页。

将两种不同的认识论立场纳入科学是不可能的（Vygotsky，1997a，p.314）。维果茨基依据恩格斯对自然辩证法的讨论（见Novack，1978），认为辩证法不是人们应用于研究对象的东西；相反，而是人们通过适当的分析步骤发现研究对象中的辩证关系，当然这就需要讨论认识论和研究方法。

维果茨基明白，如果马克思仅仅通过寻找辩证法的实例（例如，对立面的相互渗透、从量变到质变的飞跃、矛盾发展、否定之否定）来对资本主义社会进行分析，那么只会是徒劳无功。他认识到，马克思要想看透资本主义结构，就必须创建像历史唯物主义那样的中间学科，通过这种中间学科，辩证法与适当的分析方法一起起作用（Vygotsky，1997a，p.331）[1]。受阅读马克思的影响，维果茨基认为有必要建立心理学的一般理论，将此作为一种中间理论，并需要制定一般理论自身的原则、概念、规律和方法论，且牢牢扎根于辩证唯物主义的一般原则。虽然辩证法的原则被假定在现实的所有领域发挥作用（一种本体论假设），但辩证法同时也是思考和分析任何现实领域的一种方法（一种认识论假设）。正如维果茨基简明扼要指出的，"心理学需要自己的'资本论'一定要有自己的阶级、经济基础、价值等概念，这样，它就可以用这些概念来表达、描述和研究自己的对象"（Vygotsky，1997a，p.330）[2]；"必

---

[1] 《维果茨基全集》第1卷，合肥：安徽教育出版社2016年版，第177页。

[2] 《维果茨基全集》第1卷，合肥：安徽教育出版社2016年版，第175页。

维果茨基和马克思：迈向马克思主义的心理学

须创建心理学唯物主义理论"（Vygotsky，1997a，p. 331）[①]。在马克思的方法论中，维果茨基找到了建立一般心理学理论的方法论框架的灵感和引导。在下一节中我讨论了马克思的方法论框架的各个方面，随后一节我将考虑维果茨基是如何运用这些方面的，以及这些方面对维果茨基提出关于具体的研究方法有何影响。

然而在继续开展讨论之前，澄清方法论和方法之间的区别大有裨益，托梅拉非常明确地描述了这一点。在他看来，方法论是"一种科学认知的哲学"（Toomela，2015，p. 106）。方法论是一种探究方法，决定了为什么首先要进行某项特定的研究。鉴于科学探究的对象是由无法直接观察的"过程和结构"组成的，方法论指导研究者对作为探究重点的这些过程和结构使用符号进行建构和解释（Toomela，2015，p. 106）。最后，方法论决定解释的性质以及一项研究是否实现了其目标。另一方面，方法包括"研究步骤，技术操作"，因此方法对参与者、设备和材料的选择以及如何实施这些选择做出解释，并确定"数据解释的程序"（Toomela，2015，p. 106）。

二、辩证法和内在关系哲学

为了介绍外在和内在关系哲学的比较，伯特尔·奥尔

[①]《维果茨基全集》第 1 卷，合肥：安徽教育出版社 2016 年版，第 176 页。

曼（Bertell Ollman）提出了一个古老的问题："是先有鸡，还是先有蛋？"（Ollman, 2015, p.8）[①] 如果我们从外在主义的立场来看待鸡和蛋，它们就是两个独立的、不同的实体，按照奥尔曼的说法，这个问题是无法回答的。然而，内在主义的观点认为鸡和蛋是"同一事物的两个不同发展阶段"；因此，奥尔曼表示问题的答案是"另一个"（Ollman, 2015, p.8）[②]。马克思在《政治经济学批判》中对生产—消费关系的分析巧妙地反映了内在主义的立场，即"生产直接也是消费"和"消费直接也是生产"（Marx, 1939/1973, p.90）[③]。吃的行为同时是食物的消费和身体的生产。另外，在《资本论》（Marx, 1867/1992）中，马克思认为商品的生产同时也是对原材料和生产过程中机器的消费。

奥尔曼（Ollman, 2015）将外在关系哲学描述为在现代（资本主义）社会中占据主导地位的大部分思维，既作为常识又作为社会科学观点。这主张存在"事物"或"因素"（如果是社会科学家的话）和关系，两者"在逻辑上是相互

[①] ［美］伯特尔·奥尔曼：《马克思主义与内在关系哲学——如何用可研究和解决的"矛盾"取代神秘的"悖论"》，刘建江、王晶译，载《湖北社会科学》，2019年第3期，第14页。

[②] ［美］伯特尔·奥尔曼：《马克思主义与内在关系哲学——如何用可研究和解决的"矛盾"取代神秘的"悖论"》，刘建江、王晶译，载《湖北社会科学》，2019年第3期，第14页。

[③] 《马克思恩格斯全集》第46卷·上册，北京：人民出版社1979年版，第27页。

维果茨基和马克思:迈向马克思主义的心理学

独立的"(Ollman,2015,p.10)①。任何可能发生的变化都被认为是外在于事物本身的,因此"它的新形式被视为独立于先前的事物"(Ollman,2015,p.10)②。现实被设想为本质上是静态的,只有当事物相互碰撞或以足够的力量对我们产生影响时,变化才会发生。

在内在关系哲学中,"变化和关系是现实的基本建制"(Ollman,2015,p.10)③。外在主义者认为是"事物"的东西,从内在主义者的角度来看是过程和关系。对外在主义者来说,虽然整体可能是由部分组成的,但整体不过是其部分的总和。据此,在许多社会科学研究包括主流心理学中,社会被设想为仅仅是个体的集合。另一方面,内在主义者认为整体不仅大于部分之和,而且整体也存在于部分之中。换句话说,整体(社会)和部分(个人)是同一存在现象的两种模式(Avineri,1968,p.89)。在马克思的理论中,整体与部分的关系将"商品"作为理解资本主义的细胞或分析单位。同样地,维果茨基提出以"词义"作为研究意识的分析单位。在他后来的著作中,维果茨基(Vy-

---

① [美]伯特尔·奥尔曼:《马克思主义与内在关系哲学——如何用可研究和解决的"矛盾"取代神秘的"悖论"》,刘建江、王晶译,载《湖北社会科学》,2019年第3期,第15页。
② [美]伯特尔·奥尔曼:《马克思主义与内在关系哲学——如何用可研究和解决的"矛盾"取代神秘的"悖论"》,刘建江、王晶译,载《湖北社会科学》,2019年第3期,第15页。
③ [美]伯特尔·奥尔曼:《马克思主义与内在关系哲学——如何用可研究和解决的"矛盾"取代神秘的"悖论"》,刘建江、王晶译,载《湖北社会科学》,2019年第3期,第15页。

gotsky，1935/1994）探讨了 perezhivanie 或"现实体验"作为分析单位的可能性，以恰当地捕获反映个人完整人格的情感和理性的辩证统一。

马克思的内在主义取向使他能够揭开资本、劳动、价值、信贷、利息、地租、货币和工资之间多重相互作用的细节，这些是构成他那个时代工业资本主义结构的辩证关系网络的一部分。正如大卫·哈维（David Harvey，2010，2013）所指出的，人们在马克思的杰作中发现的不是分析工作**本身**而是分析的结果，旨在作为解释资本主义社会复杂性的"教科书"供公众消费。奥尔曼认为，"如果没有充分领会马克思取得其研究成果的概念性'工具'的话，那么，我们几乎不可能卓有成效地运用他所教给我们的东西"（Ollman，2015，p. 11 - 12）[①]。《政治经济学批判大纲》（Marx，1939/1973）相当详细地介绍了马克思的分析工具，这也是他的笔记集，直到维果茨基去世后才得以出版。这样看来，维果茨基能够通过阅读《资本论》和马克思的其他著作来理解马克思的分析工具。事实上，鲁利亚（Luria，1979）称赞维果茨基比他们研究小组的任何其他成员都更了解马克思的理论。

---

① ［美］伯特尔·奥尔曼：《马克思主义与内在关系哲学——如何用可研究和解决的"矛盾"取代神秘的"悖论"》，刘建江、王晶译，载《湖北社会科学》，2019 年第 3 期，第 16 页。

三、马克思的方法论

在本节中,我概述了马克思在分析资本主义社会时使用的方法论,并强调了其中我认为与维果茨基的方法论最相关的特定组成部分。为了完成这项任务,我主要依据奥尔曼(Ollman,2003)关于马克思辩证法的专著中第 8 章和第 9 章中对马克思方法论的精湛解读。

根据奥尔曼(Ollman,2003,p.140)的观点,马克思的方法论包括六个部分,其中第一个部分是对唯物主义本体论的承诺,世界据此被认为是真实的、独立于人类的、由相互关联的部分组成的整体,整体通过个别部分表达、赋予意义、塑造并赋予个别具体功能。第二个组成部分是认识论,由几个子组成部分构成:感知(不仅包括感觉输入,还包括心理和情感活动)、抽象、被抽象为新的或重新定义的概念(例如,剩余价值、劳动力、商品、信贷)的概念化,以及对社会背景必须是所有解释的组成部分这一主张的倾向。第三部分是通过抽象所揭示的概念来探究资本主义社会运作的辩证法规律,并通过对历史"反向"(和正向)的研究进行分析。第四部分是对通过探究发现的东西进行知识重建,分析结果被统一在笔记(如《政治经济学批判大纲》)和其他以自我为主要读者的著作中,供研究者理解。第五部分是对分析结果的阐述,以供他人理解(例如,《资本论》)。第六个也是最后一个组成部分是实践,实践将理论和活动结合起来，以检验、改变从而更深入地理解现实。

我把讨论的重点放在第二、第三和第六部分，因为在我看来，通过抽象的分析、倒着和正着研究历史以及实践深深地影响了维果茨基对如何构建一般心理学的方法论和方法的理解。不过值得指出的是，包括《维果茨基全集》在的许多维果茨基著作以及最近发现的手稿（See Zavershneva，2016）显示，他写的许多东西反映了马克思方法论的第四个组成部分——研究者自己对分析的理解。人们也可以合理地认为，《思维与言语》代表了维果茨基尝试实现马克思方法论第五个组成部分，这一点在其序言中得到了充分证明，维果茨基在序言中向读者介绍该作品综合了以前的研究成果。

（一）抽象

马克思认为，"存在的现实可以是一个整体，但为了被思考和传达，它必须被分解"（Ollman，2003，p.60）[①]。马克思将现实分割成可管理的分析单位的过程就是"抽象化"（Ollman，2015，p.15）。抽象**本身**并没有什么了不起的，因为它是人类将"现实分解为可控制的要素"以理解它的正

---

① ［美］伯特尔·奥尔曼：《辩证法的舞蹈：马克思方法的步骤》，田世锭、何霜梅译，北京：高等教育出版社2006年版，第73页。

维果茨基和马克思:迈向马克思主义的心理学

常过程(Ollman,2003,p.60)①。然而正如奥尔曼所指出的,我们大多数人不仅没有意识到我们在抽象,而且没有意识到我们这样做的"精神要素"是我们"文化遗产"的一部分(Ollman,2003,p.61)②。然而马克思有意识地、合理地使用了抽象,并以四种不同的、相互关联的方式使用了抽象。最重要的是,他认为抽象是一个将现实在心理上分割的过程,分割为那些被认为与思考他的研究对象最为相关的结构体。他还根据其名词上的意义使用它,以描述抽象过程的结果,而抽象过程则是以构成研究对象部分之间的关系为开展内容。在第三种意义上马克思用抽象指那些"不合适的"、过于狭窄的或过于肤浅而无法进行适当分析的心理要素。在此意义上,抽象的东西作为意识形态的单位发挥作用。最后,他用抽象来指代具体的"现实世界的因素的组织",而不是心理元素(Ollman,2003,p.61)③。这些可能是高度可见的,也可能是不可见的——例如,当社会关系被物化为单独的实体时(例如,作为劳动和资本之间的社会关系的剩余价值隐藏在商品的价格中)。

(二)历史

根据帕克(Packer,2008,p.9)的观点,马克思的历

---

① [美]伯特尔·奥尔曼:《辩证法的舞蹈:马克思方法的步骤》,田世锭、何霜梅译,北京:高等教育出版社2006年版,第73页。
② [美]伯特尔·奥尔曼:《辩证法的舞蹈:马克思方法的步骤》,田世锭、何霜梅译,北京:高等教育出版社2006年版,第74页。
③ [美]伯特尔·奥尔曼:《辩证法的舞蹈:马克思方法的步骤》,田世锭、何霜梅译,北京:高等教育出版社2006年版,第75页。

第七章 维果茨基方法论框架中的唯物辩证法：对应用语言学研究的影响

史方法对维果茨基的影响最为重要。通常情况下，历史被理解为一种叙事，通过从过去开始到现在来解释所发生的事情。然而，马克思提出了一种不同的历史方法——将历史作为一种分析方法。他认为通过从"现在的……各种条件"开始分析，有可能对现在是如何形成的进行更准确的描述（Ollman，2003，p.115）[1]。这将使分析者能够抽象出那些与建构当前事态相关的过程，而忽略那些不相关的过程。实质上，马克思提议"反向"研究历史。马克思不是从导致变化的条件出发，以发生的变化作为结论，而是从变化的结果（即现代资本主义社会）开始反向研究来发现产生结果的先决条件（Ollman，2003，p.116）。奥尔曼认为，逆向研究历史

> 是一个追寻当前状况是从哪里来的，以及为了使它正好获得这些性质过去必须发生什么的问题。……认识了"故事"是如何发生的，并将这种认识当作我们研究的出发点，这既为我们选择研究重点，也为我们选择相关的事物确立了标准。（2003，p.118）[2]

这种分析方法使马克思能够更深入地研究构成现代工

---

[1] ［美］伯特尔·奥尔曼：《辩证法的舞蹈：马克思方法的步骤》，田世锭、何霜梅译，北京：高等教育出版社2006年版，第146页。

[2] ［美］伯特尔·奥尔曼：《辩证法的舞蹈：马克思方法的步骤》，田世锭、何霜梅译，北京：高等教育出版社2006年版，第150页。

维果茨基和马克思:迈向马克思主义的心理学

业资本主义的无数关系,并最终解释,例如当代资本和雇佣劳动之间的关系是"形成过程中的两种运动",同时是"一种运动的不同方面"(Ollman,2003,p.117)①。

马克思还提出正向研究历史;在此,他试图在资本主义内部找到社会主义(未来)的证据。在这里,他使用了不同层次的延伸——近期(资本主义的新形态)、中期(社会主义)和远期(共产主义)。他通过四个步骤进行分析:首先,他确定了当代资本主义的主要关系;接下来,他着手在过去找到这些关系的先决条件;然后,他把这些关系"重新表述为矛盾,从过去到现在,再到(近期、中期、远期)未来";最后,他采用预测社会主义和共产主义未来的有利视角,重新审视作为未来先决条件的现在(Ollman,2003,p.161)。资本主义中已经存在的未来的先决条件包括工会、公共教育、市政医院、合作社、社会保障、全民健保等等。奥尔曼(Ollman,2003,p.159)认为即使是那些看起来与社会主义社会没有关系的先决条件也应该包括在内,比如极度富有和极端贫困、不平等和失业。我们还可以把累进所得税和国家通过中央银行对信贷的控制包括进来(见 Harvey,2014)。

(三)实践

此处考虑的马克思方法论的最后一个组成部分是"实

---

① [美]伯特尔·奥尔曼:《辩证法的舞蹈:马克思方法的步骤》,田世锭、何霜梅译,北京:高等教育出版社2006年版,第148页。

践",即个人的理论立场步入世界,目的是更深入地理解理论,检验理论,并最终改变现实本身(Ollman,2003,p.157)。在实践中,哲学不再是沉思性的,而成为实践的。或者说,在心理学方面预示着维果茨基,哲学成为应用哲学(Avineri,1968,p.129)。我在讨论维果茨基将实践纳入一般心理学时将回到这个话题。

四、维果茨基的方法论和方法

维果茨基有力地指出,虽然从自然科学引进的实验研究扩展到心理学可能适用于研究初级(即生物的)心理功能,但无论是采用内省还是反应时间测量,刺激—反应实验都不适合于研究高级(即文化结构的)心理功能。人类的心理行为与动物的心理行为有着质的区别;因此,盲目地将自然科学的方法搬到人文科学中"造成了科学性假象",但实际上"掩盖着在所研究现象面前的完全的无能为力"(Vygotsky,1997a,p.280)[1]。

当代的社会科学研究(包括实验研究)基本上都是按照冯特制定的相同实验程序进行的,尽管当代研究可能更复杂一些,用以解决各种各样的问题,包括对维果茨基来说属于高级心理功能领域的问题。有趣的是,尽管社会科学研究,特别是心理学,拒绝了行为主义,但它通过将刺

---

[1] 《维果茨基全集》第1卷,合肥:安徽教育出版社2016年版,第84页。

维果茨基和马克思：迈向马克思主义的心理学

激—反应重新标记为"自—因"变量，成功挽救了实验方法（见 Blumer，1956）。事实上，实验方法在社会科学中已经变得如此普遍，以至于在 1975 年美国社会学协会（American Sociological Association）的主席讲话中，刘易斯·科塞（Lewis Coser, 1975, p.693）感叹培养下一代社会学家的过程不重视理论内容，而是强调方法的严谨性，他提到了一份早期的出版物（McGrath and Altman，1966），其中作者说："快速出版的一种方法是反复应用（相同的）程序、任务或设备，引入新的变量或对旧的变量稍做修改，从而迅速产生大量的研究。"在科塞看来，这种研究方法避开了调查"难以获得数据的问题"，而选择了对实验来说不太难处理的问题，结果要么是"无用信息的堆积"，要么是"视野狭窄，其中一些问题被详尽地探究，而另一些问题甚至没有被察觉"（Coser, 1975, p.693）。

维果茨基认为，要建构一般心理学理论，仅仅为心理学家应该如何认知其研究对象建立一个方法论框架是不够的。同样有必要具体说明应如何在具体层面上进行研究。这正是他对历史的不同领域提出的建议，他认为心理学必须将其纳入高阶思维的研究范围内（见 Scribner，1985）。虽然维果茨基认为必须遵循马克思的分析方法和对历史解释的承诺，但他理解实验对科学研究的现实意义。维果茨基将这三个部分（分析、历史和实验）结合起来，提出了他所谓的"实验—发展"法（experimental-developmental）（见 Vygotsky，1978）。

新方法的关键是历史,但历史作为马克思分析资本主义时使用的方法——倒着分析历史,或者引用马克思的话说就是"'走反向路'方法"(Vygotsky,1997a,p.235)①。维果茨基认为,"只有了解发展过程的末尾、结果以及该形式发展的方向,才能彻底认识发展过程中的某一阶段和发展过程本身。"(Vygotsky,1997a,p.235)② 在个体层面上,该过程的终点是完全形成的成人思维,他将其描述为"化石"(Vygotsky,1978)③。僵化或自动化思维的问题在于,如果不是不可能,很难区分低级(生物)和高级(文化)对整个过程的贡献——这是刺激—反应实验的根本失败,维果茨基将其完全归咎于铁钦纳(E. B. Titchener)。因此,他认为心理实验需要揭示成人思维的起源,以及生物(辩证法的动物极)和文化(其非动物极)形成有机统一体过程的性质,且这些并最终在成人意识中成为化石。后来维果茨基提出将历史引入实验研究的"实验—发展"方法。他断言"发展心理学(而非实验心理学即刺激—反应研究)为我们的分析提供了新方法"(Vygotsky,1978,p.61)④。

---

① 《维果茨基全集》第1卷,合肥:安徽教育出版社2016年版,第4页。
② 《维果茨基全集》第1卷,合肥:安徽教育出版社2016年版,第4页。
③ [苏]列夫·维果茨基:《社会中的心智:高级心理过程的发展》,麻彦坤译,北京:北京师范大学出版社2018年版,第64页。
④ [苏]列夫·维果茨基:《社会中的心智:高级心理过程的发展》,麻彦坤译,北京:北京师范大学出版社2018年版,第77页。

维果茨基和马克思：迈向马克思主义的心理学

这意味着心理学研究的重点必须从完全形成的成人思维转移到思维过程形成的历史早期阶段。因此，童年期成为关注的焦点。维果茨基在此提出了**"双刺激功能法"**（functional method of double-stimulation）（Vygotsky，1978，p.74）[①]——一种两阶段的程序，不同年龄的儿童（在某些情况下，也包括成年人）被赋予假定为困难的、可能超出其生物天赋能力的任务，然后给他们提供有可能被整合到任务解决方案中的辅助人工制品（例如，彩色纸块）。接着，研究人员观察儿童是否以及如何使用人工制品来支持或调节他们解决问题的方法。通过研究不同年龄段的儿童，维果茨基认为追踪成年人高阶（即文化）思维的形成是可能的，因为它随着时间的推移而发展；也就是说通过历史而发展。

维果茨基认为，所有这些都意味着科学解释从根本上说是发展性的（即历史性的）。因此，将维果茨基被认定为与他同时代的让·皮亚杰（Jean Piaget）齐名的发展心理学家是个错误。在《社会中的心智》的导言中，科尔和斯克里布纳提醒读者，维果茨基所说的发展方法不是指"儿童发展理论"，而是指"心理科学的中心方法"（Cole and Scribner，1978，p.7）[②]。维拉·约翰-斯坦纳（Vera John-

---

[①] ［苏］列夫·维果茨基：《社会中的心智：高级心理过程的发展》，麻彦坤译，北京：北京师范大学出版社2018年版，第93页。

[②] ［苏］列夫·维果茨基：《社会中的心智：高级心理过程的发展》，麻彦坤译，北京：北京师范大学出版社2018年版，第8页。

Steiner)和艾伦·苏伯曼(Ellen Souberman)在同一本书的后记中重申了这一关键点,他们说:"把这位伟大的俄罗斯心理学家视为儿童发展的学者是错误的。"(John-Steiner and Souberman,1978,p.128)①

鉴于她显然同意科尔的观点即维果茨基不是一个发展心理学家,在我看来,斯克里布纳反常地认为维果茨基将"儿童史"包括在他引入一般心理学的历史范畴中(Scribner,1985,p.138)。然而,基于维果茨基将实验—发展方法概念化,我提议将"儿童史"改为"成人史"更为合适。毕竟维果茨基感兴趣的是成人思维的历史发展,而不是对儿童**本身**感兴趣。

如果认为维果茨基也跟着马克思向前研究历史,这可能过分解读维果茨基了。然而我想提出一种可能性,即在最近发展区(zone of proximal development,ZPD)中,维果茨基试图在当下捕捉未来元素。回顾一下,马克思认为向前研究历史是为了发现在当代资本主义中运作的社会主义或共产主义未来的要素。发展本身总是面向未来的(即尚未发生的事情),而不是关于作为以往发展的结果而已经僵化了的东西。因此,未来和一个人的发展现状构成了一种辩证关系,在此关系中,这个人对他人所提供中介的反应显现出未来并使未来可见。因此,根据维果茨基的观点,教—学(obuchenie;See Cole,2009)和发展之间建立起关

---

① [苏]列夫·维果茨基:《社会中的心智:高级心理过程的发展》,麻彦坤译,北京:北京师范大学出版社2018年版,第161页。

维果茨基和马克思：迈向马克思主义的心理学

系，前者的活动"启动、激发各种发展过程；没有学习，这些过程是不可能发生的"（Vygotsky，1978，p.90）[①]。因此，最近发展区关注的是发现证据，并同时激起个体的未来心理加工。

（一）量化

现代心理学和应用语言学都高度重视定量研究，并将其视为科学研究的必要条件。虽然定性研究已经取得了一定的知名度，但它仍然被认为是狭隘的、轶事的、缺乏普遍性的。跟随自然科学的步伐，心理学继续使用越来越复杂的推论统计作为其实现普遍性的主要方式来进行对照实验。托梅拉认为维果茨基坚定地拒绝定量研究而支持定性解释，因为他明白数学分析很可能缺乏任何"隐藏在被编码观察行为变量中的相应现实"（Toomela，2015，p.109）。托梅拉继续说数学方法不关心研究对象，事实上只要关系保持稳定，研究对象可以被其他对象取代（Toomela，2015，p.109）。托梅拉精辟地指出，尽管数学方法无法揭露隐藏的结构和过程，但对量化的信奉在现代心理学中是如此强大和普遍，以至于仅以方法为特征的新领域，如数学和混合方法心理学，"将科学颠倒过来；方法开始决定提出的问题"（Toomela，2015，p.111）。

尽管维果茨基拒绝接受自然科学研究模式，但他还是

[①] ［苏］列夫·维果茨基：《社会中的心智：高级心理过程的发展》，麻彦坤译，北京：北京师范大学出版社2018年版，第112页。

看到了在实验室的人为条件下观察现象的巨大价值。因此，他提出了一个对一些人来说无疑是矛盾的说法：定性实验，即参与者在实验室条件下的表现要在一个原则性的理论和方法论框架指导下进行严格的定性分析。

（二）实践

继马克思之后，维果茨基认为理论不能再独立于实践而发挥作用，实践不只是发生在"科研前和科研后"理论的"附加物"（Vygotsky, 1997a, p.305）[①]。相反，实践作为理论的平等伙伴，被深刻融入科学事业中，因为实践"提出任务并成为理论的最高审判官和真理的唯一标准"（Vygotsky, 1997a, p.305-306）[②]。因此，应用心理学对维果茨基（Vygotsky, 1997a）来说是解决心理学危机的关键组成部分。尽管科学实验是一种实践，因为它需要系统地操纵现实（见 Sanchez Vasquez, 1977），但维果茨基显然致力于改善实验室环境之外的社会生活。实际上，可以说从实践的角度来看，实验室之外的世界本身就是一个实验环境，同样的理论或实践辩证法在实验室之外运作。

维果茨基和鲁利亚（可以说是他最有影响力的同事）认为在教育和临床干预两项活动中，通过他们的研究有可

[①] 《维果茨基全集》第1卷，合肥：安徽教育出版社2016年版，第129页。

[②] 《维果茨基全集》第1卷，合肥：安徽教育出版社2016年版，第129页。

维果茨基和马克思：迈向马克思主义的心理学

能改善个体和社区生活。两位学者都参与了临床研究——维果茨基的研究对象是遭受各种形式的生理和文化剥夺的儿童以及有心理障碍的成年人（见 Vygotsky, 1993），而鲁利亚的研究对象则是因中风或二战受伤而遭受脑损伤的人（见 Luria, 1973）。维果茨基认为教育是一种激发人的"人为干预发展"的活动，教育系统地、有意地"用最实际的形式重新调整所有的行为功能"（Vygotsky, 1997b, p. 88）①。教育之所以能实现其发展目标，是因为它让学生接触到反映严格客观思考和分析的结果的概念，同时也为学生揭示了社会中隐藏的意识形态（见 Vygotsky, 1987）。在赋予教育以个人发展和社会改革的核心作用时，维果茨基无疑受到了恩格斯（Vygotsky, 1877/1987）的影响，恩格斯认为自由需要对某一特定主题有深入的了解——维果茨基认为深入了解的知识主要是通过适当组织的正规教育获得的。

五、应用语言学的方法论和方法

在这一节中，我将讨论应用语言学研究的两方面，这两方面借鉴了维果茨基的马克思主义方法论和方法。第一个方面涉及社会文化理论影响下的现有研究，第二个方面是关于未能考虑到维果茨基关于不要将自然科学方法全盘引入社会科学研究的警告可能带来的后果有关。

---

① 《维果茨基全集》第3卷，合肥：安徽教育出版社2016年版，第41页。

(一) 社会文化理论和第二语言学习研究

据我所知,威廉·弗劳利和兰道夫(William Frawley and Lantolf, 1985)是两位首先发表关于社会文化理论(sociocultural theory, SCT)和第二语言(second language, L2)使用研究论文的应用语言学研究者。他们的研究分析了以英语作为第二语言的成年学习者和第一语言的儿童学习者在维持和恢复自我调节过程中的私语使用情况。从那时起,应用语言学领域的文献涌现出一千多篇已发表的作品,这些作品都以社会文化理论的各种概念和原则为依据。根据兰道夫和特雷西·G. 贝克特(Lantolf and Tracy G. Beckett, 2009)的观点,社会文化理论—第二语言研究可以划分成两个大的时代,一个是 1985 年到 2003 年左右,另一个是 2003 年到现在。这两个时代的区别在于,早期研究主要是用社会文化理论的视角来研究日常和教育环境中的第二语言学习及使用。其中一些研究是在语言教室里进行的微观民族志学项目,而另一些研究则向第二语言学习者提出了简单的任务,例如弗劳利和兰道夫(Frawley and Lantolf, 1985)使用基于图片故事来构建口头和书面叙述任务。还有一些研究则使用了问卷调查,这种方法在20世纪90年代的应用语言学中十分流行。

也许是因为评论家的反应,但也可能是因为那些被社会文化理论深深吸引的应用语言学家接受过定量、实验研究训练,这些研究者中有相当多的人追求类实验研究,而

维果茨基和马克思：迈向马克思主义的心理学

忽略了维果茨基的方法论立场和他的研究方法。兰道夫和史蒂文·索恩（Lantolf and Steven Thorne, 2006）在他们对社会文化理论—应用语言学研究的概述中囊括了对这种研究的讨论。

从爱德华多·尼格瑞拉（Eduardo Negueruela, 2003）的论文和基于此发表的出版物（e. g. Negueruela and Lantolf, 2006）开始，大量的社会文化理论—第二语言研究者采用了基于实践的方法进行第二语言发展研究。他们的大部分研究是在现实世界的教室里进行的，而不是在实验室里。尼格瑞拉2003年的这项研究是在典型的北美高等教育的日常教学活动中的一部分中进行的。该研究都是在加尔佩林（P. Ia. Gal'perin）的教育发展方法——系统理论教学（Systemic Theoretical Instruction，STI）的指导下进行的，该方法将维果茨基的教育原则系统地组织和具体化为一种有效的教学方法（见Talyzina, 1981, Haenen, 1996）。这一研究的大部分都坚守了维果茨基走反向历史研究路线的原则，即以促进理解和使用第二语言概念性知识的发展，进而实现交际目标。

凯伦·约翰逊（Karen Johnson）和她的同事保拉·戈隆贝克（Paula Golombek）（见Johnson, 2009, and Johnson and Golombek, 2016）描述了一种基于社会文化和活动理论的语言教师教育的实践方法。他们的方法不是以某一特定语言为重点，而是试图提高语言教师对其课堂行为对学生发展影响的认识。他们不是呼吁关注有关语言的具体特征的知识，而是在更广泛的层面上将语言视为社会实践，并让教师意识到这种思考他们所教内容的方式，同时提高他们对其课堂行为对学生语言发展的影响的认识。西班牙巴塞罗那庞培法布拉大学的一群学者为中小学教师建立了一个项目，按照约翰逊和戈隆贝克提出的路径，此项目将系统理论教学和教师教育的要素结合起来（见 Esteve etc.）。基于实践的方法论中出现的另一个研究方向是动态评估（DA）。受维果茨基关于最近发展区（ZPD）内容的启发，动态评估将教学和评估统一为一个无缝的辩证活动（见 Haywood and Lidz, 2007）。关于动态评估的社会文化理论和第二语言研究是马修·E. 伯纳（Matthew E. Poehner）在 2005 年撰写的论文中率先提出的，并最终作为专著出版（Poehner, 2008）。大体上，动态评估研究采用了维果茨基的观点，反对量化和测量。H. 卡尔·海伍德（H. Carl Haywood）和卡洛·S. 利兹（Carol S. Lidz）（Haywood and Lidz, 2007）认为，可靠性测量和钟形曲线与动态评估是对立的，动态评估的目标是违背正态分布促进所有个体发展的思想。然而，习惯于在心理测量传统范围内工作的应用语言学家发现他们很难，甚至不可能克服统计分析的吸引。他们批评以语言为重点的动态评估研究违反了良好评估的原则，因为它是一种可能影响教学的活动，但必须在概念上与教学分开——这显然是对外部主义哲学的承诺（见 Lantolf, 2009, Lantolf and Poehner, 2014）。在过去的两年里，社会文化理论—应用语言学研究者已经进入了第二语言领域之外的教育领域。例如，林赛·库尔茨（Lindsey Kurtz）的博士论文

维果茨基和马克思:迈向马克思主义的心理学

研究了使用系统理论教学法(STI)在一门课程中提高国际法学生进行类比推理能力的效果,而该课程的目的是培养来自民法和伊斯兰教法律文化背景的国际法学生,能够在像美国普通法实践中常见的那样,在案件事实、先例案件和成文法之间进行类比推理。

早期以及最近基于实践的社会文化理论—应用语言学研究总是考虑到发展(即历史)的重要性。然而,要说服从外部主义角度工作的同事,特别是包括主流杂志的编辑和审稿人,接受社会文化理论研究方法的合法性并不容易。虽然过去三十年来情况有所改善,但我们仍然面临着审稿人对单个案例研究的怀疑,也许更重要的是,历史如何被纳入研究中。许多基于实践的课堂研究已经涵盖了足够长的时间轨迹(通常是 8 到 16 周),被认为是可以接受的"纵向"研究。然而,当时间框架降到 8 周以下时,事情就变得更有问题了。例如,最近一位往届毕业学生向一个主要的应用语言学杂志提交了一份手稿,他收到了以下批评意见:"样本(只有一个人)太小,而且没有比较群体或个体;纵向调查包括两周以上的时间;学习者表现的单一快照并不构成学习和发展的适当证据。"这种反应和批评使我开始考虑维果茨基对实验和量化的立场的第二个方面——在应用语言学研究中痴迷于控制性实验的后果。

(二)实验何去何从?

在本章的最后,我想从维果茨基的警告角度来考虑一个典型的应用语言学实验研究,即反对不加批判地将一种科学的研究方法引入另一种科学。正如我在前面指出的,应用语言学研究的黄金标准是受控的定量实验研究,以寻求可推广性。我的目的是要说明忽视维果茨基对斯蒂芬·古尔德(Gould,1996)所说的"物理学嫉妒"的批评后果。

托德·赫尔南德兹(Todd Hernández,2011)发表的研究成果,重点集中在相当于英语的"然后""当""因此""然而""另一方面"等的西班牙语话语标记上,这些标记可以增强文本的一致性和凝聚力。尽管这项研究针对91名大学西班牙语课程的学生提出了两个研究问题,但其中只有一个与目前的目的有关:"显性教学加输入流(广泛接触自然文本中的话语标记)对学习者使用话语标记的影响是否比单独输入流更大?"(Hernández,2011,p.163)。

参与者被分配到三个小组:输入流式教学(IF)、输入流式教学加显性教学(IF + EI),以及对照组。教学在同一周的两节50分钟课程内进行(Hernández,2011,p.165)。两个实验组都对西班牙语叙述中如何使用过去式动词方面进行了回顾。作为教学的一部分,两组都复习了过去式在叙述中的使用,然后让他们阅读了三篇含有人为增加的话语标记的文章(即大量灌输)。在阅读这些文章时,IF + EI组被要求注意过去式动词和话语标记的使用并在下面划线;IF组遵循同样的程序,但只阅读过去式动词。然后,教师向这两组学生提出有关该文本的理解性问题。然后,他们

维果茨基和马克思：迈向马克思主义的心理学

进行同样的交际活动，提供使用过去式和话语标记的机会。

最重要的是，IF + EI 组收到了一份讲义，其中有一段 86 个字的内容，表面上是在解释话语标记的使用，包括一份 29 种话语标记及其英文对应物的清单。在教学前一周，三个小组都进行了前测。教学结束后立即进行了后测，并在四周后进行了延迟后测。为了进行比较，几个以西班牙语为母语的人完成了与学习者相同的前测任务。

赫尔南德兹统计了各组在所有测试中使用话语标记的频率，并对此进行了统计分析；结果显示，三组在前测中没有明显差异，两组实验组和对照组在两次后测中都有明显差异，最重要的是，两组实验组在两次后测中都没有明显差异。在此基础上，赫尔南德兹得出结论，用显性教学来补充输入流式教学"并不能增强单独使用输入流式教学的效果"（Hernández, 2011, p. 175）。值得一提的是，两个实验组都没有表现出与母语者使用的话语标记的频率接近。事实上，在教学之后，两个实验组在两次后测中使用标记物的平均频率都只比一半的母语者略高。

我想提出的主要观点是赫尔南德兹的假设，即向学生提供一份最多包含什么是话语标记和如何使用它们的一般性概述的讲义，也算得上是一种显性教学。显然，从维果茨基的教育实践的角度，以及从加尔佩林在系统理论教学中对显性教学的解释来看，赫尔南德兹的假设必须受到质疑。同样令人担忧的是，这项研究的结果是如何应用到一般的应用语言学文献的。在最近的一本关于指导性第二语言习得的专著中，肖恩·洛温（Shawn Loewen）对赫尔南德兹的研究结果总结如下：

> 赫尔南德兹发现，在用作前测和后测的图片描述任务中，两组学生对话语标记的使用都有明显的改善，同样，接受目标结构显性信息的组没有额外的改善。（Loewen，2015，p. 71）

虽然洛温在这里提到了"显性信息"，这似乎是他明智的决定，尽管这些信息的质量值得怀疑，但在同一段的开头，他使用了赫尔南德兹的术语"显性引导组"，并将这项研究称为"比较输入流式和显性教学对西班牙语话语标记使用的影响"（Loewen，2015，p. 71）。

赫尔南德兹的研究和洛温对其的采纳向参与者传递的信息是："不要费心向学习者解释，向他们提供大量的证据，让他们自己去弄清楚就足够了"。问题是，好的实验不一定能带来好的教育。如果显性教学包括对话语标记的意义和使用以及它们如何被用于构建文本的更深入和更广泛的解释，会发生什么呢？这很可能比参与者阅读一页讲义所需的几分钟时间要长。但是，这也会对实验产生影响，因为，IF + EI 组不仅有更多的时间来学习，他们也会在语言的一个复杂特征上得到更高质量的指导。从这项研究中得出的适当结论并非显性引导不能提高学习质量，而是当显性引导为了实验的正统性而被限制在几乎无用的讲义上时，它不能促进学习。维果茨基对社会科学中的控制性定量实验持怀疑态度，其教训是很清楚的。

参考文献

Aaro Toomela, "Methodology of Cultural-historical Psychology", in Anton Yasnitsky, René van der Veer and Michel Ferrari (eds.), *The Cambridge Handbook of Cultural-historical Psychology*, Cambridge: Cambridge University Press, 2015, pp. 101 – 125.

Adolfo Sánchez Vázquez, *The Philosophy of Praxis*, London: Merlin Press, 1977.

Aleksandr R. Lúria, Michael Cole and Sheila Cole, *The Making of Mind: A Personal Account of Soviet Psychology*, Cambridge, MA: Harvard University Press, 1979.

Aleksandr R. Lúria, *The Working Brain*, New York: Basic Books, 1973.

Bertell Ollman, "Marxism and the Philosophy of Internal Relations; or, How to Replace the Mysterious 'Paradox' with 'Contradictions' that Can Be Studied and Resolved", *Capital and Class*, Vol. 39, No. 1, 2015, pp. 7 – 23.

Bertell Ollman, *Dance of the Dialectic: Steps in Marx's Method*, Urbana, IL: University of Illinois Press, 2003.

David Harvey, *A Companion to Marx's Capital*, London: Verso, 2010.

David Harvey, *A Companion to Marx's Capital: Volume 2*, London: Verso, 2013.

David Harvey, *Seventeen Contradictions and the End of Capitalism*, London: Profile Books, 2014.

Eduardo Negueruela and James P. Lantolf, "A Concept-based Approach to Teaching Spanish Grammar", in R. Salaberry and B. Lafford (eds.), *Spanish Second Language Acquisition: State of the Art*, Washington, DC: Georgetown University Press, 2006, pp. 79 – 102.

Eduardo Negueruela, "A Sociocultural Approach to the Teaching-learning of Second Languages: Systemic-theoretical Instruction and L2 Development", Unpublished doctoral dissertation, Pennsylvania State University, 2003.

Ekaterina Zavershneva, "Vyotsky the Unpublished: An Overview of the Personal Archive (1912 – 1934)", in Anton Yasnitsky and René van der Veer (eds.), *Revisionist Revolution in Vygotsky Studies*, New York: Routledge, 2016, pp. 94 – 216.

Friedrich Engels, "Anti-Dühring. Herr Eugen Dühring's Revolution in Science. Part I: Philosophy", in Robert W. Rieber and A. S. Carton (eds.), *The Collected Works of L. S. Vygotsky*, Volume 25, New York: International Publishers1877/1987, pp33 – 134.

George Edward Novack, *Polemics in Marxist Philosophy*, New York: Pathfinder, 1978.

H. Carl Haywood and Carol S. Lidz, *Dynamic Assessment in Practice: Clinical and Educational Applications*, Cambridge: Cambridge University Press, 2007.

Herbert Blumer, "SociologicalAnalysis and the 'Aariable'", *American Sociological Review*, Vol. 21, No. 6, 1956, pp. 683 – 690.

Jacques Haenen, *Piotr Gal'perin: Psychologist in Vygotsky's Footsteps*,

维果茨基和马克思：迈向马克思主义的心理学

New York: Nova Science Publishers, 1996.

James P. Lantolf and Matthew E. Poehner, *Sociocultural Theory and the Pedagogical Imperative: Vygotskian Praxis and the Research/praxis Divide*, New York: Routledge, 2014.

James P. Lantolf and Steven L. Thorne, *Sociocultural Theory and the Genesis of Second Language Development*, Oxford: Oxford University Press, 2006.

James P. Lantolf and Tracy G. Beckett, "Research Timeline: Sociocultural Theory and Second Language Acquisition", *Language Teaching*, Vol. 42, No. 4, 2009, pp. 459 – 475.

James P. Lantolf, "Dynamic Assessment: The Dialectical Integration of Instruction and Assessment", *Language Teaching*, Vol. 42, No. 3, 2009, pp. 355 – 368.

Joseph E. McGrath and IrwinAltman, *Small Group Research: A Synthesis and Critique of the Field*, New York: Holt, Rinehart and Winston, 1966.

Karen E. Johnson and PaulaGolombek, *Mindful L2 Teacher Education: A Sociocultural Perspective on Cultivating Teachers' Professional Development*, New York: Routledge, 2016.

Karen E. Johnson, *Second Language Teacher Education: A Sociocultural Perspective*, New York: Routledge, 2009.

Karl Marx, *Capital: A Critique of Political Economy. Volume* 1, London: Penguin Books, 1867/1992.

Karl Marx, *Grundrisse: Foundations of the Critique of Political Economy*, London: Penguin Books, 1939/1973.

Lev S. Vygotsky, "The Historical Meaning of the Crisis in Psychology:

A Methodological Investigation", in Robert W. Rieber and Jeffrey Wollock (eds.), *The Collected Works of L. S. Vygotsky: Volume 3*, New York: Plenum, 1997a, pp. 233 – 344.

Lev S. Vygotsky, "The Instrumental Method in Psychology", in Robert W. Rieber and Jeffrey Wollock (eds.), *The Collected Works of L. S. Vygotsky. Volume 3*, New York: Plenum, 1997b, pp. 85 – 90.

Lev S. Vygotsky, "The Problem of the Environment", in René van der Veerand Jaan Valsiner (eds.), *The Vygotsky reader*, Oxford: Blackwell, 1935/1994, pp. 338 – 354.

Lev S. Vygotsky, *Mind in society: The Development of Higher Psychological Processes*, Michael Cole, Vera John-Steiner, Sylvia Scribner and Ellen Souberman (eds.), Cambridge, MA: Harvard University Press, 1978.

Lev S. Vygotsky, *The Collected Works of L. S. Vygotsky. Volume 1: Problems of General Psychology, Including the Volume Thinking and Speech*, New York: Plenum, 1987.

Lev S. Vygotsky, *The Collected Works of L. S. Vygotsky. Volume 2: The Fundamentals of Defectology (Abnormal Psychology and Learning Disabilities)*, New York: Plenum, 1993.

Lewis A. Coser, "Presidential Address: Two Methods in Search of Substance", *American Sociological Review*, Vol. 40, No. 6, 1975, pp. 691 – 700.

Lindsey Kurtz, "Vygotsky Goes to Law School: A Concept-based Pedagogical Intervention to Promote Legal Reading and Reasoning Development in International LL. M. Students. Unpublished Doctoral Dissertation", Pennsylvania State University, 2017.

Martin J. Packer, "IsVygotsky Relevant? Vygotsky's Marxist Psychology", *Mind, Culture, and Activity: An International Journal*, Vol. 15, No. 1, 2008, pp. 8 – 31.

Matthew E. Poehner, *Dynamic Assessment: A Vygotskian Approach to Understanding and Promoting L2 Development*, Berlin: Springer Verlag, 2008.

Michael Cole and Sylvia Scribner, "Introduction", in Michael Cole, Vera John-Steiner, Sylvia Scribner and EllenSouberman (eds.), *L. S. Vygotsky. Mind in Society: The Development of Higher Psychological Processes*, Cambridge, MA: Harvard University Press, 1978, pp. 1 – 14.

Michael Cole, "ThePerils of Translation: A First Step in Reconsidering Vygotsky's Theory of Development in Relation to Formal Education", *Mind, Culture, and Activity: An International Journal*, Vol. 16, No. 4, 2009, pp. 291 – 295.

Nina Talyzina, *The Psychology of Learning: Theories of Learning and Programed Instruction*, Moscow: Progress Press, 1981.

O Esteve Ruescas, Francesc Fernández, Ernesto Martín Peris, and Encarna Atienza, "The Integrated Plurilingual Approach: A Didactic Model Providing Guidance to Spanish Schools for Reconceptualizing the Teaching of Additional Languages", *Language and Sociocultural Theory*, Vol. 3, No. 2, pp. 153 – 176.

Seth Chaiklin, "Social Scientific Research and Societal Practice: Action Research and Cultural-Historical Research in Methodological Light from Kurt Lewin and Lev S. Vygotsky", *Mind, Culture, and Activity: An International Journal*, Vol. 18, No. 2, 2011, pp. 129 – 147.

Shawn Loewen, *Instructed Second Language Acquisition*, New York: Routledge, 2015.

Shlomo Avineri, *The Social and Political Thought of Karl Marx*, Cambridge: Cambridge University Press, 1986.

Stephen J. Gould, *The Mismeasure of Man*, New York: Norton, 1996.

Stephen Toulmin, "The Mozart of Psychology: Review of Mind in Society: The Development of Higher Psychological Processes (by L. S. Vygotsky, ed. M. Cole, V. John-Steiner, S. Scribner, and E. Souberman)", *New York Review of Books*, Vol. 25, No. 14, 1978, pp. 51–57.

Sylvia Scribner, "Vygotsky's Use of History", in James V. Wertsch (ed.), *Culture, Communication, and Cognition: Vygotskian Perspectives*, Cambridge: Cambridge University Press, 1985, pp. 119–145.

Todd A. Hernández, *Re-examining the Role of Explicit Instruction and Input Flood on the Acquisition of Spanish Discourse Markers*, Language Teaching Research, Vol. 15, No. 2, 2011, p. 159–182.

Vera John-Steiner and Ellen Souberman, "Afterword", in Michael Cole, Vera John-Steiner, Sylvia Scribner and Ellen Souberman (eds.), *L. S. Vygotsky, Mind in Society: The Development of Higher Psychological Processes*, Cambridge, MA: Harvard University Press, 1978, pp. 121–133.

Willian Frawley and James P. Lantolf, "Second Language Discourse: A Vygotskian Perspective", *Applied Linguistics*, Vol. 6, No. 1, 1985, pp. 19–44.

第八章
维果茨基的建构主义阐释：
语言概念的理论—方法论研究

爱德华多·莫拉·达科斯塔（Eduardo Moura da Costa）
西尔瓦纳·卡尔沃·图列斯基（Silvana Calvo Tuleski）

对语言的研究从早期开始就成了哲学史的一部分，并在19世纪开始作为一门科学发展时拓展到心理学。

语言学的转向发生在20世纪70年代，这在各个科学领域重新引发了关于语言的讨论（Ibánez，2004）。这一运动对心理学的影响可以通过话语心理学的发展、认知心理学的第二次革命和社会建构主义等方向来观察。

列夫·维果茨基（1896—1934）[①] 是一位强调语言研究

[①] 通过将俄文字母翻译成西文，可以看出作者姓名拼写的差异。我们在讨论中采用"y"代替"i"，但在引用作品时，我们保留了巴西或西班牙版本中的不同拼法。

第八章 维果茨基的建构主义阐释：语言概念的理论—方法论研究

的心理学家。从他工作开始，语言研究的主题就是他知识轨迹的一部分，这一点可以从他对文学的兴趣和对戈梅利的第一次调查中得到证实（van der Veer and Valsiner, 1991）。维果茨基的历史文化心理学将语言视为一种真正的人类文化工具，在意识和真正的人类心理功能的发展中具有核心作用。

说到这里，我们可以注意到西方"发现"维果茨基的作品与20世纪70年代形成的知识运动（即后现代主义）之间时间上的巧合。这场运动涉及"语言学转向"①。例如，在心理学领域内，发生了一场与现代科学观点有关的彻底批判运动，特别是反对行为主义和认知主义。从批判者的角度来看，维果茨基被视为一个伟大的盟友。他关于高级心理功能发展的历史概念被视为反对生物化、主观化和还原主义人类观的有力武器。

然而，根据尼科勒·杜阿尔特（Nichole Duarte, 2001）和图列斯基（Tuleski, 2008）等作者的说法，在挪用维果茨基理论的过程中，其著作中的马克思主义基本观点被歪曲了，甚至在美国出版书中出现了审查制度。根据杜阿尔特（Duarte, 2001）的说法，维果茨基著作的这一方面被搁

---

① 一般来说，"语言学转向"这一表述指的是发生在哲学以及其他人文和社会科学中的一种变化，正如其名称本身所表明的那样，它对应的是对语言在这些学科所研究的现象中的作用缺乏关注。费迪南·德·索绪尔（Ferdinand de Saussure, 1857—1913）负责打破旧的语言学传统，建立了现代语言学。基于自身和在自身视角，他发展了一些概念和方法，这些概念和方法要求对语言进行缜密的研究（Ibáñez, 2004）。

维果茨基和马克思:迈向马克思主义的心理学

置起来去支持其他方面,如语言、文化、互动、内化和调解。正是在讨论这个问题时——即对维果茨基的心理学和他的马克思主义基本观点的误解,我们才把这一章放在这里。

综合来看,我们可以观察到在心理学研究的发展中,出现了不同的重点和对语言的解释,这些不同的概念同样影响着心理学家的实践。例如,教育心理学家的实践可以根据对人类发展中思维和语言之间关系的不同概念而发生重大变化。此外,关于语言在临床实践中的作用,不同的观点也存在分歧。我们通过对维果茨基建构主义的分析来阐明这一问题。

一、社会建构主义和语言

维果茨基被认为是社会建构主义的众多前辈之一(Castanõn;2007;Guanes,2006;López,2003;López-Silva,2013;Grandesso,2000;Harré,2000;Lock and Strong,2010)。建构主义学者们自身,以及肯尼思·J. 格根(Kenneth J. Gergen,1995)、罗姆·哈里(Rom Harré,2000)和约翰·肖特(John Shotter,2001)都提到了他们的概念和苏联心理学家之间的关系。肖特(Shotter,1993c)明确肯定了维果茨基将是他和哈里的"英雄"。

例如,巴勃罗·洛佩斯-席尔瓦(Pablo López-Silva,2003)肯定了社会建构主义对维果茨基和其他苏联作家的回归，如列昂季耶夫和鲁利亚，是基于对主流心理学的批判，反映了维果茨基的反认知和反心理学的论点。洛佩斯（López-Silva，2013）则强调，维果茨基以及其他建构主义作者，将构成"建构主义连续体"的一部分。在洛佩斯看来，维果茨基的思想处于激进建构主义思想和建构主义之间的中间地带，前者认为是主体自身建构了它的现实，后者认为现实是由社会建构的。

由于社会建构主义的广泛性和采取的多种形式（Dazinger，1997），在我们讨论维果茨基对语言概念的挪用时，我们着重讨论肖特（Shotter，1989，1993a，1993b，1993c，1996，2001）的观点。这位英国心理学家引用了很多维果茨基的著作，以形成他的建构主义形式，他称之为"修辞—反应"版本（Shotter，2001）。那么，让我们继续讨论。

一般来说，根据古斯塔沃·阿尔亚·卡斯塔诺的观点（Gustavo Arja Castanõn，2007），社会建构主义是一系列将不同的理论和哲学体系纳入心理学的产物。它最重要的思想先驱是彼得·伯格（Peter Berger，1929—）和托马斯·卢克曼（Thomas Luckmann，1927—2016）、托马斯·库恩（Thomas Kuhn，1922—1996）和保罗·费耶阿本德（Paul Feyerabend，1924—1994）、雅克·德里达（Jacques Derrida，1930—2004）、维果茨基、维特根斯坦（Wittgenstein，1889—1951）以及理查德·罗蒂（Richard Rorty，1931—2007）。他们构成了建构主义的核心，但也有其他不同的思想流派和学者对建构主义有吸引力。例如，冈萨雷斯·雷伊

维果茨基和马克思:迈向马克思主义的心理学

(González Rey,2003)认为雅克·拉康(Jacques Lacan,1901—1981)是一位几乎总是被建构主义者引用的作者,哈里(Harré,2000)提到威廉姆·斯特恩(William Stern,1871—1938)的个人主义是一些建构主义观点的另一个隐含影响。第三个例子是巴赫京(Bakhtin,1895—1975),他对肖特(Shotter,2001)所发展的修辞反应式的建构主义版本非常重要,我们将在下文中详细讨论。

一般而言,我们可以说,这样的观点意味着现实是社会、对话或话语建构的产物,我们对现实的建构总是社会的和历史的,而不是个人的。与表征模式相比,知识被视为从关系中建构出来的。社会建构指的是我们的合作活动对感觉的创造(Gergen and Gergen,2010)。而肖特(Shotter,2001)则肯定,与其说建构主义关注的是个人如何认识他们周围的物体或世界,不如说建构主义感兴趣的是解释这些人如何在实际生活中首先创造和维持确定性联系的方式,然后从这些言语形式中理解生活的环境。这种观点与哈里的概念是一致的,即"人类的主要现实是对话"(Harré,from Shotter,2001,p.11)[①]。因此,对建构主义来说,人与同伴的关系是第一位的,之后是与环境的关系。

格根(Gergen,1995)在语言和话语活动方面明确了建构主义的重点。根据他的说法,"对建构主义者来说,世界和心灵的术语都是话语实践的组成部分;它们是语言中的整

[①] 引自 John Shotter, Conversational Realities: Constructing Life through Language, London: Sage, 2002, p.40。

数,因此它们本身就是社会竞争和协商的结果"(Gergen,1995, p. 61)[①]。

从社会建构主义的角度来看,知识不会是主体对客体的直接反映,也不会像激进建构主义所提出的那样,是由纯粹的个人内部结构对世界的建构。肖特(Shotter, 2001)描述了由"第三种类型"的知识产生的建构主义。对他来说,第三种知识是:

> 一种来自话语建构的情境中的认识,也就是说,来自一个事件内部的认识。因此,它是一种知识的形式,其性质无法从理论上加以描述,也无法得到证据上的支持。即使试图这样做也是自相矛盾的:因为我们希望从其使用的背景中对其进行说明,而假设其性质可以从理论上进行描述,仍然是假设它可以以一种无背景的方式进行描述。(Shotter, 2001, p. 174)[②]

对于建构主义者来说,正是在我们与他人的互动中,我们成了自主的存在。利用群体行动的概念,肖特解释社会活动不是从个人的属性出发,而是从人们发现自己的情境出发,这些情境为个人提供了行动能力。这一概念的发展,可以追溯到他的第一项研究,通过对他的社会建构主

[①] 引自 Kenneth J. Gergen, Realities and Relationships: Soundings in Social Construction, Cambridge, MA: Harvard University Press, 1994, p. 68。

[②] 引自 John Shotter, Conversational Realities, 2002。

维果茨基和马克思：迈向马克思主义的心理学

义的修辞—回应式版本的阐述（Shotter，2001）。

肖特使用"回应性"一词，因为根据他的说法，我们作为个人所拥有的代表世界的能力——也就是说，以我们的方式描述事物的状态（无论真实与否）——来自一个基本和主要的事实，即我们说话是为了回应我们周围的人，不管环境的影响如何。关于"修辞"的特性，他说：

> 事实上，如果我们想被认为是对事实问题有权威性的发言，那么我们在成长过程中必须学习的一部分内容是，如果周围的人对我们的主张提出质疑，我们该如何回应。这也是我们称其为修辞性语言而非指称性语言的原因之一：因为我们的说话方式不仅仅是声称描述一种状态，而是可以"促使"人们采取行动，或者改变他们的看法。（Shotter，2001，p.18）[1]

肖特认为，对弗拉斯诺夫、巴赫京和维特根斯坦来说，词语的主要修辞回应功能遵循维果茨基的理解，也就是说，言语的指称和表征功能是次要功能。他指出，弗拉斯诺夫、巴赫京和维特根斯坦与把语言比作数学符号系统的想法进行了斗争。对肖特来说，这些作者"把词语、或者说他们说话中的词，而不是句子，或者说已经说过的词的模式，作为对话式言语交流的基本单位"（Shotter，2001，p.82）[2]。

---

[1] 引自 John Shotter, Conversational Realities, 2002, p.6.
[2] 引自 John Shotter, Conversational Realities, 2002, p.51.

他还指出，作为语言组成部分之一的意义是由其社会使用所制约的。在他的建构主义版本中，是社会关系定义了关于事物的知识，而不是经验性的现实。

为了处理这个问题，肖特（Shotter，2001）利用维特根斯坦的观点，即词语的意义出现在它们的使用中，用词语作为工具的比喻。注意到维特根斯坦建立了"语言游戏"的隐喻，肖特解释说，隐喻并不代表任何永久性的语言秩序，因为它本身的性质是开放的，可以由它所使用的语境决定。然而，通过隐喻，我们有可能以一种人为的方式创造一种以前不存在的秩序，描述我们使用语言的一个方面。

除了维特根斯坦的观点外，肖特还借鉴了维果茨基的观点。根据安迪·洛克和汤姆·斯特朗（Lock and Strong，2010）的说法，肖特在20世纪70年代的作品中阐述了维果茨基的观点：首先，外部现象的符号起源于个人之间的互动，此后，形成了他们的行动；其次，这主要是因为我们能够自发地相互回应，随后自愿地控制我们的行动。"群体行为"的概念与维果茨基观点的这种挪用直接相关。肖特肯定，肖特明确指出，通过关注"人与人之间持续交流互动的偶然流事件"，他在追随格林和其他建构主义者的观点（Shotter，2001，p. 19）[①]。这会是反对个人心理（浪漫主义和认知主观主义）的核心观点，而支持外部世界决定性特

---

① 引自 John Shotter, Conversational Realities, 2002, p. 7.

维果茨基和马克思：迈向马克思主义的心理学

征为核心的观点（客观主义、现代主义和行为主义）的方式。在肖特看来，这两种经典观点都是根据非历史性的原则来寻求对心灵或世界的阐释。

其建构主义版本意味着从对理论性和解释性"心灵心理学"的非语境化兴趣转向对"社会—道德关系"实践性和描述性心理学的兴趣。对这一观点来说，心灵不再是一种东西，而是开始成为一种修辞技巧，一种可以在不同的时刻和不同的目的下被谈论的东西。心理学作为一门道德科学所带来的主要变化是放弃了：

> 试图简单地发现我们所谓的"自然"本性，而转向研究我们在日常生活和交际活动中如何实际地对待彼此——这一变化导致我们关注"制造"，关注"社会建构"的过程。（Shotter, 2001, p. 45）[①]

这一观点和哈里的观点一致，对他来说，主要现实是由对话中的个人组成。肖特（Shotter, 2001）声称自己和他人之间的关系是自己和世界之间关系的基础。没有与他人的互动，个人就不会对自己的行为负责。在他的视野中，"我—世界"的关系起源于自己和他人之间的双向修辞回应性活动的流动。换句话说，我们与他人交谈和理解他人的方式，构成了我们解释世界的方式。我们的我—世界关系

[①] 引自 John Shotter, Conversational Realities, 2002, p. 7.

是由我们的我—他者关系产生的。

他关于如何改造心理学的观点完全基于修辞和话语的关系，由此可见语言概念对于他的修辞—回应性观点的重要性。

肖特（Shotter，2001）在解释维果茨基的语言概念时肯定地说道，语言并不代表现实，而是通过语言来发展人类关系，在这种关系中我们相互影响。通过这种"工具"，其他人会指导我们或说服我们现实是如何的，我们可以说这相当于意识形态的自然化。我们打算进一步证明，对维果茨基语言概念的这种解释是错误的。

肖特（Shotter，1996）认为，维特根斯坦的立场与维果茨基的立场相似，也就是说，思维和语言之间的关系既不是预先制定的，也不是恒定的，而是有一个不断演变的发展过程。肖特（Shotter，1996）提到了维果茨基的著名段落，他说行动而不是语言开始了这种发展，而语言是这个过程的终点。然而，肖特没有提到，对维果茨基来说，词的演变与生产关系和社会阶级划分密切相关。也就是说，就像活动受制于现实的特征一样，现实的转变需要语言和概念来圆满地表现它。

简而言之，肖特（Shotter，1989，1993a，1993b，1996）继维特根斯坦和维果茨基之后所要求的是人类活动研究中的一个新焦点、一个新的操作场所，不管它是什么，它的重点是个人在互动的特定时刻对彼此的反应。

在思考了肖特的观点之后，我们继续讨论维果茨基的概念。

二、对社会建构主义语言概念的批判

对社会建构主义的众多批判中,有一种批判侧重于其相对主义。通过将建构限制在不同"社区"之间的话语交流以及否认现实主义①,建构主义的观点接近于非理性的。尽管维果茨基会否认这一点,但他的社会建构思想是建立在本体论和认识论的基础上,对解释人是什么、社会关系、历史、语言、社会变化等都有影响。说到这里,我们打算只讨论维果茨基理论的一个方面,即他的语言概念,以证明关于这个理论其他方面的非连续性。

根据肖特(Shotter,2001)的观点,就最近的事件而言,我们谈论自己的不同方式导致我们以非常不同的方式体验世界。肖特把本杰明·利·沃夫(Benjamin Lee Whorf)对霍皮人语言的研究作为他的基础,以证实他的语言建构主义的观点。他说,这些北美人的谈话方式影响了他们对现实的理解。根据沃夫和肖特(Shotter,2001)的说法,语言创造了事物。②

---

① 批判的现实主义肯定了在认识它的主体之外有一个世界(现实);社会建构主义从现实是人发明的社会建构这一角度出发。
② 本杰明·李·沃夫(Benjamin Lee Whorf,1897—1941)是一位美国语言学家,他与爱德华·萨皮尔(Edward Sapir,1884—1939)共同创立了萨皮尔-沃夫假说。这一假说指出,看待世界的不同方式取决于语言在不同文化中的形式。

在肖特（Shotter，2001）的解释中，沃夫验证了"时间"和"空间"的概念，例如，其受制于私人语言的结构。此外，文化和行为规范也尊重语言模式。根据这位作者的说法，欧洲人有更多的隐喻性说话方式，而霍皮人拥有更直接的语言，例如，不承认说话中的时间特征。尽管如此，他并没有解释不同的说话方式是如何起源的。

由于肖特关于语言对霍皮人作用的结论，我们问自己：肖特是否因此提供了一个理想主义的观点？在声称理解世界的方式产生于语言的形式时，他难道不是在否认语言从每个社会的物质现实的转化活动中出现和发展这一事实吗？我们认为，维果茨基（Vygotsky，1996）与维果茨基和鲁利亚（Vygotski and Luria，2007）的研究可以帮助我们回答这些问题。

对这些学者来说，物质是类似于心理学的。因此，可以预见，根据一个社会的物质发展，在其不同的历史时期存在着不同的文化发展阶段。用维果茨基和鲁利亚的话说：

> 很明显，这种语言及其各种特征对心理操作性质和结构的影响，与工具属性对人类所做的不同类型工作结构和构成的影响相似。（Vygotski and Luria，1996，p. 126）[1]

---

[1] 引自 Aleksandr Romanovich Lúria and Lev S. Vygotsky, *Ape, Primitive Man, and Child: Essays in the History of Behavior*, Evelyn Rossiter（trans.），Orlando, FL: Deutsch, 1992, pp. 66 – 67。

维果茨基和马克思：迈向马克思主义的心理学

图列斯基（Tuleski, 2011）指出，维果茨基和鲁利亚的跨文化研究旨在验证马克思理论中的假设，特别是实践概念。这一理论认为，人类高级心理功能的进化来自人类活动，而人类活动是工具性和社会性的，其内化的结果是精神的。根据图列斯基的说法：

> 知识和意识在社会环境中出现并形成自己的结构，这意味着每个人都有确定的发展可能性，受客观现实的制约，这也意味着不同社会文化环境为其中的个人提供不同的发展可能性。(Tuleski, 2011, p. 84)

图列斯基（Tuleski, 2011）强调，鲁利亚和维果茨基在其跨文化研究中的目标是确定社会和技术的变化是否会导致思维过程的改变。这些学者了解到，文化发展阶段存在差异，而不是在先天技能方面存在差异。①

根据维果茨基和鲁利亚（Vygotski and Luria, 1996）的说法，原始人的语言在细节上比我们的语言更丰富。其理由是，原始人的语言更狭隘地依附于记忆，成为照相式的，就像表现一幅画一样：大量的具体细节随着语言的发展而消失。

---

① 值得一提的是，这类研究有助于指责维果茨基和其他作者的种族主义。关于这一点，图列斯基肯定地说："只有对历史文化理论所处基础的错误理解，才能为基于这些人口的遗传或有机劣势的种族主义解释提供空间。"（Tuleski, 2011, p. 85）

例如，在澳大利亚人的语言中，没有单词指定一般的概念，然而，这些（语言）充斥着许多具体的术语，这些术语精确地区分了物体的个别痕迹和独有的特征（Vygotsky and Luria, 1996, p. 121）。

这些学者阐述了这种类型语言的优点和缺点。优点是，它为所有具体的对象创造了一个符号，以这样的方式人们不需要指定对象的"复制品"。缺点是，这种形式的语言用无尽的细节使思维超载，来自经验的数据不被允许处理和综合。

原始人的语言与物体没有什么不同，但仍然与直接的感官知觉密切相关（Vygotsky and Luria, 1996）。为了解释这种关系，这些学者举了一个例子：一个原始人正在学习一种欧洲语言。在学习过程中，他拒绝写一些事实上正在发生的事情。这是因为"语言和计数的操作只有在它们与那些赋予它们的具体情境相联系时才被证明是可能的"（Vygotsky and Luria, 1996, p. 124）[1]。

维果茨基和鲁利亚认为原始人的思维与他们的语言是一样的，完全是"具体的、图形的和象形的"（Vygotski and Luria, 1996, p. 128）[2]，这是语言基于图像的功能。随着思维和语言的文化发展，语言的直观性逐渐消失，并开始达

---

[1] 引自 Aleksandr Romanovich Lúria and Lev S. Vygotsky, *Ape, Primitive Man, and Child: Essays in the History of Behavior*, 1992, p. 65。

[2] 引自 Aleksandr Romanovich Lúria and Lev S. Vygotsky, *Ape, Primitive Man, and Child: Essays in the History of Behavior*, 1992, p. 68。

维果茨基和马克思：迈向马克思主义的心理学

到一个新的层次。语言表达了外部世界的具体细节，但在远离现实的直接具体性的概念时，语言开始不与个别的对象相联系，而是与一系列相互关联的对象和思想联系在一起。尽管语言指的是对象的群体，但它不能失去其个体性和单一性。作者的结论是，原始人的思维处于复合思维的阶段。

我们要强调的维果茨基和鲁利亚（Vygotski and Luria, 1996）理论化的主要观点是他们在语言和原始社会发展的活动之间建立的关系。他们肯定，词汇的丰富性反映了经验的丰富性；也就是说，它与人在自然界的主动适应有关。"因此，原始语言的这些特点的真正原因在于技术要求和生命的必要性。"（Vygotsky and Luria, 1996, p. 132）[①] 作者是这样总结语言的发展的：

> 思维发展的根本性进步体现在从第一种将文字作为专有名词的方法过渡到第二种方法，即文字作为符号的集合最后过渡到第三种方法，涉及将文字作为阐述概念的工具或手段。正如记忆的文化发展与写作的发展历史密切相关一样，思维的文化发展也与人类语言的发展历史密切相关。（Vygotsky and Luria, 1996, p. 133）[②]

[①] 引自 Aleksandr Romanovich Lúria and Lev S. Vygotsky, *Ape, Primitive Man, and Child: Essays in the History of Behavior*, 1992, p. 71。

[②] 引自 Aleksandr Romanovich Lúria and Lev S. Vygotsky, *Ape, Primitive Man, and Child: Essays in the History of Behavior*, 1992, p. 65。

因此,维果茨基和鲁利亚的语言起源与沃夫的语言起源完全不同,沃夫对肖特产生了影响。维果茨基和鲁利亚与马克思主义的方法一致,他们是从这样一个概念出发:是社会创造的工作和语言组织了意识,而不是相反。换句话说,不是说话的方式决定了体验世界的方式,而是相反的,也就是说,起点是世界本身,是人类物质生活的组织。维果茨基和鲁利亚(Vygotski and Luria,1996)指出,原始人给事物起的各种各样的名字证明了这一点。

实质上,我们的意图是强调,建构主义在解释语言在人的发展中的作用时,偏离了它的本源,有意无意地忽略了人的活动与语言和思维发展之间的现存关系。正如我们所看到的,建构主义把语言理解为与一个民族的社会存在的物质关系相分离,这与我们在维果茨基和鲁利亚(Vygotski and Luria,1996,2007)发展的文化研究中看到的情况有很大不同。

对维果茨基心理学中"工作"这一范畴的漠视是导致建构主义者对语言进行唯心主义解释的主要因素之一。对这一范畴的否定使许多学者,如肖特,采用了维果茨基的概念,认为语言与物质现实、与重要的人类活动无关。

维果茨基的著作为我们提供了理解人造刺激物(符号)的创造的线索,通过实践活动刺激他人,然后刺激自己,这种活动的目标是通过工作来维持有机体本身的生存。因此,根据维果茨基的观点,工作作为人类的一项重要活动,是社会存在的基础。下面这段话并没有回避关于语言和工

维果茨基和马克思：迈向马克思主义的心理学

作之间的关系问题。"向他人进行经验和思维的理性而有意的转达需要一种中介系统，这种中介系统的原型便是人类在劳动中因交往需要而产生的言语。"（Vygotsky，1934/1986，p.7）①

另外，在谈到儿童发展中语言和客观现实之间的关系时，维果茨基说：

> 要用符号来指称一件实物（词），刺激物必须有一个可以从根本上表示实物的支点。但是在这样的游戏中并不是所有的实物都具有这样的特征。在游戏中，一件实物的真实属性及其符号意义往往同时出现在一个复杂、结构性的相互关系中。这样对儿童来说，词与实物就通过实物的属性互相联系起来，并且被纳入词与实物的共同结构中。（Vygotsky，1999，p.52）②

建构主义者说，并不是所有的事情都会发生，因为人们约定俗成地决定了什么是知识，据肖特（Shotter，2001）的观点，例如在我们周围的人都会避免一切皆会发生的混乱。然而，根据维果茨基的说法，并不是这样的，因为对他来说，刺激—符号必须在对象中支撑自己，正如上面引文所解释的。因此，我们在这里看到了两种立场之间的明

---

① 《思维与语言》，北京：北京大学出版社2010年版，第8页。
② 《维果茨基全集》第3卷，合肥：安徽教育出版社2016年版，第172页。

显区别。

概念的心理发展是另一个明显的区别。在维果茨基（Vygotsky, 1934/1986）看来，语言和它所代表的对象之间没有分离；概念不是简单的照片或代表，而是与其他概念建立复杂的联系，最终揭开现实的全部复杂性。因此，概念不是天然赋予的，而是从内部发展中形成的，也不能以孤立的方式理解它们。为了发展，儿童需要学校教育。真正的概念在接近过渡年龄时完成发展，标志着对世界和人的个性概念的同步分析和结构化过程。通过发展概念，年轻人变得独立于成人，并自行理解世界。

当维果茨基（Vygotsky, 1934/1986）对概念的发展进行理论阐述时，他首先关注的是科学概念。他提到了马克思的著名论断：如果表现形式和事物的本质直接吻合，那么所有的科学就没有必要了。如果概念作为镜像反映在物体的外观中，那就可有可无了，然而，后者总是片面的，不能捕捉到整体性。捕捉事物的本质意味着对其多重特征的分析，而这正是"科学"概念的功能。另一方面，对维果茨基来说，"自发的"概念是那些在学校环境之外、在日常社会关系中发展起来的概念。

根据维果茨基（Vygotsky, 1934/1986）的观点，内容会改变思维的发展。因此，真实的现象只能由概念来正确表示。在讨论转型时代的思维发展时，维果茨基肯定了他的立场，如下所示：

维果茨基和马克思：迈向马克思主义的心理学

所以，不正确的是，脱离现实性来研究抽象思维。相反，抽象思维首先是更为深刻地、更为本质地、更为完整地和更为全面地反映摆在少年面前的现实性。至于无能思维内容的变化，我们不可能忽视，它也是完整地出现在思维重构重要阶段的一个范畴。这里说的是认识个人内在的现实性。(1998a, p.47)①

肖特（Shotter, 1989）说，在社会关系的内化过程中，不需要基于背景证明的现实表述。已经被口头化的想法对语言环境的依赖程度降低，因为它也得到了基于语言的新环境的支持。可以看出，肖特（Shotter, 1989）犯了维果茨基在上述引文中指出的错误。

与肖特相反，维果茨基（Vygotsky, 1998b）认为想象力不能脱离与现实的关系来理解。他强调，如果心理活动从现实中解放出来，甚至动物也无法再生存，对儿童来说也是如此，快乐与现实需求的满足有关（Vigotski, 1998b, p.119）。

维果茨基（Vygotsky, 1998b）肯定了以概念为媒介的现实内容也要经过社会良知而存在。学者指出，儿童的发展与阶级心理和意识形态的发展有关（Vygotsky, 1998a, p.43）。他（Vygotsky, 1998a）认为，变化不仅仅发生在个人的内在观点上。在他的视野中，对一个阶级的认同

---

① 《维果茨基全集》第5卷，合肥：安徽教育出版社2016年版，第390页。

是社区生活的产物，在这个过程中，活动和兴趣成为共同的。

青少年进入政治—社会世界，使他对生存问题进行强烈的反思，这就要求发展出更高的思维形式。与肖特等建构主义者希望我们相信的不同，维果茨基（Vygotsky, 1998a）肯定了青少年是他的社会阶层的儿子，也是社会阶层的积极分子。因此，维果茨基（Vygotsky, 1998a）指的是具体的青少年，而不是抽象的，我们的意思是，他指的是一个在社会阶级关系中由多种决定因素构成的主体。

正如新的研究表明，声称青少年的抽象思维脱离了具体的和视觉性思维是不正确的：这一时期思维发展的特点不是智力与其正在成长的具体基础的联系的破裂，而是在思维抽象和具体因素之间产生了一种全新的关系，一种新的合并与综合方式，因此，在这个时候，早已建立的基本功能——诸如视觉思维、知觉或儿童的实用智力——以一种全新的形式出现在我们面前（Vygotsky, 1998a, p. 37）。

总之，肖特（Shotter, 1993a, 2001）说我们通过我们周围的人认识世界并不完全错误。维果茨基也赞同这一立场，但正如我们所强调的，他指的是儿童的发展。关于肖特的问题是，他概括了维果茨基对儿童发展的阐释，并将其延伸到成人身上。维果茨基（Vygotsky, 1999）指出，只有在小孩子身上才有物与人之间的融合。用他的话说，"对物和对人的反应在儿童行为中形成了一种基本的、无差别的统一体，从这个统一体中发展出指向外部世界的动作以及社

维果茨基和马克思:迈向马克思主义的心理学

会行为方式。"(Vygotsky, 1999, pp. 20 – 21)[①] 因此,如前所述,很明显,对他们来说,在儿童发展的早期阶段有"行动的统一性",但在这之后,儿童开始分别与客观世界和他周围的人接触。

三、最后的思考

对维果茨基的建构主义解释符合杜阿尔特(Duarte, 2001)和图列斯基(Tuleski, 2008)等学者已经表现出的倾向,即避免对维果茨基和其他历史—文化心理学的贡献者进行任何马克思主义的辩护。维果茨基的著作在许多西方知识分子手中遭受了一个"去意识形态化"的过程,从北美人的解读开始,他们试图从维果茨基的著作中提取社会主义和自由主义理解之间的任何冲突(Duarte, 2001)。

肖特牺牲了维果茨基思想的基本方法论基础。维果茨基指出:

> 正是这种对系统的感觉,对(共同)风格的感觉,对每一个特定的陈述都与它所构成的整个系统的中心思想相联系并依赖于它的中心思想的理解,所有这些按科学起源和构成纯属异质的两种或更多种体系相结合的实质上是折中主义的尝试,而这些系统在科学起

[①] 《维果茨基全集》第 3 卷,合肥:安徽教育出版社 2016 年版,第 130 页。

源和构成上是异质的、不同的，这种尝试是不存在的。(1997, p. 259)①

建构主义的特点是折中主义。它把完全相互冲突的学者并列在一起，以证明先验的公式，而不尊重不同系统的异质性元素。维果茨基、巴赫金、维特根斯坦和福柯等思想家的全部理论被撕开，以适应建构主义的全景。

像肖特这样的建构主义者，立足于维果茨基和巴赫金的著作改造语言，把语言描述为具有一个独立于产生它的物质现实的存在。根据大卫·D. 麦克纳利（David D. McNally, 1999）的观点，对语言的这种理解表达了一种新型的唯心主义，其特点是后结构主义、后现代主义和后马克思主义。像建构主义者那样相信语言只存在于社会互动中，并不能免除他们独立看待语言。通过理解语言是人的物质再生产的结果，就有可能克服这种观念。

> 语言，像意识一样，并不是人类存在的一个独立和脱离的领域；相反，它是这种存在的一个表达层面。因此，它被现实生活中的冲突、紧张和矛盾所渗透。新的唯心主义并没有看到这一点。用巴赫金的话说，通过把语言"当作一个抽象的语法范畴系统"，而不是把它理解为"意识形态上的饱和"，理解为"充满矛盾

---

① 《维果茨基全集》第1卷，合肥：安徽教育出版社2016年版，第45页。

维果茨基和马克思：迈向马克思主义的心理学

和张力"，唯心主义使我们对语言、生活、历史和社会之间关系的理解变得贫乏。新的唯心主义可能声称要理解意识形态、冲突、矛盾和抵抗，但在某种意义上，它比旧的唯心主义更进一步，不仅仅是抽象化语言，实际上是把社会本身转化为一个语言系统。（McNally, 1999, p. 46）①

马克思和恩格斯（1932/1974）在他们的信念中深思了黑格尔，即随着对思想的批判，人类将得到解放。我们可以认为建构主义是这种类型唯心主义的复兴和加剧，不同的是，这类唯心主义的追随者批判了思想的散漫和关系形式，就所有意图和目的而言，这意味着将思想与物质性分离。用马克思和恩格斯的话说，"不过他们（青年黑格尔派）忘记了：他们只是用词句来反对这些词句，既然他们仅仅反对现存世界的词句，那末他们就绝不是反对现实的、现存的世界，因为他们只是在与这个世界的词句作斗争"（1974, p. 36）②。正如我们上面所描绘的，与后现代部分相联系的"现实存在的世界"是一个被资产阶级意识形态所操纵的世界。

---

① 引自 David D. McNally, "Language, history and class struggle", in *In Defense of History: Marxism and the Postmodern Agenda*, Ellen Meiksins Wood and John Bellamy Foster (eds.) (pp. 26－42), New York: Monthly Review Press, 1997, p. 39.

② 《马克思恩格斯全集》第 3 卷，北京：人民出版社 1956 年版，第 22 页。

第八章 维果茨基的建构主义阐释：语言概念的理论—方法论研究

值得指出的是，建构主义和维果茨基著作中不同的语言概念出现在维果茨基的概念和维特根斯坦的概念之间的衔接尝试中。根据卡洛斯·内尔松·科蒂尼奥（Carlos Nelson Coutinho, 2010）的观点，维特根斯坦通过将语言理解为对个人的封闭，表达了一种唯心主义的主观愿景。这位学者会从一个明显的唯心主义观点出发，提出我们的世界被语言所限制。

实质上，我们发现肖特的结论正是维果茨基所批判的。他破坏了不同理论的异质元素，以证明一种与原始理论几乎没有相似之处的观点。因此，在我们这里介绍了这么多之后，很明显，这两种观点之间的整合是不可能的。

参考文献

Andy Lock and Tom Strong, *Social Constructionism: Sources and Stirrings in Theory and Practice*, New York: Cambridge University Press, 2010.

Carla Guanaes, *A Construção da Mudança em Terapia de Grupo: um Enfoque Construcionista Social* [*The Construction of Change in Group Therapy: A Social Constructionist Approach*], São Paulo: Vetor, 2006.

Carlos Nelson Coutinho, *Estruturalismo e a Miséria da Razão* [*The Structuralism and Misery of Reason*], 2nd ed, São Paulo: Expressão Popular, 2010.

David D. McNally, "Língua, História e Luta de Classes [Language, History and Class Struggle]", in Ellen Meiksins Wood and John B. Foster

维果茨基和马克思:迈向马克思主义的心理学

(Eds.), *Em Defesa da História: Marxismo e Pós-modernismo* [*In Defense of History: Marxism and the Postmodernist Agenda*], Rio de Janeiro: Jorge Zahar, 1999.

Fernando L. González Rey, "A Subjetividade e as Teorias de Inspiração Social na Psicologia [Subjectivity and Theories of Social Inspiration in Psychology]", in Fernando L. González Rey (ed), *Sujeito e Subjetividade: Uma Aproximação Histórico-cultural* [*Subject and Subjectivity: A Historical-cultural Approach*], São Paulo: Pioneira Thomson Learning, 2003, pp. 121 – 199.

Gustavo Arja Castanõn, *Psicologia Pós-Moderna? Uma Crítica Epistemológica do Construcionismo Social* [*Postmodern Psychology? An Epistemological Critique of Social constructionism*], Rio de Janeiro: Booklink, 2007.

John Shotter, "Bakhtin and Vygotsky: Internalization as a Boundary Phenomenon", *New Ideas in Psychology*, Vol. 11, No. 3, 1993a, pp. 379 – 390.

John Shotter, "Harré, Vygotsky, Bakhtin, Vico, Wittgenstein: Academic Discourses and Conversational Realities", *Journal for the Theory of Social Behavior*, Vol. 23, No. 4, 1993c, pp. 459 – 482.

John Shotter, "Talk of Saying, Showing, Gesturing, and Feeling in Wittgenstein and Vygotsky", *The Communication Review*, Vol. 1, No. 4, 1996, pp. 471 – 495.

John Shotter, "Vygotsky: The Social Negotiation of Semiotic Mediation", *New Ideas in Psychology*, Vol. 11, No. 1, 1993b, pp. 61 – 75.

John Shotter, "Vygotsky's Psychology: Joint Activity in a Developmental Zone", *New Ideas in Psychology*, Vol. 7, No. 2, 1989, pp. 185 – 204.

John Shotter, *Realidades Conversacionales: La Construcción de la Vida* a través del Lenguaje [Conversational Realities: Constructing Life through Language], Madrid: Amorrortu Editores, 2001.

José Enrique Ema López, "MiradaCaleidoscópica al Construccionismo Social [Kaleidoscopic Look at Social Constructionism]", Política y Sociedad, Vol. 40, No. 1, 2003, pp. 5 – 14.

Karl Marx andFriedrich Engels, The German Ideology, Christopher J. Arthur (ed.), London: Lawrence & Wishart, 1974.

Kenneth J. Gergen, Realidades y Relaciones: Aproximaciones a la Construcción Social [Realities and Relationships: Soundings in Social Construction], Barcelona: Paidós, 1995.

Kenneth J. Gergenand and Mary Gergen, Construcionismo Social: Um Convite ao Diálogo [Social Construction: Entering the Dialogue], Rio de Janeiro: Instituto Noos, 2010.

Kurt Danziger, "The varieties of social construction", Theory and Psychology, Vol. 7, No. 3, 1997, pp. 399 – 411.

Lev Vygotsky and Aleksandr Romanovich Lúria, El Instrumento y el Signo en el Desarrollo del Niño [Tool and Sign in the Development of the Child], Madrid: Fundación Infancia y Aprendizaje, 2007.

Lev Vygotsky and Aleksandr Romanovich Lúria, Estudos sobre a História do Comportamento: Símios, Homem Primitivo e Criança [Ape, primitive man, and child: Essays in the history of behavior], Porto Alegre: Artes Médicas, 1996.

Lev Vygotsky, "A Imaginação e seu Desenvolvimento na Infância [Imagination and its Development in Childhood]", in O Desenvolvimento Psicológico na Infância [Psychological Development in Childhood], São Paulo: Martins Fontes, 1998b.

维果茨基和马克思:迈向马克思主义的心理学

Lev Vygotsky, "Development of Thinking and Formation of Concepts in the Adolescent", in Robert W. Rieber and Aaron S. Carton (eds.), *The Collected Works of L. S. Vygotsky*: Volume 5, New York: Springer/Plenum Press, 1998a, pp. 29 – 82.

Lev Vygotsky, "The Historical Meaning of the Crisis in Psychology: A Methodological Investigation", in Robert W. Rieber and Aaron S. Carton (eds.), *The Collected Works of L. S. Vygotsky*: Volume 3, New York: Plenum, 1997, pp. 233 – 345.

Lev Vygotsky, "Tool and Sign in the Development of the Child", in Robert W. Rieber and Aaron S. Carton (eds.), *The Collected Works of L. S. Vygotsky*: Volume 6, Springer/Plenum Press: New York, 1999, pp. 1 – 69.

Lev Vygotsky, *Thought and Language*, Cambridge, MA: MIT Press, 1986.

Marilene A. Grandesso, *Sobre a Reconstrução do Significado: Uma Análise Epistemológica e Hermenêutica* [*On the reconstruction of meaning: An epistemological analysis and hermeneutics*], São Paulo: Casa do Psicólogo, 2000.

Newton Duarte, *Vigotski e o "Aprender a Aprender": Críticas às Apropriações Neoliberais e Pósmodernas da Teoria Vigotskiana* [*Vygotsky and "Learning to Learn": Criticism of Neoliberal Appropriations and Postmodern Theory of Vygotsky*], Campinas: Autores Associados, 2001.

Pablo López-Silva, "Realidades, Construcciones y Dilemas: una Revisión Filosófica al Construccionismo Social [Realities, Buildings and Dilemmas: A Philosophical Review of Social Constructionism]", *Cinta Moebio*, Vol. 46, 2013, pp. 9 – 25.

René van der Veerand Jaan Valsiner, *Understanding Vygotsky: A Quest for Synthesis*, Oxford: Blackwell, 1991.

Rom Harré, "Personalism in the Context of a Social Constructionist Psychology: Stern and Vygotsky", *Theory and Psychology*, Vol. 10, No. 6, 2000, pp. 731-748.

Silvana Calvo Tuleski, *A Relação entre Texto e Contexto na Obra de Luria: Apontamentos para uma Leitura Marxista* [The Relationship between Text and Context in the Work of Luria: Notes for a Marxist Reading], Maringá: Eduem, 2011.

Silvana Calvo Tuleski, *Vygotski: a Construção de uma Psicologia Marxista* [Vygotsky: The Construction of a Marxist Psychology], 2nd ed., Maringá: Eduem, 2008.

Tomás Ibáñez Gracia, "O 'Giro Linguístico' [The 'Linguistic Turn']", in Luis Iñiguez (Coord., ed.), *Manual de Análise do Discurso em Ciências Sociais* [Discourse Analysis Manual in Social Sciences], 2nd ed, Rio de Janeiro: Editora Vozes, 2004.

译后记

从一定意义上讲，可以说因为有了和郗佼博士的相识，才有了《维果茨基和马克思》一书的中译。那时，她还是西安交通大学外国语学院的一名在读博士。一晃两年半过去了，《维果茨基和马克思》的中译就要落下帷幕……

《维果茨基和马克思》是由世界著名维果茨基学者、美国马克思主义文化心理学家卡尔·特拉纳主编的一部关于维果茨基文化历史心理学马克思主义性质研究的学术著作。本书第一章是特拉纳撰写的《马克思主义心理学、维果茨基的文化心理学和精神分析学：科学和政治的双螺旋》一文，其篇幅占据了全书的二分之一；其他 7 篇是由世界著名的维果茨基学者，同时也是马克思主义学者撰写，主要是美国和巴西学者。由卡尔·特拉纳和达妮埃尔·努内斯·恩里克·席尔瓦詹以及姆斯·P. 兰道夫等世界著名心理学、语言学、教育学、哲学学者联手打造的该书，让学术水平的高超和中译的难易程度呈正相关关系。我们虽尽全力，但毕竟能力有限。因此，本书的翻译难免有不足乃至缺陷，恳请各位同仁批评、指正。

本书加上导言部分共九章内容：周延云翻译了导言、第一章至第五章，并对全书进行了校对；北京林业大学郗佼老师翻译了第七章；我的研究生王琳、康文钰分别翻译了第六章、第八章；王琳还承担了其他诸如作图、排版等零碎但不可或缺的工作。

最后，衷心感谢中央编译出版社编辑李媛媛为本书的出版所付出的辛勤劳动，感谢所有为本书的翻译工作提出过宝贵意见和给予我们精神鼓励的人们！

周延云

2024 年 1 月